1　運動

- 速度：$\boldsymbol{v} = \dfrac{d\boldsymbol{r}}{dt} = \lim_{\Delta t \to 0} \dfrac{\Delta \boldsymbol{r}}{\Delta t}$,　　加速度：$\boldsymbol{a} = \dfrac{d\boldsymbol{v}}{dt} = \lim_{\Delta t \to 0} \dfrac{\Delta \boldsymbol{v}}{\Delta t}$
- 2 次元極座標による運動の表現

  位置ベクトル：$\boldsymbol{r} = r\boldsymbol{e}_r$,　　速度ベクトル：$\boldsymbol{v} = \dot{r}\boldsymbol{e}_r + r\dot{\theta}\boldsymbol{e}_\theta$

  加速度ベクトル：$\boldsymbol{a} = (\ddot{r} - r\dot{\theta}^2)\boldsymbol{e}_r + (2\dot{r}\dot{\theta} + r\ddot{\theta})\boldsymbol{e}_\theta = (\ddot{r} - r\dot{\theta}^2)\boldsymbol{e}_r + \dfrac{1}{r}\dfrac{d}{dt}(r^2\dot{\theta})\boldsymbol{e}_\theta$
- 接線ベクトル $\boldsymbol{e}_t$ と法線ベクトル $\boldsymbol{e}_n$ による運動の表現

  速度ベクトル：$\boldsymbol{v} = v\boldsymbol{e}_t$,　$v = \dfrac{d\boldsymbol{s}}{dt}$,　　加速度ベクトル：$\boldsymbol{a} = \dfrac{dv}{dt}\boldsymbol{e}_t - \dfrac{v^2}{\rho}\boldsymbol{e}_n$
- ベクトル積 (外積)：

  $\boldsymbol{A} \times \boldsymbol{B} = |\boldsymbol{A}|\,|\boldsymbol{B}| \sin\theta \cdot \boldsymbol{e}$　($\boldsymbol{e}$ は，$\boldsymbol{A}, \boldsymbol{B}$ に垂直な単位ベクトル)

  $\boldsymbol{e}_x \times \boldsymbol{e}_y = \boldsymbol{e}_z$,　$\boldsymbol{e}_y \times \boldsymbol{e}_z = \boldsymbol{e}_x$,　$\boldsymbol{e}_z \times \boldsymbol{e}_x = \boldsymbol{e}_y$

  $\boldsymbol{A} \times \boldsymbol{B} = (A_yB_z - A_zB_y)\boldsymbol{e}_x + (A_zB_x - A_xB_z)\boldsymbol{e}_y + (A_xB_y - A_yB_x)\boldsymbol{e}_z$

  $\boldsymbol{A} /\!/ \boldsymbol{B}$ (平行) のとき，　$\boldsymbol{A} \times \boldsymbol{B} = \boldsymbol{0}$　(大きさ 0 のベクトル)

  $\boldsymbol{A} \times \boldsymbol{A} = \boldsymbol{0}$,　$\boldsymbol{A} \times \boldsymbol{B} = -\boldsymbol{B} \times \boldsymbol{A}$

  $\boldsymbol{A} \times \boldsymbol{B} = \boldsymbol{0}$ のときは，$\boldsymbol{A} = \boldsymbol{0}$, $\boldsymbol{B} = \boldsymbol{0}$，あるいは $\boldsymbol{A} /\!/ \boldsymbol{B}$.
- ベクトルの微分：$\dfrac{d\boldsymbol{A}}{dt} = \dfrac{dA_x}{dt}\boldsymbol{e}_x + \dfrac{dA_y}{dt}\boldsymbol{e}_y + \dfrac{dA_z}{dt}\boldsymbol{e}_z$

  $\dfrac{d}{dt}(\boldsymbol{A} \cdot \boldsymbol{B}) = \dfrac{d\boldsymbol{A}}{dt} \cdot \boldsymbol{B} + \boldsymbol{A} \cdot \dfrac{d\boldsymbol{B}}{dt}$,　$\dfrac{d}{dt}(\boldsymbol{A} \times \boldsymbol{B}) = \dfrac{d\boldsymbol{A}}{dt} \times \boldsymbol{B} + \boldsymbol{A} \times \dfrac{d\boldsymbol{B}}{dt}$
- 近似式 ($|x| \ll 1$ のときに成り立つ)

  $(1+x)^n = 1 + nx + \dfrac{n(n-1)}{2}x^2 + \cdots$

  とくに $\sqrt{1+x} = 1 + \dfrac{1}{2}x - \dfrac{1}{8}x^2 + \cdots$,　$\dfrac{1}{1+x} = 1 - x + x^2 - \cdots$

  $e^x = 1 + x + \dfrac{1}{2}x^2 + \cdots$,　$\log(1+x) = x - \dfrac{x^2}{2} + \cdots$

  $\sin x = x - \dfrac{x^3}{6} + \cdots$,　$\cos x = 1 - \dfrac{x^2}{2} + \cdots$,　$\tan x = x + \dfrac{x^3}{3} + \cdots$

2　運動量保存則と力

質量を m，速度を $\boldsymbol{v}$，力を $\boldsymbol{f}$，微小時間を Δt とする.

- 運動量：$\boldsymbol{p} = m\boldsymbol{v}$
- 運動エネルギー：$K = \dfrac{1}{2}mv^2$
- 力積：$\boldsymbol{I} = \boldsymbol{f}\Delta t$
- 運動の第 2 法則：$\dfrac{d\boldsymbol{p}}{dt} = \boldsymbol{f}$

  とくに質量 m が時間的に不変ならば $m\boldsymbol{a} = \boldsymbol{f}$　($\boldsymbol{a}$ は加速度)

サイエンス社のホームページのご案内
http://www.saiensu.co.jp
ご意見・ご要望は　rikei@saiensu.co.jp　まで.

新訂版まえがき

故今井功先生の指導のもとで執筆した「演習　力学」が出版されたのは，1981 年であり，すでに四半世紀が経過した．この初版が現在に至るまで読み継がれてきたのは，ひとえに読者や，力学の授業を担当されている先生方のご支援のおかげである．この場を借りて，感謝の気持ちを述べておきたい．

しかしながら，年月の経過とともに，いろいろな欠点も目につくようになったことも否定できない．第一に，初版は文字が小さく見にくかった．近年は，読みやすく，紙面のきれいなデザインが求められている．第二に，図を使った説明が十分でなく，難解な個所もあった．これらの個所は，新訂版で図を追加することにした．第三に，例題とその解等を示したあとで，それとほぼ同じレベルの問題が出されている場合がいくつかあった．新訂版では，まず易しい問題を解いてもらい，頭を慣らしたあとでその上のレベルに進むようにした．これらの配慮によって，新訂版は，より使いやすくなったと思う．

新訂版の執筆にあたっては，まず今井先生がとくに強調されたことを踏襲することを確認した．それは，力学の学習において，運動方程式を解く練習に先立って「運動量保存則」を理解しておくことが重要であるというものである．本書の第 2 章が「運動量保存則と力」となっているのはそのためであり，同時にこれが本書の大きな特徴である．

そのほか，いくつかの留意点について執筆前に打ち合わせたが，煩雑になるのでここでは省略する．新訂版にもまだ至らない点があるかもしれない．それらについては，読者からのご意見やご批判をいただき，今後の改良につなげることができれば幸いである．最後に，各章の担当者のリストを付記しておく．

2006 年 7 月

著　　者

第 1 章：高木隆司，第 2 章：高見穎郎，第 3 章：吉澤　徴，
第 4，5 章：下村　裕，第 6，7 章：高木隆司

まえがき

この演習書は，理工系の大学で初めて力学を学ぼうとする人から，一通り力学の骨組を学んだ人までの広い範囲の読者を対象に，自習用として書いたものである．

物理学の中で力学が占める位置については，改めて説明するまでもないであろう．歴史的に見て，力学は最も早く理論体系が完成し，その後，物理学の各分野はこれを基礎として発展してきた．力学を理解することは，物理学全般の理解と応用のために不可欠であることはいうまでもない．

本書は，著者等がかねがね，力学を学ぶ以上，最低限これだけは理解し，使いこなせるようになってほしいと考えている事柄に話をしぼって，問題を選択したもので，これまで数多く出版された力学の演習書の中では，最も平易で基礎的なものの部類にはいるといってよいと思う．

この本で扱ういわゆる古典力学は，基本的にはニュートンの運動の 3 法則に要約される．このうち特に第 2 法則は微分方程式の形に表現されているため，力学の演習というと，ややもすれば微分方程式の解き方の演習という，計算のための計算におちいりがちである．本書では特にこの点に注意して，物理として本質的なことを，できる限り簡単な題材と簡単な数学によって理解するということに意を用いた．この点で，初学者のみならず，力学を一通り学習した人にとっても，本書は十分に役立つものと信じている．

具体的な内容についていうと，第 1 章から第 5 章までは，第 2 章に運動量保存則の章を設けて保存則の重要性と有用性を強調した以外は，内容の配列順序は従来の教科書や演習書とそれほど違いはないと思う．第 6 章では解析力学に触れるが，本書の目指すレベルから考えて，解析力学の理論体系を学ぶのではなく，むしろその実用的な面に注意を向けることにとどめてある．最後の第 7 章では，総合的な問題や，物理的に見て特に面白いと思われる問題をいくつか選んで説明した．紙数の都合で，多くの問題の中からこの程度の数しか取上げられなかったのは心残りである．また，ともすると見過したり，誤解したりしがちな事実に対するちょっとした注意などを，勉強の合間の息抜きに，“うめくさ”としてところどころに挿入した．当初の計画では，これもいろいろなテーマを考えたのであったが，ごくわずかな数になってしまった．改版の機会などに，できれば補充したいと考えている．

この演習書の使い方については，各章の要項を読んでから例題，問題へと進まれるのもよいし，一通り力学を学んだ読者ならば，いきなり例題や問題に取組まれてもよい．どの問題にもいちおう解答をつけてあるが，余裕があれば，同じ問題に対して自分でいろいろな解法を試みられることは非常に有益であると思う．

本書を書くに当っては，各著者が持ち寄った問題について全員で検討を重ね，取捨選択を行なったのち，高見，高木，吉澤の3名が分担して原稿を執筆し，今井が全体的な立場から検討，修正，補足を行なってまとめた．

本書の計画から出版までの長い間，辛抱強く著者を励ましてここまでこぎつけられたサイエンス社の橋元淳一郎，弦間和男両氏，ならびに，印刷上の細かい注文を快く受け入れられた印刷所の方々に深く感謝する次第である．

1980年12月

著　　者

目　　次

問 題 解 答

コラム一覧

1 運　　動

1.1 ベクトルによる運動の表現

• ベクトル •　重さや長さのように大きさだけで計られる量に対して，力や速度は方向や向きもあわせて指定しなければならない．このような量は一般に**ベクトル**とよばれ，力学において重要な役割を演ずる．いま，1 つのベクトルを $\boldsymbol{A}$ とすると，それは矢印 (図 1.1) で表わされる．2 つのベクトル $\boldsymbol{A}$, $\boldsymbol{B}$ の和 $\boldsymbol{A}+\boldsymbol{B}$ はいわゆる**平行四辺形の法則**によって求められる (図 1.2)．多数のベクトルの和は図 1.3 のようにして求めるのが便利である．ベクトルについてはつぎの演算規則が成り立つ (λ は任意の実数)：

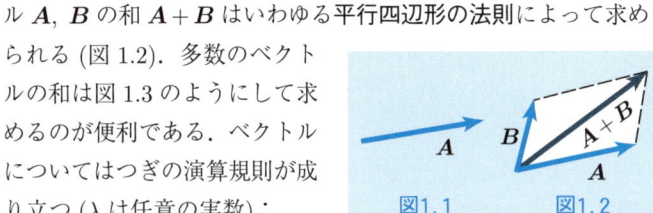

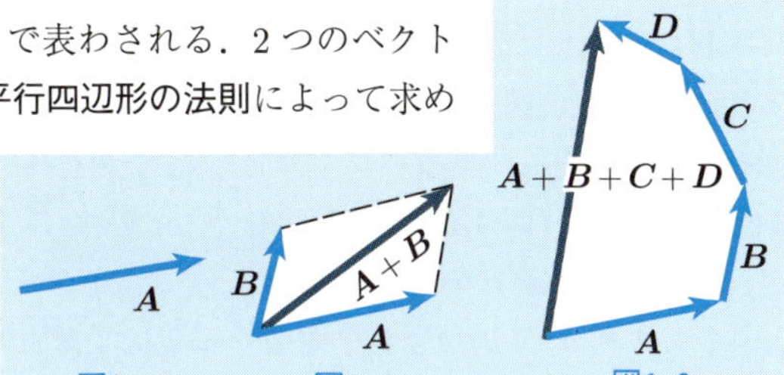

図1.1　図1.2　図1.3

$$\boldsymbol{A}+\boldsymbol{B} = \boldsymbol{B}+\boldsymbol{A},$$
$$\boldsymbol{A}+(\boldsymbol{B}+\boldsymbol{C}) = (\boldsymbol{A}+\boldsymbol{B})+\boldsymbol{C},$$
$$\lambda(\boldsymbol{A}+\boldsymbol{B}) = \lambda\boldsymbol{A}+\lambda\boldsymbol{B}.$$

• 単位ベクトルと座標系 •　長さ 1 のベクトルを**単位ベクトル**とよぶ．3 次元空間での任意のベクトルは適当に選ばれた 3 つの単位ベクトルの線形結合によって表現される．すなわち任意のベクトルを $\boldsymbol{A}$，3 つの単位ベクトルを $\boldsymbol{e}_1$, $\boldsymbol{e}_2$, $\boldsymbol{e}_3$ と書くとき，$\boldsymbol{A}$ は

$$\boldsymbol{A} = A_1\boldsymbol{e}_1 + A_2\boldsymbol{e}_2 + A_3\boldsymbol{e}_3$$

のように表わされる．ここで $\boldsymbol{e}_1$, $\boldsymbol{e}_2$, $\boldsymbol{e}_3$ は**基本ベクトル系**，A_1, A_2, A_3 はその基本ベクトル系での成分とよばれる．

上に述べた基本ベクトル系の選びかたは座標系の選びかたに対応する．本書でしばしば用いる 3 つの最も基本的な直交座標系 —— **直角座標系**，**2 次元極座標系**，**3 次元極座標系** —— について以下に述べよう．

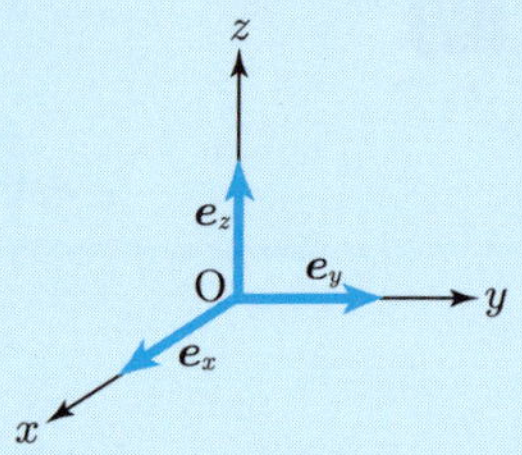

図1.4

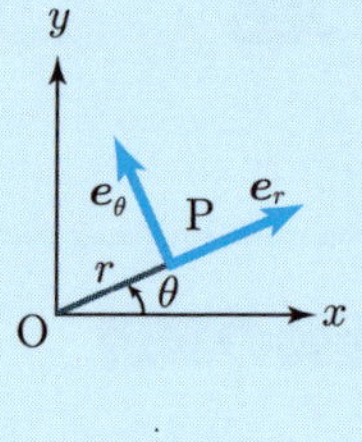

図1.5

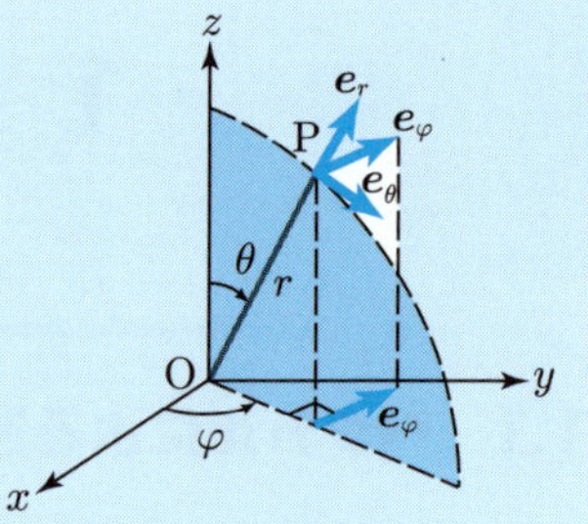

図1.6

直角座標系 (図 1.4)　空間内のどの点でも，基本ベクトル系 $\boldsymbol{e}_x$, $\boldsymbol{e}_y$, $\boldsymbol{e}_z$ は x, y, z 軸に平行にとる．

2 次元極座標系 (図 1.5)　座標が (r,θ) の点 P では，直角座標軸 x, y に対して θ だけ回転した方向をもつ基本ベクトル $\boldsymbol{e}_r$, $\boldsymbol{e}_\theta$ を用いる．

3 次元極座標系 (図 1.6)　座標が (r,θ,φ) の点 P では，図のような基本ベクトル系 $\boldsymbol{e}_r$, $\boldsymbol{e}_\theta$, $\boldsymbol{e}_\varphi$ をとる．$\theta=\pi/2$ とすれば (r,φ) が xy 平面上での 2 次元極座標となり，$\varphi=0$ とすれば (r,θ) が zx 平面上での 2 次元極座標となる．

• ベクトルのスカラー積 •　2 つのベクトル $\boldsymbol{A}$, $\boldsymbol{B}$ が与えられ，その大きさをそれぞれ A, B，その間の角を θ とするとき，$\boldsymbol{A}$ と $\boldsymbol{B}$ の**スカラー積** (または**内積**) を

$$\boldsymbol{A}\cdot\boldsymbol{B} = AB\cos\theta$$

で定義する (図 1.7)．したがって

$$\boldsymbol{A}\cdot\boldsymbol{B} = \boldsymbol{B}\cdot\boldsymbol{A}$$

である．$\boldsymbol{A}$ と $\boldsymbol{B}$ が直交するときは $\boldsymbol{A}\cdot\boldsymbol{B}=0$.

直交する単位ベクトル $\boldsymbol{e}_1$, $\boldsymbol{e}_2$, $\boldsymbol{e}_3$ を用いて $\boldsymbol{A}$, $\boldsymbol{B}$ を

$$\boldsymbol{A} = A_1\boldsymbol{e}_1 + A_2\boldsymbol{e}_2 + A_3\boldsymbol{e}_3,$$

$$\boldsymbol{B} = B_1\boldsymbol{e}_1 + B_2\boldsymbol{e}_2 + B_3\boldsymbol{e}_3$$

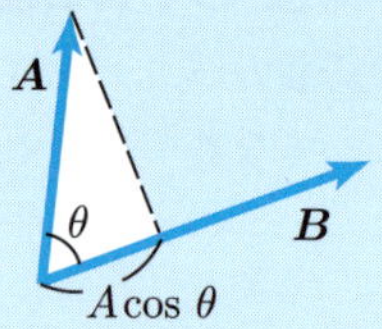

図1.7

と表わすとき，$\boldsymbol{e}_i\cdot\boldsymbol{e}_j=\delta_{ij}$ (δ_{ij} は $i=j$ のとき 1，その他は 0) により

$$\boldsymbol{A}\cdot\boldsymbol{B} = A_1B_1 + A_2B_2 + A_3B_3.$$

$\boldsymbol{A}$, $\boldsymbol{B}$ のスカラー積は $\boldsymbol{A}$ の $\boldsymbol{B}$ 方向への射影 $A\cos\theta$ と B との積と考えられるから，$\boldsymbol{B}$ として単位ベクトルをとると，$\boldsymbol{A}\cdot\boldsymbol{B}$ は $\boldsymbol{A}$ の $\boldsymbol{B}$ 方向の成分を与えることになる．すなわち，$\boldsymbol{B}=\boldsymbol{e}_1$ ととると

$$\boldsymbol{A}\cdot\boldsymbol{B} = \boldsymbol{A}\cdot\boldsymbol{e}_1 = A_1.$$

とくに直角座標系の基本ベクトルと，2 次元極座標系 (図 1.5) や 3 次元極座標系 (図 1.6) の基本ベクトルとの間のスカラー積はつぎの表のようになる：

	$\boldsymbol{e}_x$	$\boldsymbol{e}_y$
$\boldsymbol{e}_r$	$\cos\theta$	$\sin\theta$
$\boldsymbol{e}_\theta$	$-\sin\theta$	$\cos\theta$

	$\boldsymbol{e}_x$	$\boldsymbol{e}_y$	$\boldsymbol{e}_z$
$\boldsymbol{e}_r$	$\sin\theta\cos\varphi$	$\sin\theta\sin\varphi$	$\cos\theta$
$\boldsymbol{e}_\theta$	$\cos\theta\cos\varphi$	$\cos\theta\sin\varphi$	$-\sin\theta$
$\boldsymbol{e}_\varphi$	$-\sin\varphi$	$\cos\varphi$	0

• **ベクトルのベクトル積** •　2 つのベクトル $\boldsymbol{A}$, $\boldsymbol{B}$ の交角を θ とする．$\boldsymbol{A}$ を 180° 以下の角度だけ回転させて $\boldsymbol{B}$ の向きに重ねるとき，右ネジが進む向きをもつ単位ベクトルを $\boldsymbol{e}$ とする．このとき，ベクトル

$$\boldsymbol{A}\times\boldsymbol{B} = |\boldsymbol{A}|\,|\boldsymbol{B}|\sin\theta\cdot\boldsymbol{e}$$

をベクトル $\boldsymbol{A}$, $\boldsymbol{B}$ の**ベクトル積** (または**外積**) という．ベクトル積は，ローレンツの力の表現 (p.24 や物体の回転を記述する際に (第 4 章) 必要になる．

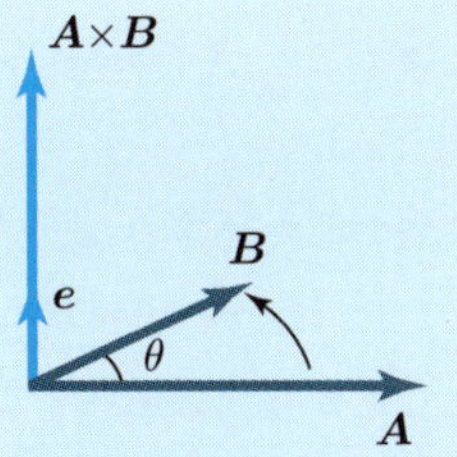

図1.8

図 1.4 に示した単位ベクトル $\boldsymbol{e}_x$, $\boldsymbol{e}_y$, $\boldsymbol{e}_z$ については，次の公式が成り立つ：

$$\boldsymbol{e}_x\times\boldsymbol{e}_y = \boldsymbol{e}_z,\quad \boldsymbol{e}_y\times\boldsymbol{e}_z = \boldsymbol{e}_x,\quad \boldsymbol{e}_z\times\boldsymbol{e}_x = \boldsymbol{e}_y$$

ベクトル積には，つぎの性質がある：
- $\boldsymbol{A}\,/\!/\,\boldsymbol{B}$ (平行) のとき，$\boldsymbol{A}\times\boldsymbol{B}=\boldsymbol{0}$ (大きさ 0 のベクトル),
- $\boldsymbol{A}\times\boldsymbol{A}=\boldsymbol{0}$,
- $\boldsymbol{A}\times\boldsymbol{B}=-\boldsymbol{B}\times\boldsymbol{A}$,
- $\boldsymbol{A}\times\boldsymbol{B}=\boldsymbol{0}$ のときは，$\boldsymbol{A}=\boldsymbol{0}$, $\boldsymbol{B}=\boldsymbol{0}$, あるいは $\boldsymbol{A}\,/\!/\,\boldsymbol{B}$ (平行) である．

ベクトル積の成分表示は，つぎのようにして求めることができる：

$$\boldsymbol{A} = A_x\boldsymbol{e}_x + A_y\boldsymbol{e}_y + A_z\boldsymbol{e}_z,\quad \boldsymbol{B} = B_x\boldsymbol{e}_x + B_y\boldsymbol{e}_y + B_z\boldsymbol{e}_z$$

と表わすとき，単位ベクトルに関する上記の公式を用いると，

$$\boldsymbol{A}\times\boldsymbol{B} = (A_yB_z - A_zB_y)\boldsymbol{e}_x + (A_zB_x - A_xB_z)\boldsymbol{e}_y + (A_xB_y - A_yB_x)\boldsymbol{e}_z$$

これは，つぎのように行列式で表わすこともできる：

$$\boldsymbol{A}\times\boldsymbol{B} = \begin{vmatrix} \boldsymbol{e}_x & \boldsymbol{e}_y & \boldsymbol{e}_z \\ A_x & A_y & A_z \\ B_x & B_y & B_z \end{vmatrix}$$

• 位置ベクトル，速度ベクトル，加速度ベクトル •　1点Pが空間を動くとき，その位置を基準点O (たとえば座標原点) からのベクトル $\boldsymbol{r}$ で表わし，これを点Pの**位置ベクトル**とよぶ．微小時間 Δt の間の点Pの変位を $\Delta\boldsymbol{r}$ で表わすと (そのときの位置ベクトルは $\boldsymbol{r}+\Delta\boldsymbol{r}$)，対応する**速度ベクトル** $\boldsymbol{v}$ は，時間 Δt の間の平均速度 $\Delta\boldsymbol{r}/\Delta t$ で，Δt を0に近づけた極限，すなわち

$$\boldsymbol{v}=\frac{d\boldsymbol{r}}{dt}=\lim_{\Delta t\to 0}\frac{\Delta\boldsymbol{r}}{\Delta t}$$

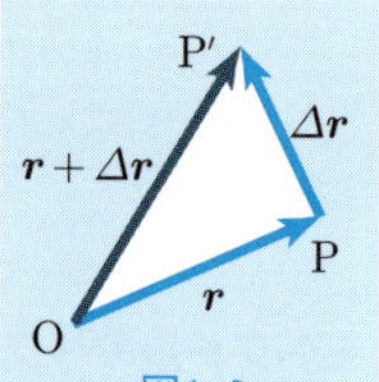

図1.9

で与えられる (図 1.9)．同様に**加速度ベクトル** $\boldsymbol{a}$ は

$$\boldsymbol{a}=\frac{d\boldsymbol{v}}{dt}=\lim_{\Delta t\to 0}\frac{\Delta\boldsymbol{v}}{\Delta t}$$

位置ベクトル $\boldsymbol{r}$ の大きさを r とすると，3次元極座標系では (図 1.6)

$$\boldsymbol{r}=r\boldsymbol{e}_r$$

と書くことができる．いま $\boldsymbol{r}$ を直角座標系で

$$\boldsymbol{r}=x\boldsymbol{e}_x+y\boldsymbol{e}_y+z\boldsymbol{e}_z$$

と表わしたとすれば，成分 x, y, z は

$$x=\boldsymbol{r}\cdot\boldsymbol{e}_x=r(\boldsymbol{e}_r\cdot\boldsymbol{e}_x),\quad y=\boldsymbol{r}\cdot\boldsymbol{e}_y=r(\boldsymbol{e}_r\cdot\boldsymbol{e}_y),\quad z=\boldsymbol{r}\cdot\boldsymbol{e}_z=r(\boldsymbol{e}_r\cdot\boldsymbol{e}_z)$$

となるから，前のページの表によって，

$$\begin{cases} x=r\sin\theta\cos\varphi,\\ y=r\sin\theta\sin\varphi,\\ z=r\cos\theta. \end{cases}$$

位置ベクトルが平面内，たとえば zx 平面内に限られるときは，$\varphi=0$ とおくことによって，2次元極座標系 (r,θ) での表示

$$\begin{cases} z=r\cos\theta,\\ x=r\sin\theta \end{cases}$$

を得る．

ただし，図 1.5 のように2次元平面での座標を (x,y) とし，x 軸から測った角度を θ とするときは，前ページの表によって，

$$\begin{cases} x=r\cos\theta,\\ y=r\sin\theta. \end{cases}$$

速度ベクトル，加速度ベクトルの2次元，3次元極座標表示に関しては，例題 1, 2，問題 1.2, 2.2 で学ぶ．

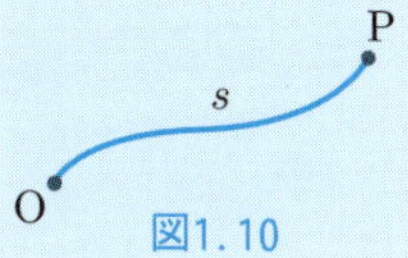

図1.10

注意 1　位置ベクトル $\boldsymbol{r}$ は**動径ベクトル**ともよばれる．

注意 2　点 P の運動を記述するには，運動の始点 O から軌道に沿って測った距離 s を用いると便利なことがある (図 1.10) (問題 4.2 参照).

注意 3　$\boldsymbol{r}$ や $\boldsymbol{v}$ のように時間的に変化するベクトルを直角座標系での単位ベクトル $\boldsymbol{e}_x$，$\boldsymbol{e}_y$，$\boldsymbol{e}_z$ を用いて表わしたとき，その時間微分は成分の微分を用いて表わすことができる (p.6〜7 参照).

1.2　その他の数学的準備

• 微積分の公式 •　(a, b, c, n, ω は定数，f', g' は，それぞれ f, g の導関数を表わす．t は独立変数である)

原始関数	導関数	原始関数	導関数
c	0	$af(t)+bg(t)$	$af'(t)+bg'(t)$
t^n	nt^{n-1}	$f(t)g(t)$	$f'(t)g(t)+f(t)g'(t)$
$\sin\omega t$	$\omega\cos\omega t$	$f(g(t))$	$f'(g(t))g'(t)$
$\cos\omega t$	$-\omega\sin\omega t$	下記は第 3 の公式の応用である	
$\tan\omega t$	$\omega\sec^2\omega t$	$f(at)$	$af'(at)$
e^{ax}	ae^{ax}	$\dfrac{g(t)^2}{2}$	$g(t)g'(t)$
$\log\lvert t\rvert$	$\dfrac{1}{t}$	$\dfrac{g'(t)^2}{2}$	$g'(t)g''(t)$
$\sin^{-1}(t/c)$	$1/\sqrt{c^2-t^2}$		
$\tan^{-1}(t/c)$	$c/(c^2+t^2)$		

• 偏微分 •　多変数の関数 $f(x, y, z)$ の偏微分は，つぎのように定義される：
3 変数のうち 1 つだけ (x とする) を微少量 Δx だけ変化させ，もとの値との差 $f(x+\Delta x, y, z) - f(x, y, z)$ を求める．次式で定義される極限値が確定した値をもつとき，その値を関数 f の x に関する偏微分係数とよび，f_x で表わす：

$$\lim_{\Delta x\to 0}\frac{f(x+\Delta x, y, z)-f(x, y, z)}{\Delta x} = f_x.$$

同様に

$$\lim_{\Delta y\to 0}\frac{f(x,y+\Delta y,z)-f(x,y,z)}{\Delta y}=f_y,$$

$$\lim_{\Delta z\to 0}\frac{f(x,y,z+\Delta z)-f(x,y,z)}{\Delta z}=f_z.$$

これらの偏微分係数を x,y,z の関数と見なすとき，それらを**偏導関数**とよぶ．関数 f を3次元空間におけるある量の分布と見なしたとき，f_x はその x 方向の勾配を意味する．f_y，f_z も同様である．

• ベクトルの微分 •　時間 t を独立変数とするベクトル $\boldsymbol{A}(t)$ を時間 t で微分することは，位置ベクトル，速度ベクトル，加速度ベクトルの項で述べたように，ベクトルの微小な変化 $\Delta\boldsymbol{A}$ を Δt で割ったもので定義される．ここでは，その成分による表現，その他の公式を与えておく．ベクトル $\boldsymbol{A}$ が，t に依存する成分を用いてつぎのように書けるとする：

$$\boldsymbol{A}=A_x(t)\boldsymbol{e}_x+A_y(t)\boldsymbol{e}_y+A_z(t)\boldsymbol{e}_z.$$

単位ベクトル $\boldsymbol{e}_x$，$\boldsymbol{e}_y$，$\boldsymbol{e}_z$ は t によらないので，この式の両辺を t で微分すると，

$$\frac{d\boldsymbol{A}}{dt}=\frac{dA_x}{dt}\boldsymbol{e}_x+\frac{dA_y}{dt}\boldsymbol{e}_y+\frac{dA_z}{dt}\boldsymbol{e}_z.$$

すなわち，ベクトルの微分は，成分の微分である．ただし，ベクトルを $\boldsymbol{e}_r$ のように時間的に変化する単位ベクトルで表わしたばあいは，$\boldsymbol{e}_r$ の時間部分も考えねばならない．

ベクトルの微分でも，積の微分の公式が成り立つ．すなわち，

$$\frac{d}{dt}(\boldsymbol{A}\cdot\boldsymbol{B})=\frac{d\boldsymbol{A}}{dt}\cdot\boldsymbol{B}+\boldsymbol{A}\cdot\frac{d\boldsymbol{B}}{dt},$$

$$\frac{d}{dt}(\boldsymbol{A}\times\boldsymbol{B})=\frac{d\boldsymbol{A}}{dt}\times\boldsymbol{B}+\boldsymbol{A}\times\frac{d\boldsymbol{B}}{dt}.$$

ただし，ベクトル積の公式では，$\boldsymbol{A}$，$\boldsymbol{B}$ の順序を変えてはいけない．

• 接線ベクトルと法線ベクトル •　ある曲線 C に沿って運動する点Pを扱うばあい，図1.11に示すような接線ベクトル $\boldsymbol{e}_t$ と法線ベクトル $\boldsymbol{e}_n$ を導入すると便利なことがある．曲線 C 上に基準の点Oを選んでおき，そこから C に沿って測った長さの変数を s とする．点Pで C に接線を引き，それに平行で s が増す向きに向いた単位ベクトルを $\boldsymbol{e}_t$ とする．それに垂直な単位ベクトルを $\boldsymbol{e}_n$ とする．垂直といっても向きに2通りある．ここでは，C が凸になる方を向くとしておく．

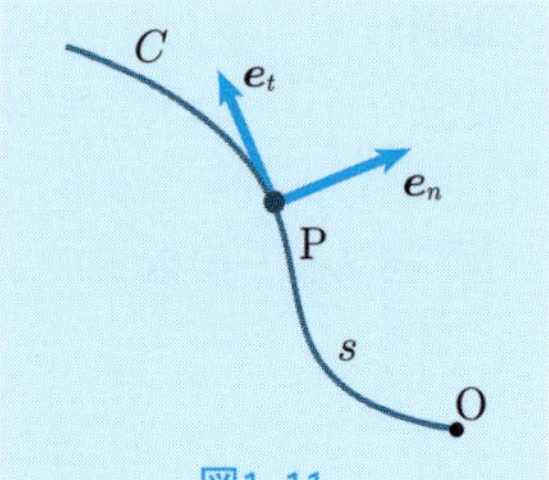

図1.11

図 1.12 に示すように，C に沿って点 P が，微小なベクトル $\boldsymbol{\Delta r}$ だけ移動し，その長さが Δs であるとする．このとき $\boldsymbol{e}_t$ は

$$\boldsymbol{e}_t = \frac{d\boldsymbol{r}}{ds} = \lim_{\Delta s \to 0} \frac{\Delta \boldsymbol{r}}{\Delta s}$$

で与えられる．一方，$\boldsymbol{e}_n$ は，

$$\boldsymbol{e}_n = -\rho \cdot \frac{d\boldsymbol{e}_t}{ds} = -\lim_{\Delta s \to 0} \rho \cdot \frac{\Delta \boldsymbol{e}_t}{\Delta s}$$

で与えられる．ここで，ρ は点 P において曲線 C に接する接触円の半径である．$\boldsymbol{\Delta e}_t$ は，図 1.12 のように $\boldsymbol{e}_t$ の向きの変化を表わす微小ベクトルである．この $\boldsymbol{e}_n$ の定義の意味については，問題 4.2 で詳しく扱う．

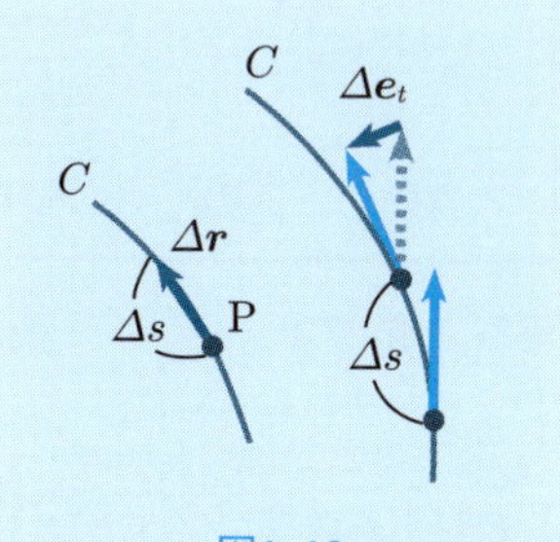

図1.12

• 近似式 •　三角関数や指数関数などを変数の多項式 (ベキ関数) で近似して，数学的取扱いを簡単にすることがしばしば行なわれる．そのために，つぎのような**テイラー展開**とよばれる公式を応用する：

$$f(x+\Delta x) = f(x) + f'(x)\cdot\Delta x + \frac{1}{2}f''(x)\cdot\Delta x^2 + \cdots + \frac{1}{n!}f^{(n)}(x)\cdot\Delta x^n + \cdots$$

ただし，$n! = 1\times2\times3\times\cdots\times n$，ダッシュの数は微分の回数を表わし，$f^{(n)}(x)$ は n 階微分係数を表わす．

この公式で，$f(x)$ としていろいろな関数に応用し，x を 1 または 0 に，Δx を x におき換えることにより，つぎの展開公式が得られる：

$$(1+x)^n = 1 + nx + \frac{n(n-1)}{2}x^2 + \cdots,$$

$$\text{とくに}\quad \sqrt{1+x} = 1 + \frac{1}{2}x - \frac{1}{8}x^2 + \cdots,\quad \frac{1}{1+x} = 1 - x + x^2 - \cdots$$

$$e^x = 1 + x + \frac{1}{2}x^2 + \cdots,\quad \log(1+x) = x - \frac{x^2}{2} + \cdots$$

$$\sin x = x - \frac{x^3}{6} + \cdots,\quad \cos x = 1 - \frac{x^2}{2} + \cdots,\quad \tan x = x + \frac{x^3}{3} + \cdots$$

$|x| \ll 1$ (x の大きさが 1 に比べて非常に小さい) のばあい，上記の展開で x，あるいは x^2 の項まで採用し，その先を切り捨てても，かなりよい近似になる．

例題 1　　**極座標による速度の表現**

2 次元の速度を極座標系 (r, θ) の基本ベクトル $\boldsymbol{e}_r, \boldsymbol{e}_\theta$ を用いて

$$\boldsymbol{v} = \frac{d\boldsymbol{r}}{dt} = v_r\boldsymbol{e}_r + v_\theta\boldsymbol{e}_\theta$$

と書いたときの v_r, v_θ を求めよ．

解答　**解法 1**　p.4 の **注意 3** から，位置ベクトル $\boldsymbol{r}$ を

$$\boldsymbol{r} = x\boldsymbol{e}_x + y\boldsymbol{e}_y.$$

と表わすと速度ベクトル $\boldsymbol{v}$ は

$$\boldsymbol{v} = \frac{d\boldsymbol{r}}{dt} = \dot{x}\boldsymbol{e}_x + \dot{y}\boldsymbol{e}_y. \tag{1}$$

ただし，文字の上につけた点 ($\dot{}$) は時間微分を表わす．(1) から

$$\begin{aligned} v_r = \boldsymbol{v}\cdot\boldsymbol{e}_r &= \dot{x}(\boldsymbol{e}_x\cdot\boldsymbol{e}_r) + \dot{y}(\boldsymbol{e}_y\cdot\boldsymbol{e}_r) \\ &= \dot{x}\cos\theta + \dot{y}\sin\theta, \end{aligned} \tag{2}$$

$$v_\theta = \boldsymbol{v}\cdot\boldsymbol{e}_\theta = -\dot{x}\sin\theta + \dot{y}\cos\theta. \tag{3}$$

ここで $\boldsymbol{e}_x\cdot\boldsymbol{e}_r = \cos\theta$ などの関係式を用いた．あとは (2) と (3) の中の x, y を r, θ で書き直せばよい．すなわち

$$x = r\cos\theta, \quad y = r\sin\theta$$

から

$$\dot{x} = \dot{r}\cos\theta - r\dot{\theta}\sin\theta, \quad \dot{y} = \dot{r}\sin\theta + r\dot{\theta}\cos\theta.$$

上式を (2), (3) に代入して

$$\begin{cases} v_r = \dot{r}, \\ v_\theta = r\dot{\theta}. \end{cases} \tag{4}$$

解法 2　解法 1 においてはまず直角座標系での速度ベクトルの表示を求め，そののち極座標系へ移行した．ここでは極座標系における単位ベクトルの時間変化を考慮して解を求めてみよう．$\boldsymbol{e}_r$ を用いると，位置ベクトル $\boldsymbol{r}$ は

$$\boldsymbol{r} = r\boldsymbol{e}_r$$

と書けるから，

$$\boldsymbol{v} = \frac{d\boldsymbol{r}}{dt} = \dot{r}\boldsymbol{e}_r + r\dot{\boldsymbol{e}}_r. \tag{5}$$

ここで $\dot{\boldsymbol{e}}_r \neq \boldsymbol{0}$ であることが重要である (次頁の **注意 2** 参照).

つぎに $\dot{\boldsymbol{e}}_r$ すなわち $\boldsymbol{e}_r$ の時間的変化率を考えよう．$\boldsymbol{e}_r$ は動径 $\boldsymbol{r}$ の方向の単位ベクトルであるから，その大きさは $|\boldsymbol{e}_r| = 1$ で一定であるが，向きは $\boldsymbol{r}$ の方向，すなわち θ とともに変わる．単位ベクトル $\boldsymbol{e}_r$，$\boldsymbol{e}_\theta$ は直角座標系の単位ベクトル $\boldsymbol{e}_x$，$\boldsymbol{e}_y$ を用いると

$$\boldsymbol{e}_r = \cos\theta\cdot\boldsymbol{e}_x + \sin\theta\cdot\boldsymbol{e}_y, \tag{6}$$

$$\boldsymbol{e}_\theta = -\sin\theta\cdot\boldsymbol{e}_x + \cos\theta\cdot\boldsymbol{e}_y \tag{7}$$

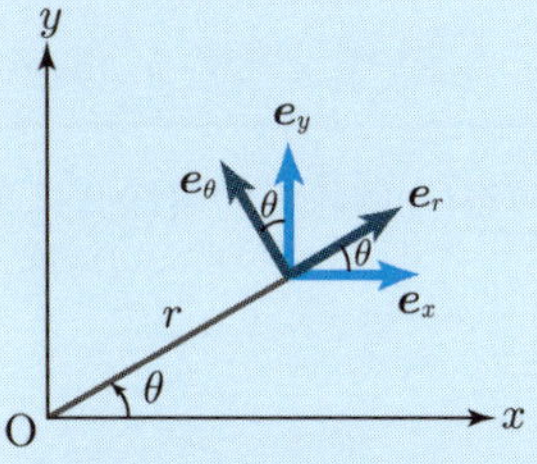

図1. 13

と書ける (p.3 の表，および図 1.13)．(6) を t で微分すると

$$\begin{aligned}\dot{\boldsymbol{e}}_r &= -\dot{\theta}\sin\theta\cdot\boldsymbol{e}_x + \dot{\theta}\cos\theta\cdot\boldsymbol{e}_y \\ &= \dot{\theta}(-\sin\theta\cdot\boldsymbol{e}_x + \cos\theta\cdot\boldsymbol{e}_y).\end{aligned}$$

この結果と (7) を比べると

$$\dot{\boldsymbol{e}}_r = \dot{\theta}\boldsymbol{e}_\theta. \tag{8}$$

同様にして

$$\dot{\boldsymbol{e}}_\theta = -\dot{\theta}\boldsymbol{e}_r \tag{9}$$

も導くことができる．(8) と (5) により

$$\boldsymbol{v} = \dot{r}\boldsymbol{e}_r + r\dot{\theta}\boldsymbol{e}_\theta,$$

したがって

$$\begin{cases} v_r = \dot{r}, \\ v_\theta = r\dot{\theta}. \end{cases}$$

注意 1　解法 1, 2 を比べたとき，(8), (9) のような公式を導いておけば，後者の方が計算が楽であり，見通しもよい．

注意 2　直角座標系では単位ベクトル $\boldsymbol{e}_x$，$\boldsymbol{e}_y$ は位置ベクトル $\boldsymbol{r}$ によらず一定であるが，極座標系では $\boldsymbol{r}$ の変化とともに単位ベクトル $\boldsymbol{e}_r$，$\boldsymbol{e}_\theta$ の方向が変わる．このため $\dot{\boldsymbol{e}}_r \neq \boldsymbol{0}$ となり，$\boldsymbol{v} = \dot{r}\boldsymbol{e}_r$ とはならないことに十分注意されたい．また，(9) の $\dot{\boldsymbol{e}}_\theta = -\dot{\theta}\boldsymbol{e}_r$ は，ここでは用いなかったがあとのために導いておいた．

問　題

1.1　2 次元平面上の点が，$r = at$, $\theta = bt$ と表わせるような運動をするとき，v_r, v_θ, v_x, v_y を求めよ．

1.2　3 次元極座標系 (r, θ, φ) での速度を

$$\boldsymbol{v} = \frac{d\boldsymbol{r}}{dt} = v_r\boldsymbol{e}_r + v_\theta\boldsymbol{e}_\theta + v_\varphi\boldsymbol{e}_\varphi$$

と書いたときの v_r, v_θ, v_φ を求めよ．

ヒント　$\boldsymbol{e}_r$, $\boldsymbol{e}_\theta$, $\boldsymbol{e}_\varphi$ と $\boldsymbol{e}_x$, $\boldsymbol{e}_y$, $\boldsymbol{e}_z$ の間の関係 (p.3 の表) を用いよ．

例題 2　　　　　　　　　　　　**極座標による加速度の表現**

2 次元極座標系 (r, θ) での加速度 $\boldsymbol{a}$ を

$$\boldsymbol{a} = \frac{d^2\boldsymbol{r}}{dt^2} = \frac{d\boldsymbol{v}}{dt} = a_r\boldsymbol{e}_r + a_\theta\boldsymbol{e}_\theta$$

と書いたときの a_r, a_θ を求めよ．

解答　例題 1 の解法 2 にならって求めてみよう．速度 $\boldsymbol{v}$ は例題 1 により

$$\boldsymbol{v} = \dot{r}\boldsymbol{e}_r + r\dot{\theta}\boldsymbol{e}_\theta. \tag{1}$$

また

$$\dot{\boldsymbol{e}}_r = \dot{\theta}\boldsymbol{e}_\theta, \quad \dot{\boldsymbol{e}}_\theta = -\dot{\theta}\boldsymbol{e}_r. \tag{2}$$

(1) を t で微分すれば

$$\boldsymbol{a} = \dot{\boldsymbol{v}} = \ddot{r}\boldsymbol{e}_r + \dot{r}\dot{\boldsymbol{e}}_r + \dot{r}\dot{\theta}\boldsymbol{e}_\theta + r\ddot{\theta}\boldsymbol{e}_\theta + r\dot{\theta}\dot{\boldsymbol{e}}_\theta.$$

ただし，$\ddot{r}$ は t による 2 階微分を表わす．上式に (2) を用いると

$$\begin{aligned}\boldsymbol{a} &= (\ddot{r} - r\dot{\theta}^2)\boldsymbol{e}_r + (2\dot{r}\dot{\theta} + r\ddot{\theta})\boldsymbol{e}_\theta \\ &= (\ddot{r} - r\dot{\theta}^2)\boldsymbol{e}_r + \frac{1}{r}\frac{d}{dt}(r^2\dot{\theta})\boldsymbol{e}_\theta.\end{aligned} \tag{3}$$

したがって

$$a_r = \ddot{r} - r\dot{\theta}^2, \quad a_\theta = \frac{1}{r}\frac{d}{dt}(r^2\dot{\theta}). \tag{4}$$

注意 1　単位ベクトル $\boldsymbol{e}_r$, $\boldsymbol{e}_\theta$ の時間変化 (2) を用いる上の解法は，例題 1 の解法 1 に比べて計算が簡単であることを確かめてみるとよい．また等速円運動 (r, $\dot{\theta}$ がともに一定) のとき，$\boldsymbol{e}_r$ 方向の加速度がなぜ生じるかを本例題を通してよく理解されたい．

注意 2　a_θ を (4) のような形にまとめて書いておくと大変便利である．$a_\theta = 0$，すなわち $\boldsymbol{e}_\theta$ 方向の加速度成分が 0 の運動では

$$\frac{d}{dt}(r^2\dot{\theta}) = 0.$$

これから $r^2\theta = \text{const}$ と方程式が 1 回積分され，いわゆる角運動量保存則 (3.3 節　中心力の項参照) が導かれる．

問　題

2.1　2 次元極座標が $r = e^{at}$, $\theta = bt$ で与えられるとき，a_r, a_θ を求めよ．

2.2　3 次元極座標系 (r, θ, φ) での加速度 $\boldsymbol{a}$ を

$$\boldsymbol{a} = \frac{d^2\boldsymbol{r}}{dt^2} = \frac{d\boldsymbol{v}}{dt} = a_r\boldsymbol{e}_r + a_\theta\boldsymbol{e}_\theta + a_\varphi\boldsymbol{e}_\varphi$$

と書いたときの a_r, a_θ, a_φ を求めよ．

例題 3 **束縛された運動**

端点が x 軸と y 軸の上にそれぞれ束縛されて動く棒がある．いま点 P が一定の速度で動くとき，棒 PQ 上の任意の点 R のもつ加速度は y 軸に平行で，大きさはその点の y 座標の 3 乗に反比例することを示せ．

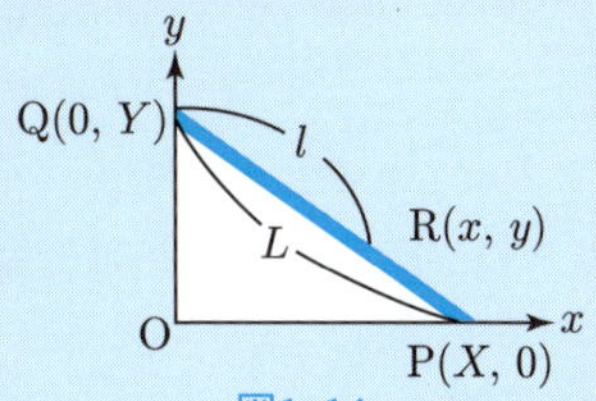

図1.14

解答 棒の長さを L，点 Q から点 R までの距離を l とすると，図からわかるように

$$X^2 + Y^2 = L^2, \tag{1}$$

$$x = \frac{l}{L}X, \quad y = \frac{L-l}{L}Y. \tag{2}$$

点 P は一定の速度 (V とする) で動いているのであるから

$$\frac{dX}{dt} = V, \quad \frac{d^2X}{dt^2} = 0. \tag{3}$$

(1) の両辺を t で微分した式に (3) を代入すると，

$$X\frac{dX}{dt} + Y\frac{dY}{dt} = 0 \qquad \therefore \quad \frac{dY}{dt} = -\frac{X}{Y}V. \tag{4}$$

したがって，点 R(x, y) の加速度は

$$\begin{aligned}
\frac{d^2x}{dt^2} &= \frac{l}{L}\frac{d^2X}{dt^2} = 0, && \because \ (3) \\
\frac{d^2y}{dt^2} &= \frac{L-l}{L}\frac{d}{dt}\left(-\frac{X}{Y}V\right) && \because \ (4) \\
&= -\frac{L-l}{L}V\left(\frac{V}{Y} - \frac{X}{Y^2}\frac{dY}{dt}\right) \\
&= -L(L-l)\frac{V^2}{Y^3} && \because \ (4) \\
&= -\frac{(L-l)^4}{L^2}\frac{V^2}{y^3}. && \because \ (2)
\end{aligned}$$

問 題

3.1 例題 3 で点 R が棒 PQ の中点であるとき，点 R の軌道は半径 $L/2$ の円弧であることを示せ．また，棒が y 軸に一致する瞬間では，$v_\theta = -\dfrac{V}{2}$ であることを示せ．

3.2 放物線 ($y = x^2$) の上を運動する点がある．放物線の軸 ($x = 0$) に垂直な方向の速度成分が一定のとき，軸方向の速度と加速度を求めよ．

例題 4　　　　**円運動の速度と加速度**

点 P の運動が，xy 座標系で

$$x = a\cos\omega t, \quad y = a\sin\omega t \quad (a,\ \omega \text{ は正の定数})$$

と表わされるとき，

（i）点 P の速度と加速度を，xy 座標系，2 次元極座標系でそれぞれ求めよ．

（ii）位置ベクトルと速度ベクトル，速度ベクトルと加速度ベクトルがそれぞれ直交することを示せ．

解答　（i）xy 座標系での速度 $(v_x,\ v_y)$，加速度 $(a_x,\ a_y)$ は

$$v_x = \frac{dx}{dt} = -a\omega\sin\omega t = -\omega y, \qquad v_y = \frac{dy}{dt} = a\omega\cos\omega t = \omega x,$$

$$a_x = \frac{dv_x}{dt} = -a\omega^2\cos\omega t = -\omega^2 x, \quad a_y = \frac{dv_y}{dt} = -a\omega^2\sin\omega t = -\omega^2 y.$$

2 次元極座標系での速度 $(v_r,\ v_\theta)$，加速度 $(a_r,\ a_\theta)$ は，例題 1，2 で求めた公式

$$v_r = \dot{r}, \qquad v_\theta = r\dot{\theta}, \tag{1}$$

$$a_r = \ddot{r} - r\dot{\theta}^2, \quad a_\theta = \frac{1}{r}\frac{d}{dt}(r^2\dot{\theta}) \tag{2}$$

を用いて計算される．関係式

$$r = \sqrt{x^2 + y^2}, \quad x = r\cos\theta, \quad y = r\sin\theta$$

により，点 P の運動は半径 a の円運動であることがわかる．すなわち

$$r = a, \quad \theta = \omega t. \tag{3}$$

(1), (2), (3) から

$$v_r = 0, \qquad v_\theta = a\omega, \tag{4}$$

$$a_r = -a\omega^2, \quad a_\theta = 0. \tag{5}$$

（ii）$\boldsymbol{r}$ と $\boldsymbol{v}$，$\boldsymbol{v}$ と $\boldsymbol{a}$ のスカラー積

$$\boldsymbol{r}\cdot\boldsymbol{v} = rv_r, \quad \boldsymbol{v}\cdot\boldsymbol{a} = v_r a_r + v_\theta a_\theta$$

がそれぞれ 0 になることを示せばよい．実際，(3), (4), (5) を用いると

$$\boldsymbol{r}\cdot\boldsymbol{v} = a\cdot 0 = 0, \quad \boldsymbol{v}\cdot\boldsymbol{a} = 0\cdot(-a\omega^2) + a\omega\cdot 0 = 0.$$

$\boldsymbol{r}$, $\boldsymbol{v}$, $\boldsymbol{a}$ の関係を示すと図 1.15 のようになる．

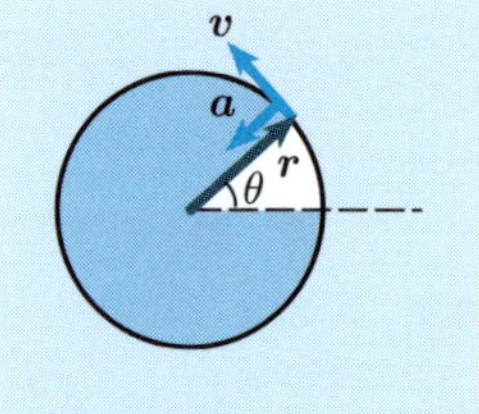

図1.15

注意　等速円運動においては，$\boldsymbol{e}_\theta$ 方向 (運動の接線方向) の加速度は存在しないが，$\boldsymbol{e}_r$ 方向 (運動の法線方向) には中心向きの加速度が存在する (等速直線運動と混同しないこと)．また，(ii) は xy 座標系を用いても容易に証明できることを確かめよ．

問　題

4.1　円運動の速さ v が一定でなく，$v = v(t)$ と表わせるとする．このとき，a_r, a_θ を求めよ．

4.2　点 O を始点とする平面上の曲線 C の上を点 P が運動している．点 O から C に沿って測った距離を s とし，図 1.16 のように接線ベクトル $\boldsymbol{e}_t$，法線ベクトル $\boldsymbol{e}_n$ を選ぶとき，つぎのことを示せ：

(i)　速度 $\boldsymbol{v}$ は

$$\boldsymbol{v} = v\boldsymbol{e}_t, \quad v = \frac{ds}{dt}.$$

(ii)　ρ を点 P での**曲率半径** (図のように点 P で曲線 C に接触する円の半径) とするとき (下記の 注意 参照)

$$\frac{d}{dt}\boldsymbol{e}_t = -\frac{v}{\rho}\boldsymbol{e}_n.$$

(iii)　加速度 $\boldsymbol{a}$ は

$$\boldsymbol{a} = \frac{dv}{dt}\boldsymbol{e}_t - \frac{v^2}{\rho}\boldsymbol{e}_n.$$

(iv)　$\boldsymbol{v}$ と $\boldsymbol{a}$ が平行ならば，$\boldsymbol{v}$ の方向は不変である．

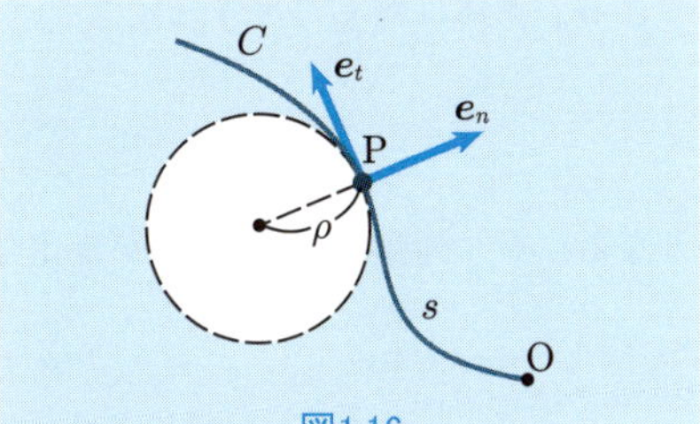

図1.16

ヒント　(i)　位置 $\boldsymbol{r}$ は s の関数であり，s は t の関数 $s(t)$ と書ける．
(ii)　図 1.16 の円の近くを点が動くときは，円の中心を原点として定義した単位ベクトル $\boldsymbol{e}_r$, $\boldsymbol{e}_\theta$ を円周上に平行移動させると，それぞれ $\boldsymbol{e}_n$, $\boldsymbol{e}_t$ に対応する．例題 1 の (9) を参照する．

注意　曲線上の 2 点 P, Q を通る直線を考える．点 Q を点 P に近づけたときのこの直線の極限が点 P における**接線**である．同様に，曲線上の 3 点 P, Q, R を通る円を考え，2 点 Q, R を点 P に近づけたとき，この円は 1 つの円に収束する．この極限の円を点 P における**接触円**という．点 P でこの曲線を最もよく近似する直線が接線である．しかし，接線は曲線の向きしか表わすことができない．近似を高めて曲線の曲がりぐあいまで表わしたものが接触円である．

2　運動量保存則と力

• 力と運動量 •　静止した物体に何らかの力を加えて運動をおこさせたとしよう．物体の質量が非常に大きければその物体はほとんど動かないであろうし，反対に小さければ物体は大きな速度を得るであろう．このように，力によっておこされる運動の大きさは，物体の質量に密接に関連している．

質量 m の物体が速度 $\boldsymbol{v}$ で運動しているとき，

$$\boldsymbol{p} = m\boldsymbol{v}$$

によって定義されるベクトル $\boldsymbol{p}$ を**運動量**とよぶ．上に述べたことを $\boldsymbol{p}$ を用いていうと，力の作用によって物体は運動量 $\boldsymbol{0}$ (静止) の状態から運動量 $\boldsymbol{p}$ の状態に変化したのである．

• 運動の第 2 法則 •　力と運動量の変化とを結びつける法則が**運動の第 2 法則**であって，“物体の運動量の時間変化の速さはその物体に働く力に等しい” と述べることができる．物体に働く力を $\boldsymbol{f}$ として，このことを式で表わすと

$$\frac{d\boldsymbol{p}}{dt} = \boldsymbol{f} \tag{1}$$

となる．もし運動中に質量 m が変化しなければ，第 2 法則は

$$m\boldsymbol{a} = \boldsymbol{f}, \quad \boldsymbol{a} = \frac{d\boldsymbol{v}}{dt} \tag{2}$$

と書くことができる．すなわち，物体の加速度 $\boldsymbol{a}$ は力 $\boldsymbol{f}$ に比例することになる．第 2 法則を (2) の形に書き表わすことが多いが，質量が変化するばあいにはそのようには書けないから注意を要する．

• 運動量保存則 •　物体に力が働いていないばあい ($\boldsymbol{f} = \boldsymbol{0}$ のとき) には，(1) によって $\boldsymbol{p} = m\boldsymbol{v}$ は時間的に一定に保たれる．これを**運動量保存則**という．すなわち，力が働かないときには，質量が一定の物体は，静止したままであるか，等速直線運動を続けるかのどちらかである (**慣性の法則**あるいは**運動の第 1 法則**)．

運動量保存則は，1 個の物体だけでなく，複数個の物体全体に対しても成り立つきわめて基本的な法則である．すなわち，外部から力を受けていない複数個の物体の運動量は，それらの物体のあいだでは互いに力を及ぼし合っていたとしても，総和はかならず一定に保たれる．

• 作用と反作用 •　物体 A が物体 B に力を及ぼすとき，物体 A は物体 B から大きさが等しく反対向きの力を受ける (**作用・反作用の法則**あるいは**運動の第 3 法則**). 壁を手で押すとき，手は壁から押しかえされることを思い浮かべればよい.

• 運動エネルギー •　質量 m の物体が速さ v で運動しているとき，その物体は

$$K = \frac{1}{2}mv^2$$

によって定義される**運動エネルギー**をもっているという. K は静止のときには 0 で，m が大きいほど，また v が大きいほど大きい値をとる. この点で K は，運動量ベクトル $\boldsymbol{p}$ とはまた別の，やはり運動の大きさをはかる (スカラー) 量である.

物体に力が働くばあいには，その力が特別の条件を満たすもの (たとえば重力，ばねの力，など) であるならば，その力の原因となる**位置エネルギー**という量が定義できる. それを U とすると，運動エネルギー K は変化しても和

$$K + U$$

は時間的に不変であることが示される. これは**力学的エネルギー保存則**とよばれる (くわしくは第 3 章参照).

なお，**動摩擦力**が伴う現象では，摩擦によって熱が発生する (運動エネルギーが内部エネルギーに変わる) ために，その分の運動エネルギーは時間的に減少していく.

また，衝撃を伴う現象においても，物体内部でおこる摩擦が原因で，運動エネルギーは減少することが多い. しかし，たとえば爆発のように，もともと物体がもっていた内部エネルギー (化学結合のエネルギー) が解放されて物体各部の運動エネルギーに変わるということもある.

• 撃力と力積 •　衝突や打撃のような極めて短時間だけ働く強い力を**撃力**とよぶ. 一般に力 $\boldsymbol{f}$ が短時間 Δt だけ働いたとき，

$$\boldsymbol{f}\Delta t$$

をその力の**力積** (ベクトル) とよぶ. それを受けた物体の運動量変化 $\Delta\boldsymbol{p}$ は，(1) によって $\boldsymbol{f}\Delta t$ に等しいとみなすことができる. 物体が受けた衝撃の大小の度合いは，力 $\boldsymbol{f}$ そのものよりも，力積 $\boldsymbol{f}\Delta t$ で表わすのが適切である.

例題 1　　**ボールが受けた力積**

ボールを速度 $\boldsymbol{v}$ で水平な床にぶつけたら，床から速度 $\boldsymbol{v}'$ ではね返された．この衝突の際に床がボールに与えた力積 $\boldsymbol{f}\Delta t$ を求めよ．ただし，ベクトル $\boldsymbol{v}$ と $\boldsymbol{v}'$ は同一鉛直面内にあるとする (図 2.1).

解答　ボールの質量を m とする．ボールが床から受けた力積は，衝突前後のボールの運動量の変化に等しい．それゆえ，速度 $\boldsymbol{v}$, $\boldsymbol{v}'$ に対応する運動量をそれぞれ $\boldsymbol{p}$, $\boldsymbol{p}'$ とすれば，力積は

$$\begin{aligned}\boldsymbol{f}\Delta t &= \boldsymbol{p}' - \boldsymbol{p} \\ &= m\boldsymbol{v}' - m\boldsymbol{v} \\ &= m(\boldsymbol{v}' - \boldsymbol{v})\end{aligned}$$

に等しい (図 2.2).

一般にこのような衝突現象では，ボールと床が接触している極めて短い時間内の現象の経過を，くわしく知ることはむずかしい．しかし，衝突の前後の運動量の差という簡単な量を知るだけで，ボールがはじき返される過程の激しさの度合いがわかるということは重要である．

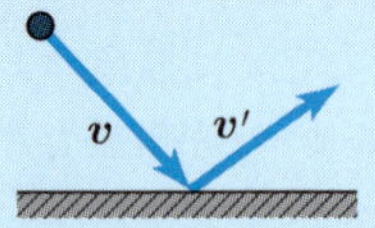

図2.1

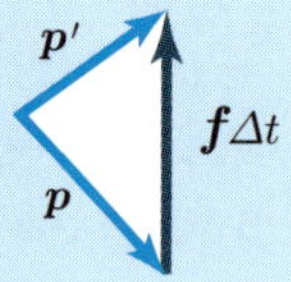

図2.2

問 題

1.1 速さ v で飛んできたボールを，バットで正反対の方向に速さ v' で打ち返した．バットがボールに与えた力積はどれだけか．

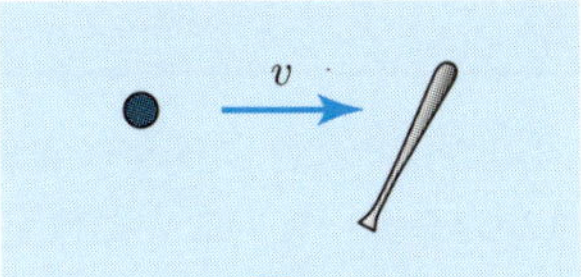

図2.3

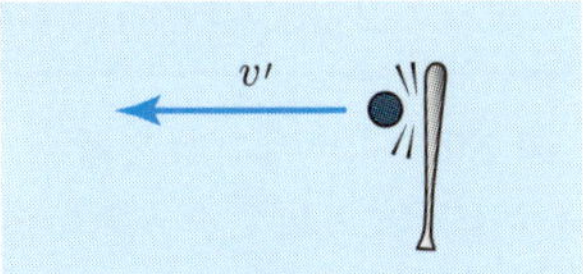

図2.4

1.2 2そうの舟AとBを互いに反対方向に進めるためには，各舟の上の2人が互いにキャッチボールをすればよいことを示せ．また，2人が同一の舟の上にいるばあいにはどういうことがおこるか．

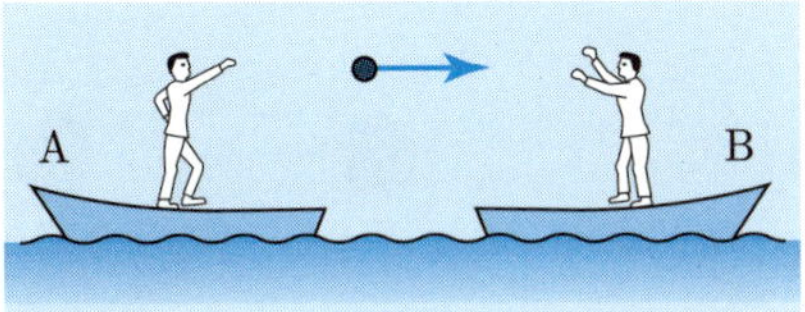

図2.5

図2.6

ヒント 舟・人・ボールについて運動量保存則を適用すればよい．ボールを投げたときと受けたときとに分けて考えよ．

1.3 軽く持ったスプーンを，水道の蛇口から流れ落ちる水に近づけていくと，スプーンは水流に引きずり込まれて図2.7のように水流があたる側に引かれる．スプーンに沿って流れる水の塊の運動量の変化から，この現象を定性的に説明してみよ．

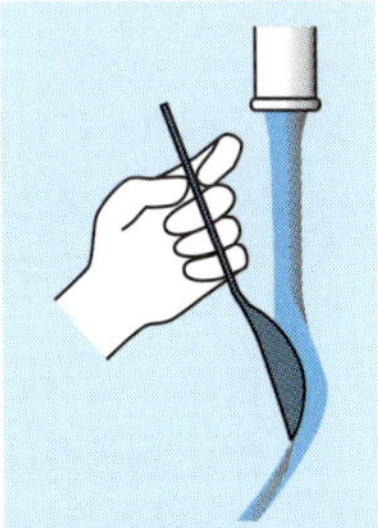
図2.7

1.4 水平左の方向に飛んでいる飛行機から見ると，翼の鉛直断面のまわりには図2.8のような空気の流れができている．翼の前縁に近づき，翼に沿って流れたのちに後縁から離れていく空気の塊の運動量の時間変化を調べることによって，翼が空気から揚力 (翼をもち上げる力) を受けていることを定性的に説明してみよ．

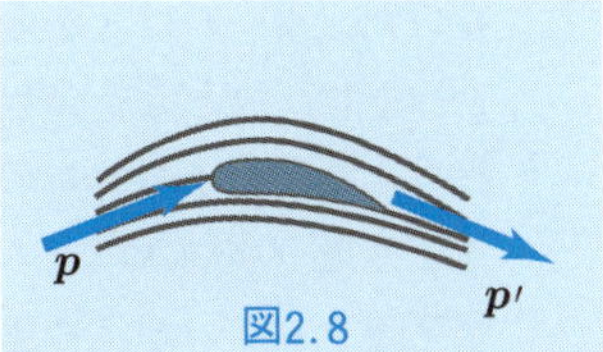

図2.8

例題 2　　**2 物体の衝突**

一直線上を速さ v_1, v_2 で同じ向きに運動している質量 m の 2 物体が，衝突してから一体になって運動を続けたとする．衝突後の速度はどうなるか．また，この衝突によって 2 物体の運動エネルギーの和はどのように変化したか．

解答　図 2.9 のような状況を考え，一体になったときの速度を v とする．衝突の際に物体同士が互いに及ぼし合う力の他には，どのような力も働いていないと仮定しよう．

2 物体の運動量の和は，衝突前には $mv_1 + mv_2$，衝突後には $2mv$ であるから，運動量保存則によって $mv_1 + mv_2 = 2mv$ が成り立つ．これから

$$v = \frac{v_1 + v_2}{2},$$

すなわち，衝突前の 2 物体の速度の平均の速度で進む．

運動エネルギーについては

衝突前： $K = \frac{1}{2}m{v_1}^2 + \frac{1}{2}m{v_2}^2 = \frac{1}{2}m({v_1}^2 + {v_2}^2)$,

衝突後： $K' = \frac{1}{2}(2m)v^2 = \frac{1}{4}m(v_1 + v_2)^2$

図2.9

である．したがってその変化は

$$K' - K = -\frac{1}{4}m(v_1 - v_2)^2 < 0$$

である．すなわち，運動エネルギーの和は $\frac{1}{4}m(v_1 - v_2)^2$ だけ減少した．

注意　外部から力が働いていなければ運動量の和はかならず一定であるが，運動エネルギーの和は一定であるとは限らない．

問　題

2.1　例題 2 において，$v_1 > 0$, $v_2 < 0$ とする．すなわち，反対向きに正面衝突して一体になったばあいにはどうなるか．

2.2　直線状の線路を速度 V でなめらかに走るトロッコに乗っている人が，質量 m のボールを後方に向かって投げた．ボールは人から見て速さ v で遠ざかって行った．トロッコと人を合わせた質量は M であるとして，投げたあとのトロッコの速度 V' とボールの地表に対する速度 v' を求めよ．

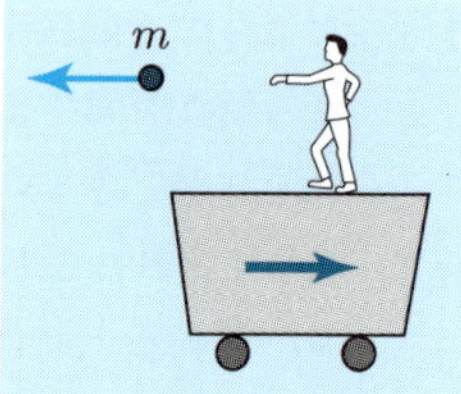

図2.10

ヒント　トロッコ・人の運動量とボールの運動量との和は，ボールを投げる前と後とで保存される．

例題 3　**ロケットの加速**

質量 m_0，速度 v_0 のロケットが，その運動と正反対の向きにガスを噴射して，$(m_0,\, v_0)$ の状態から $(m_1,\, v_1)$ の状態に移った．噴射ガスの速度はロケットに相対的に速さ u であるとして，噴射後のロケットの速度 v_1 を求めよ．

解答

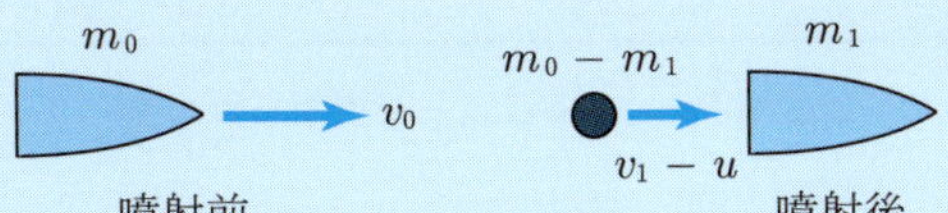

図2.11

ロケットとガスの運動は同一直線上でおこっていると考え，ロケットの進行方向を正にとる．噴射速度はロケットに対して $-u$ であるから，地上の観測者には噴射ガスの速度は $v_1 - u$ に見える．その結果，噴射前後の運動量は

$$\text{噴射前：}\quad m_0 v_0,$$

$$\text{噴射後：}\quad m_1 v_1 + (m_0 - m_1)(v_1 - u).$$

運動量保存則により

$$m_0 v_0 = m_1 v_1 + (m_0 - m_1)(v_1 - u).$$

したがって

$$v_1 = v_0 + \left(1 - \frac{m_1}{m_0}\right) u.$$

$m_0 > m_1$ であるから

$$1 - \frac{m_1}{m_0} > 0.$$

噴射ガスがロケットの運動と反対向き $(u > 0)$ であることから $v_1 > v_0$，すなわちロケットは加速された．

なお，ガスをロケットの進む向きに噴射するばあいには，上の式で $u < 0$ と考えればよいから，ロケットは減速される．

問　題

3.1　例題 3 で述べたロケットの加速の過程を 2 回行なった結果，ロケットが $(m_0, v_0) \to (m_1, v_1) \to (m_2, v_2)$ のように状態を変えた．

(i)　最終の速度 v_2 を $m_0,\, v_0,\, u,\, m_1,\, m_2$ を用いて表わせ．

(ii)　$m_0,\, v_0,\, u,\, m_2$ を決めたとき，v_2 が最大になるようにするには，m_1 をどのように決めればよいか．

例題 4 **加速運動する列車**

機関車と3両の貨車とから成る列車が滑りのない水平な直線の線路上を加速運動している．機関車の駆動力 (貨車を引張る力) を F，機関車の質量を M，各貨車の質量を m とするとき，

(i) 列車の加速度 a を求めよ．

(ii) 1両目と2両目の貨車の間の連結器に働く力 S を求めよ．

ヒント (ii) 2両目以下の貨車全体は，力 S によって引張られて走っていると考えられる (図 2.12).

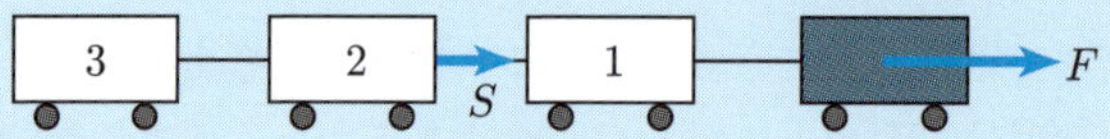

図2.12

解答 (i) 列車の全質量は $M+3m$ であるから，運動の第2法則により

$$(M+3m)a=F$$

が成り立つ．したがって，列車の加速度は

$$a=\frac{F}{M+3m}. \tag{1}$$

(ii) 2両目以下の貨車の全質量は $2m$，加速度は a であるから

$$2ma=S. \tag{2}$$

(1) と (2) によって

$$S=\frac{2m}{M+3m}F. \tag{3}$$

注意 機関車と1両目の貨車とを合わせたものについては

$$(M+m)a=F+(-S)=F-S \tag{4}$$

が成り立つ．(1) と (4) からも当然 (3) が導かれる．

問 題

4.1 水平でなめらかな床の上に一様な鎖 (質量 M，長さ l) をまっすぐにして置く．その一端を長さの方向に一定の力 F で引張るとき，鎖の加速度と，他端からの距離 x の点での張力はどれだけか．

例題 5　**板の上を歩く人**

静止したなめらかな水平面上に置かれた板 (質量 M) の上で人 (質量 m) が板に対して加速度 a で歩くとき，板は水平面に対してどのような加速度をもつか．また，人と板が互いに水平に及ぼし合う力はどれだけか．

ヒント　人が板上を歩けるのは，人と板の間に相対運動を妨げるような力 (3.4 節　摩擦力の項参照) が生じるからである．人が板に及ぼす力と板が人に及ぼす力とが作用・反作用の法則にしたがうことに注意して，板と人のそれぞれについて運動方程式をたてる．

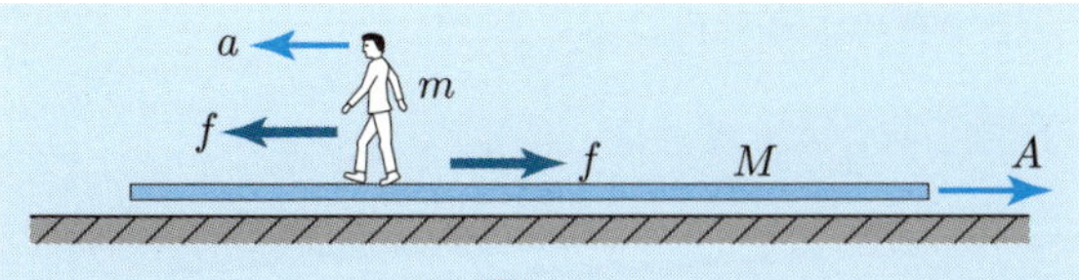

図2.13

解答　板は摩擦力 (大きさを f とする) により人と反対方向に進むから，その加速度を A とすると，板についての運動方程式は

$$MA = f. \tag{1}$$

一方，板に相対的に加速度 a で進む人は，静止した水平面上から見ると，板から摩擦力 f を受けて $a - A$ の加速度で進んでいる (a と A は反対方向であることに注意)．そこで，人については

$$m(a - A) = f \tag{2}$$

が成り立つ．(1) と (2) から

$$A = \frac{m}{M + m}a,$$

$$f = \frac{Mm}{M + m}a.$$

注意 1　$M = 0$，すなわち板の重さが無視できるときは，板と人は同じ加速度で運動する．

注意 2　作用・反作用の法則が本例題の理解のキーポイントになっている．人が歩けるのは人と板の間の摩擦力によるという身近な例を通して第 3 法則をよく理解することが望ましい．

注意 3　この例題に関連して第 4 章の例題 2 を参照せよ．

問　題

5.1　全質量 M の気球が加速度 a で下降している．これを加速度 A で上昇させるには，どれだけの質量の砂袋をすてる必要があるか．ただし気球が受ける浮力は一定であるとする．

3 質点の力学

3.1 運動方程式の解

• 質点の運動方程式 • 質量 m の質点が力 $\boldsymbol{f}$ のもとで運動するとき，運動方程式はそれぞれの座標系でつぎのように書ける：

直角座標系 (x, y, z) 力の成分を f_x, f_y, f_z とすると

$$m\frac{d^2x}{dt^2} = f_x, \quad m\frac{d^2y}{dt^2} = f_y, \quad m\frac{d^2z}{dt^2} = f_z.$$

2 次元極座標系 (r, θ) 力の成分を f_r, f_θ とすると

$$m\left\{\frac{d^2r}{dt^2} - r\left(\frac{d\theta}{dt}\right)^2\right\} = f_r, \quad m\frac{1}{r}\frac{d}{dt}\left(r^2\frac{d\theta}{dt}\right) = f_\theta.$$

3 次元極座標系 (r, θ, φ) 力の成分を f_r, f_θ, f_φ とすると

$$m\left\{\frac{d^2r}{dt^2} - r\left(\frac{d\theta}{dt}\right)^2 - r\left(\frac{d\varphi}{dt}\right)^2\sin^2\theta\right\} = f_r,$$

$$m\left\{r\frac{d^2\theta}{dt^2} + 2\frac{dr}{dt}\frac{d\theta}{dt} - r\left(\frac{d\varphi}{dt}\right)^2\sin\theta\cos\theta\right\} = f_\theta,$$

$$m\left\{r\frac{d^2\varphi}{dt^2}\sin\theta + 2\frac{dr}{dt}\frac{d\varphi}{dt}\sin\theta + 2r\frac{d\theta}{dt}\frac{d\varphi}{dt}\cos\theta\right\} = f_\varphi.$$

• 質量の変化する物体の運動方程式 • まわりの水滴をとり込みながら落下する雨粒や，ガスを噴射しながら進むロケットなどのような，質量が変化する物体の運動を扱うときには，本来の形の運動方程式

$$\frac{d\boldsymbol{p}}{dt} = \boldsymbol{f},$$

あるいは，微小時間 Δt にわたってこれを積分した式

$$\boldsymbol{p}(t + \Delta t) - \boldsymbol{p}(t) = \boldsymbol{f}(t)\Delta t$$

をもとにして考えなくてはならない (例題 3，問題 3.2，第 4 章の例題 7，問題 7.2 を参照せよ).

• 運動方程式の解き方 •　運動方程式は位置ベクトル $\boldsymbol{r}$ の時間 t に関する 2 階の常微分方程式であるため，方程式を積分して解を求める際に 2 個の任意定数ベクトル (成分を用いると 3 次元運動では 6 個の任意定数) が現われる．それらは初期条件，すなわち初期時刻での物体の位置ベクトル $\boldsymbol{r}_0$ と速度ベクトル $\boldsymbol{v}_0$ を指定することによって決定される．

• 一様な重力のもとでの運動 •　質点が一様な重力のもとで運動し，その運動が xy 平面内に限られるとしよう．重力加速度 g の方向を $-y$ 方向とする．空気抵抗を無視すると，運動方程式は

$$m\ddot{x} = 0, \quad m\ddot{y} = -mg$$

となる．現実の運動には必ず空気抵抗が伴う．例題 2 では，速度が小さいときの抵抗の影響を調べる．

• フックの法則，単振動，強制振動，減衰振動 •　ばねにおいては自然の長さからの伸びに比例した復元力が働く．これを**フックの法則**という．すなわち，伸びを x，そのとき加えられている力を f とすると

$$f = -kx$$

が成り立つ．ここで k は**ばね定数**とよばれる．

このばねに質量 m の質点を結びつけたときの運動は方程式

$$m\ddot{x} = -kx$$

にしたがう．これの解は**単振動**とよばれ，つぎの式で表わされる：

$$x = C\sin(\omega t + \alpha).$$

ここで，ω は

$$\omega = \sqrt{\frac{k}{m}}$$

で与えられ，C と α は積分定数であって，初期条件によって決定される．C は**振幅**，α は**初期位相**である．ω は**角振動数**とよばれ，周期 (1 往復に必要な時間) T と

$$T = \frac{2\pi}{\omega}$$

の関係にある．x の概略は図 3.1 で与えられる．

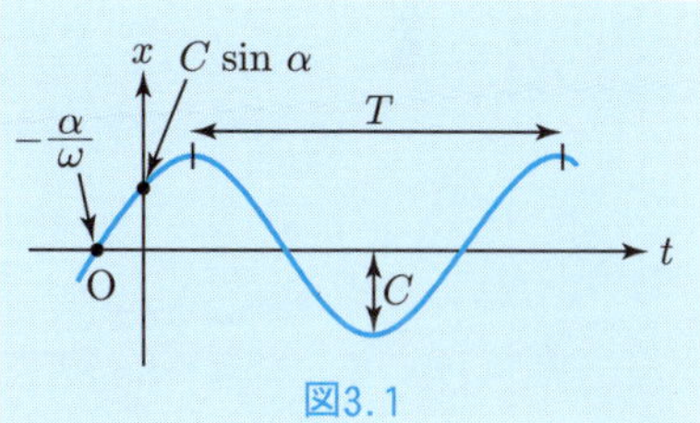

図3.1

上のようなフックの法則にしたがう復元力だけが働く運動 (**自由振動**) の他，質点に外から振動的な力が加わったり (**強制振動**)，速度に依存する抵抗が働くことがある (**減衰振動**)．

強制振動　外力を $mF\cos\omega_0 t$ (F は定数，$\omega_0 \neq \omega$) とすると，運動方程式は

$$m\ddot{x} = -kx + mF\cos\omega_0 t.$$

解は (C と α を積分定数として)

$$x = C\sin(\omega t + \alpha) + \frac{F}{\omega^2 - {\omega_0}^2}\cos\omega_0 t.$$

減衰振動　質点に働く抵抗を $-2m\mu\dot{x}$ (μ は正の定数) とすると，運動方程式は

$$m\ddot{x} = -kx - 2m\mu\dot{x}.$$

解は (C, C', α を定数として)

$$x = \begin{cases} Ce^{-\mu t}\sin(\gamma t + \alpha), & (\omega > \mu), \\ Ce^{-(\mu+\sigma)t} + C'e^{-(\mu-\sigma)t}, & (\omega < \mu), \\ (C + C't)e^{-\mu t}, & (\omega = \mu). \end{cases}$$

ここで

$$\gamma = \sqrt{\omega^2 - \mu^2},\quad \sigma = \sqrt{\mu^2 - \omega^2}.$$

上記 3 種の解で第 1 種は減衰振動を表わす (図 3.2)．第 2 種は単調に減衰する解を与える．第 3 種において $C = 0$ として第 2 種に対応する部分を除くと，図 3.3 のようになる．

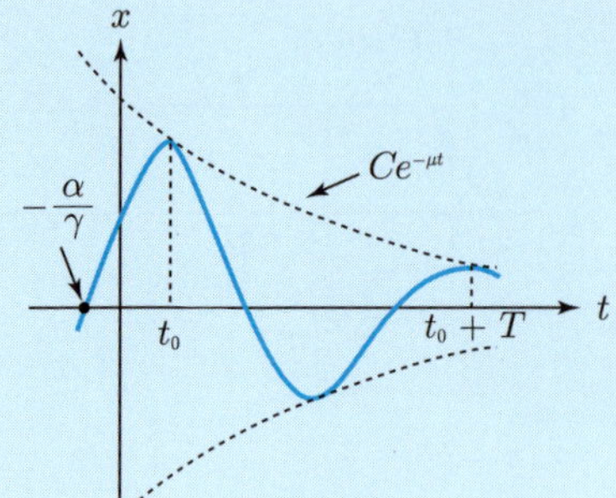

図3.2

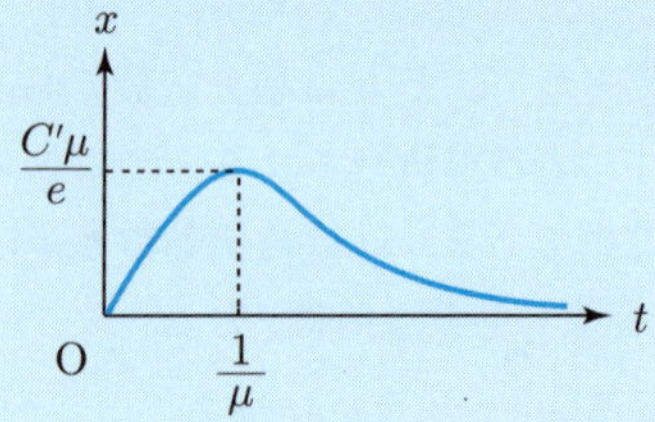

図3.3

• **荷電粒子の運動 (ローレンツの力)** •　電荷 q をもつ粒子が電場ベクトル $\boldsymbol{E}$，磁束密度ベクトル $\boldsymbol{B}$ の電磁場の中を速度 $\boldsymbol{v}$ で運動するとき，粒子はローレンツの力

$$\boldsymbol{f} = q(\boldsymbol{E} + \boldsymbol{v} \times \boldsymbol{B})$$

を受ける ($\boldsymbol{v} \times \boldsymbol{B}$ はベクトル $\boldsymbol{v}$ と $\boldsymbol{B}$ の**ベクトル積**を表わす．p.3 のベクトル積の項を参照)．質点の運動方程式は

$$m\frac{d\boldsymbol{v}}{dt} = q(\boldsymbol{E} + \boldsymbol{v} \times \boldsymbol{B}).$$

q を正とすると，$q\boldsymbol{v} \times \boldsymbol{B}$ の向きは図 3.4 で与えられる．

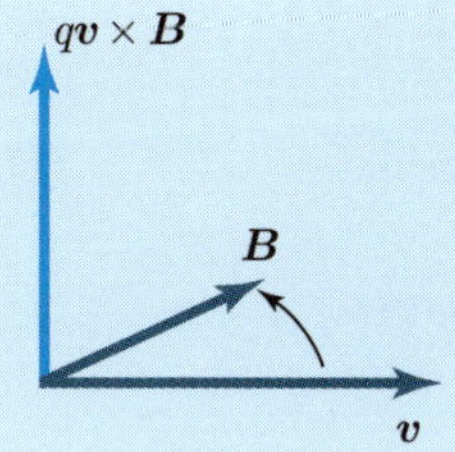

図3.4

一様な電場だけ ($\boldsymbol{E} = \text{const}$, $\boldsymbol{B} = \boldsymbol{0}$) のときは

$$m\frac{d\boldsymbol{v}}{dt} = q\boldsymbol{E}$$

となり，運動は一様な重力のときと同様になる．一様な磁場だけ ($\boldsymbol{B} = \text{const}$, $\boldsymbol{E} = \boldsymbol{0}$) のときは

$$m\frac{d\boldsymbol{v}}{dt} = q\boldsymbol{v} \times \boldsymbol{B}$$

となる．このときには粒子には速度 $\boldsymbol{v}$ に垂直な力が働き，粒子は $\boldsymbol{B}$ の方向を軸とするらせん運動を行なう．軸のまわりの角速度は

$$\omega = \frac{|q|B}{m}, \quad B = |\boldsymbol{B}|$$

で与えられる (例題 8 参照)．

例題 1 **放物運動**

水平面と β の角をなす斜面の最下点から斜面と α をなす方向に初速 v_0 で物体を投げた．斜面上の最大到達距離を得るための角 α を求めよ．

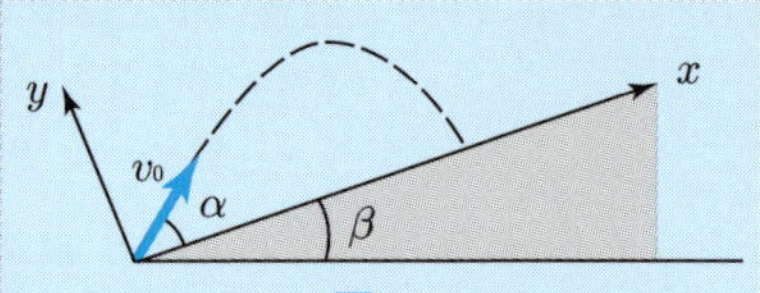

図3.5

ヒント 図 3.5 のように x, y 座標を選び，重力が x, y 両成分をもつことに注意する．

解答 物体の質量を m とする．重力を斜面に沿う方向と垂直な方向とに分解すると図 3.6 のようになる．そこで，物体に対する運動方程式は

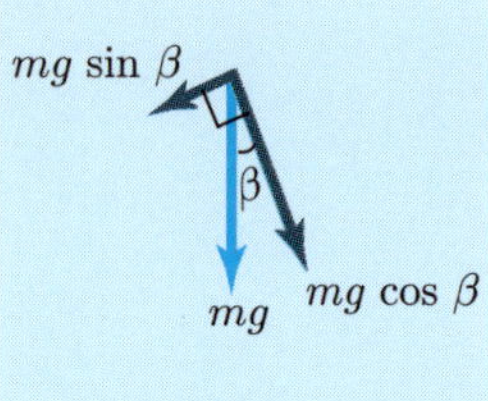

図3.6

$$m\frac{d^2x}{dt^2} = -mg\sin\beta, \tag{1}$$

$$m\frac{d^2y}{dt^2} = -mg\cos\beta. \tag{2}$$

初期条件は，$t = 0$ で，

$$x = 0, \quad \frac{dx}{dt} = v_0\cos\alpha, \tag{3}$$

$$y = 0, \quad \frac{dy}{dt} = v_0\sin\alpha. \tag{4}$$

(1) と (2) を積分すれば

$$x = -\frac{1}{2}gt^2\sin\beta + C_1t + C_2, \tag{5}$$

$$y = -\frac{1}{2}gt^2\cos\beta + C_3t + C_4. \tag{6}$$

(3) と (4) を用いて積分定数 C_1, C_2, C_3, C_4 を決定すると

$$x = -\frac{1}{2}gt^2\sin\beta + v_0t\cos\alpha, \tag{7}$$

$$y = -\frac{1}{2}gt^2\cos\beta + v_0t\sin\alpha. \tag{8}$$

つぎに (7) と (8) を用いて物体の斜面上での到達距離 L を求めよう．到達点では $y = 0$ であるから，到達の時刻 t_1 は (8) により

$$t_1 = \frac{2v_0\sin\alpha}{g\cos\beta}. \tag{9}$$

(9) を (7) に代入すれば

$$L = \frac{2{v_0}^2}{g\cos^2\beta}\sin\alpha\,(\cos\alpha\cos\beta - \sin\alpha\sin\beta)$$

$$= \frac{2{v_0}^2}{g\cos^2\beta}\sin\alpha\cos\,(\alpha+\beta). \qquad (10)$$

(10) の最大値を得るために，さらに

$$L = \frac{{v_0}^2}{g\cos^2\beta}\{\sin\,(2\alpha+\beta) - \sin\beta\} \qquad (11)$$

と変形する．g, ${v_0}^2$, β は与えられた量であるから，L は

$$\sin\,(2\alpha+\beta) = 1$$

のとき最大となる．すなわち，投げる角 α は

$$\alpha = \frac{\pi}{4} - \frac{\beta}{2}, \qquad (12)$$

そのときの L は

$$L = \frac{{v_0}^2(1-\sin\beta)}{g\cos^2\beta}. \qquad (13)$$

面が水平 ($\beta = 0$) のときは，(12) と (13) から，よく知られたつぎの結果を得る：

$$\alpha = \frac{\pi}{4},$$

$$L = \frac{{v_0}^2}{g}.$$

注意 1　いつでも $\alpha = \pi/4$ とするのがよいわけではないことは，$\beta = \pi/2$ のときを考えてみれば明らかであろう (このときは斜面に沿って鉛直上方に投げればよい)．

注意 2　L の最大値を得るとき (10) から (11) の変形をせず，(10) からただちに $\sin\alpha = 1$ または $\cos\,(\alpha+\beta) = 1$ として α を求めてはならない．また，(11) を α について微分したものを 0 とおけば (12) が得られることはいうまでもない．

注意 3　x 軸を水平方向，y 軸を鉛直上方に選び，物体の軌道を求め，さらに $y = x\tan\beta$ との交点を求めて，上の結果を確かめてみよ．

問　題

1.1　ボールを斜め上方に投げ上げたとき，その初速と角度を精密に測るのは少しむずかしい．そこでボールの到達距離と飛行時間からこれを求めたい．必要な公式を導け．

1.2　物体を投げたら，同一水面上で，投げた点から距離 R のところまでとどいた．このとき物体のいちばん高く上がった高さは h であった．同じ初速でこの物体を投げたときの最大到達距離を R と h で表わせ．

例題 2 **落下運動と抵抗**

質量 m の物体が速度の大きさに比例する抵抗を受けて空気中を落下する．初速を 0 とするとき，以後の物体の速度と位置を決定せよ．

解答 鉛直下向きに y 軸をとると，速度 v は

$$v = \frac{dy}{dt}. \tag{1}$$

抵抗は速度の大きさに比例するとしているから，これを $-mkv$ (k は正の定数) とおくと

$$m\frac{dv}{dt} = mg - mkv. \tag{2}$$

初期条件は，$t=0$ で

$$y = 0, \quad v = 0. \tag{3}$$

(2) は変数分離法を用いてつぎのように解くことができる．まず，

$$\frac{dv}{g - kv} = dt$$

と変形して積分すると

$$-\frac{1}{k}\log(g - kv) = t + C' \quad (C' \text{ は定数}).$$

したがって

$$v = \frac{C}{k}e^{-kt} + \frac{g}{k} \quad (C = -e^{-kC'}). \tag{4}$$

(3) を (4) に適用して

$$v = \frac{g}{k}\,(1 - e^{-kt}). \tag{5}$$

(5) を積分し，(3) を用いると

$$y = \frac{g}{k^2}\,(-1 + kt + e^{-kt}). \tag{6}$$

問題

2.1 (5) と (6) より，$t \ll k^{-1}$ および $t \gg k^{-1}$ ではいかなる運動となるかを考察せよ．

2.2 速度の大きさに比例する抵抗 $mk|v|$ が働くときの放体の最高点の水平位置と高さを求めよ．ただし初速は大きさが v_0 で水平方向と θ の角をなすものとする．

例題 3　**雨滴の運動**

はじめ静止していた質量 m_0 の雨滴が，単位時間に μ の割合で周囲の静止した水滴をとり込みながら重力場の中を落下していく．時間 t のあとの速度を求めよ．

ヒント　質量が変化する運動であるから，運動の第 2 法則を本来の形 $d\boldsymbol{p}/dt = \boldsymbol{f}$ $(\boldsymbol{p} = m\boldsymbol{v})$ で用いよ．

解答　鉛直下向きに座標軸をとり，雨滴の質量の時間増加率が μ であることを考慮すると，質量 m，速度 v に対する方程式は

$$\frac{dm}{dt} = \mu, \tag{1}$$

$$\frac{d}{dt}(mv) = mg. \tag{2}$$

初期条件は，$t = 0$ で

$$m = m_0, \quad v = 0. \tag{3}$$

(1) を積分し，(3) を用いると

$$m = m_0 + \mu t. \tag{4}$$

(4) を (2) に代入して積分すると，

$$(m_0 + \mu t)v = \left(m_0 t + \frac{1}{2}\mu t^2\right)g + C \quad (C \text{ は定数}). \tag{5}$$

(3) と (5) から

$$v = g\frac{m_0 t + (1/2)\mu t^2}{m_0 + \mu t}.$$

注意　t が大きくなると近似的に $v = (1/2)gt$ となる．

問　題

3.1　雨滴が単位時間に μ の割合で蒸発しながら落下する場合，雨滴が消滅する直前の速度を調べよ．

3.2　重力のもとで，下方に相対速度 u_0 で単位時間あたり質量 μ のガスを噴射しながら上方に進行するロケットがある．ロケットの初期質量を m_0，初速を 0 とするとき，時刻 t での上昇速度を求めよ．

ヒント　このように放出質量が本体と異なった速度をもつときは，小さい時間間隔 Δt の間に力 $\boldsymbol{f}$ が作用して運動量が $\Delta\boldsymbol{p}$ だけ変化したことを表わす式 $\Delta\boldsymbol{p} = \boldsymbol{p}(t+\Delta t) - \boldsymbol{p}(t) = \boldsymbol{f}\Delta t$ を用いて第 2 法則を表現した方が使いやすい．ロケットの質量を m，座標軸を上向きにとって速度を v とすると，

噴射前：$p(t) = mv$,

噴射後：$p(t + \Delta t) = (m - \mu\Delta t)(v + \Delta v) + \mu\Delta t(v - u_0)$.

これと $f = -mg$ を上の第 2 法則の式に代入し，$\Delta t \to 0$ の極限をとる．

例題 4　　**ばねの振動**

自然長 l，ばね定数 k の軽いばねがある．つぎの各々のばあいの振動数を求めよ：

（i）水平面上において一端を固定し，他端に質量 m の物体をつけて面上で振動させたとき．

（ii）鉛直につるし，一端に質量 m の物体をつけて上下に振動させたとき．

解答（i）自然長 l からのばねの伸びを x とすると，フックの法則により

$$m\frac{d^2x}{dt^2} = -kx. \tag{1}$$

したがって角振動数 ω は $\omega = \sqrt{k/m}$．

（ii）物体をつり下げたときのつり合いの長さ l' は

$$mg = k(l'-l) \qquad \therefore \quad l' = l + \frac{mg}{k}. \tag{2}$$

物体はこの l' を中心に振動する．l' からのばねの伸びを x とすると，運動方程式は

$$m\frac{d^2x}{dt^2} = mg - k(l' + x - l). \tag{3}$$

(2), (3) から l' を消去すると (1) を得る．つまり，このばあいも角振動数は ω に等しい．

注意　水平にしても鉛直にしても振動数がまったく同じというのは，後者が重力の影響下にあることを考えると，一見奇妙に思われる．しかし (2) の第 1 式からわかるように，鉛直にしたときの重力の効果はばねの自然長 l が “つり下げたときの自然長 l'” まで伸びるという過程の中に吸収されてしまっている．

問　題

4.1　角 θ の摩擦のない斜面上で一端を固定して振動させるばあいの振動数を求めよ．

4.2　水平な台の上に質量 m_2 の物体をおき，その上に重さのないばね (自然長 l，ばね定数 k) をはさんで質量 m_1 の物体をのせる．

（i）つり合いの配置を求めよ．

（ii）m_1 に $f\sin\omega_0 t$ の力を加えたとき，m_2 が台から受ける力 R と，m_2 が離れないための条件を求めよ．ただし $\omega_0 \neq \omega \equiv \sqrt{k/m_1}$．

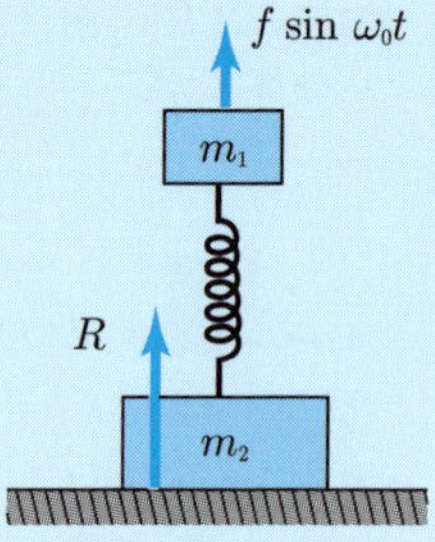

図3.7

ヒント（ii）物体 m_2 が台に “めり込まない” のは，物体が台を押す力の反作用として抗力 R が生じるからである．それゆえ，物体 m_2 が台から離れないための条件は $R \geqq 0$ である．

例題 5 **単振り子**

長さ l の軽い糸の先に質量 m のおもりをつけた単振り子に，最下点で水平に v_0 の初速を与えた．v_0 が小さいため運動が鉛直面内の最下点付近に限られているとして，おもりの運動の振幅と周期，および糸の張力を求めよ．

ヒント 2 次元極座標系を用いよ．θ が小さいとき $\sin\theta \fallingdotseq \theta$, $\cos\theta \fallingdotseq 1$ である．

解答 糸の張力を T とし，2 次元極座標系 (r, θ) (第 1 章例題 2 参照) を用いると，$r = l$ であるから運動方程式は

$$ml\frac{d^2\theta}{dt^2} = -mg\sin\theta, \tag{1}$$

$$-ml\left(\frac{d\theta}{dt}\right)^2 = mg\cos\theta - T \tag{2}$$

となる．初期条件は，$t = 0$ で

$$\theta = 0, \quad l\frac{d\theta}{dt} = v_0. \tag{3}$$

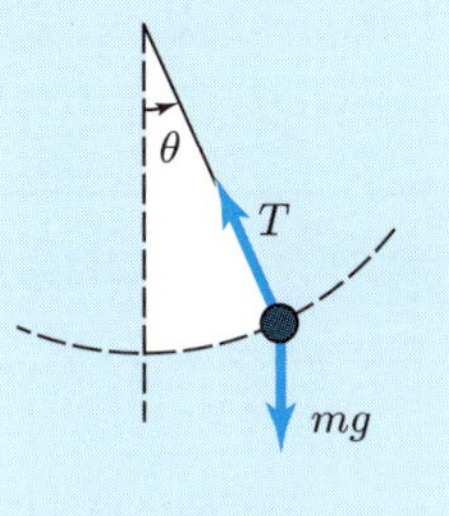

図3.8

運動が最下点付近 $(\theta \fallingdotseq 0)$ に限られることから，(1) と (2) は

$$\frac{d^2\theta}{dt^2} = -\omega^2\theta, \quad \omega = \sqrt{\frac{g}{l}}, \tag{4}$$

$$T = mg + ml\left(\frac{d\theta}{dt}\right)^2. \tag{5}$$

(4) の一般解は

$$\theta = C_1\sin\omega t + C_2\cos\omega t \quad (C_1,\ C_2 \text{ は定数}). \tag{6}$$

(3) と (6) から

$$\theta = A\sin\omega t, \quad A = \frac{v_0}{l\omega}. \tag{7}$$

単振り子の運動は近似的に単振動であって，運動の振幅は A，周期は $2\pi/\omega$ で与えられる．T は (5), (7) により $T = mg + \dfrac{m{v_0}^2}{l}\cos^2\omega t$ となり，最下点で最大となる．

問 題

5.1 長さ l の弦が張力 S で張られている．弦の一端から x の位置に質量 m のおもりをつけて水平面内で糸に垂直な方向に微小振動させた．このときの周期を x の関数として求めよ．

ヒント θ_1, θ_2 は小さいから，$\theta_1 \fallingdotseq y/x$, $\theta_2 \fallingdotseq y/(l-x)$ であり，微小振動のばあいは S を一定としてよい．

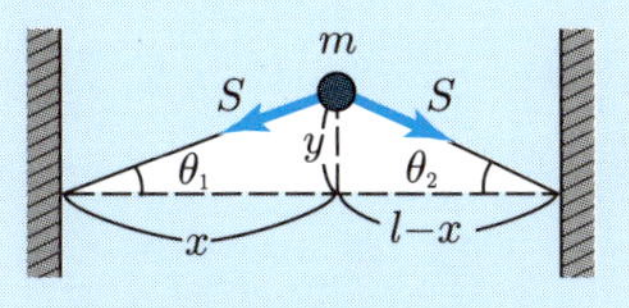

図3.9

例題 6 **荷電粒子と電場**

正負に帯電した平行金属板の間に電子 (質量 m, 電荷 $-e$) が両板に平行に速度 v_0 で突入した. 平行平板の間では電子に一定の力 eE (E は電場の強さ) が働く. 電子が金属板の間を l だけ走ったとき, はじめの位置からどれだけずれるか. また, そのときはじめの方向からどれだけの角をなして運動しているか.

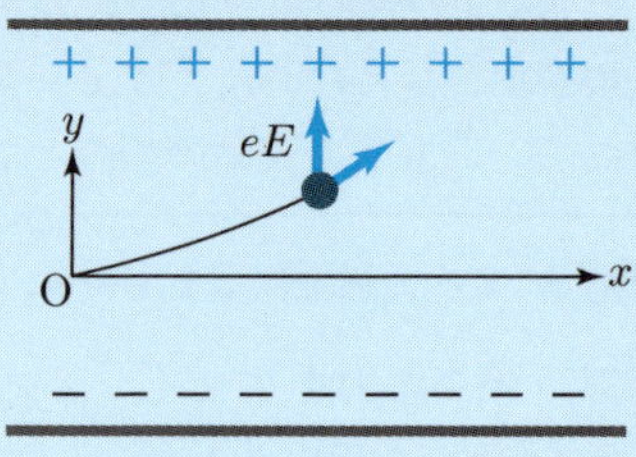

図3.10

解答 x 方向には力が働かないから, その方向の速度成分は変化しない. そこで, 突入した点を座標の原点にとると

$$x = v_0 t. \tag{1}$$

一方, y 方向には eE の力が働いているから

$$m\frac{d^2y}{dt^2} = eE. \tag{2}$$

突入時には y 方向の速度成分はないから, (2) を積分すると

$$y = \frac{eE}{2m}t^2. \tag{3}$$

(1) と (3) から t を消去して電子の軌道を求めると

$$y = \frac{eE}{2m{v_0}^2}x^2. \tag{4}$$

したがって, 電子は金属板の間を x 方向に l だけ走る間に

$$\varDelta y = \frac{eEl^2}{2m{v_0}^2}$$

だけ陽極の方へずれる. このとき電子の運動方向と x 軸とのなす角 θ は, (4) から

$$\tan\theta = \left(\frac{dy}{dx}\right)_{x=l} = \frac{eEl}{m{v_0}^2}$$

を満たす θ として与えられる.

注意 この例題は “eE/m の重力場の中で初速 v_0 で水平に投げ出された質点の運動” と本質的に同じである.

問 題

6.1 一様な電場の中に電場と角 θ をなす方向に初速 v_0 で入射した電子の軌道を求めよ.

例題 7 **ミリカンの実験**

油滴のもつ電荷を，つぎの手順で実験を行なって決定しよう．

(i) 霧吹き A で油滴を容器内に作り，その空気中での落下を観察する．油滴の半径を a，落下速度を v_1，空気の粘性率を μ とすると，油滴は $6\pi\mu a v_1$ の空気抵抗を受け，ある時間がたったのちは一様な速度で落下する．油滴と空気の密度を ρ, ρ_a として油滴の運動方程式を書け．

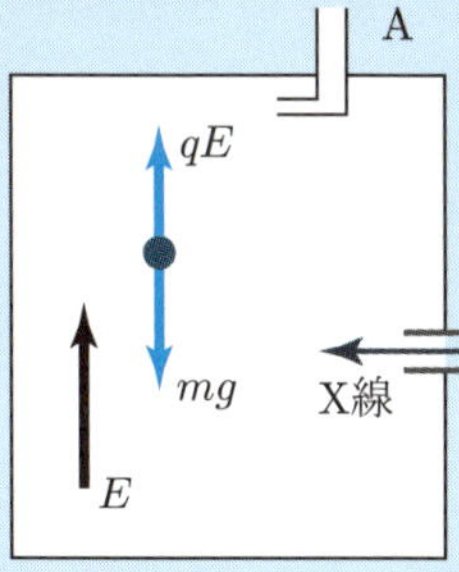

図3.11

(ii) 容器内の空気に X 線をあてると空気は電離し，油滴は正の電荷をおびる．そのあとに電場 E を鉛直上向きにかけると，油滴は上向きの力を受けて上昇する．このときの一定の上昇速度を v_2，油滴の電荷を q として運動方程式を求めよ．

(iii) (i), (ii) の運動方程式から a を消去し，油滴の電荷の大きさ q を ρ, ρ_a, v_2, E を用いて表わせ．

注意 **ミリカンの実験**は，電荷の最小単位という重要な物理定数を初等的概念を用いて決定できることを示した歴史的事例である．

解答 (i) 油滴には下向きの重力，上向きの浮力と空気抵抗が働いているため

$$\frac{4}{3}\pi a^3 \rho g = \frac{4}{3}\pi a^3 \rho_a g + 6\pi\mu a v_1. \tag{1}$$

(ii) 電場 E をかけると油滴は上昇するから，空気抵抗は下向きになる．そこで

$$\frac{4}{3}\pi a^3 \rho g + 6\pi\mu a v_2 = \frac{4}{3}\pi a^3 \rho_a g + qE. \tag{2}$$

(iii) (1) を a について解くと

$$a = \sqrt{\frac{9}{2}\frac{\mu v_1}{(\rho - \rho_a)g}}. \tag{3}$$

(3) を (2) に代入して

$$q = \frac{6\pi\mu a(v_2 + v_1)}{E} = \frac{9\sqrt{2}\,\pi\mu\,(v_2 + v_1)}{E}\sqrt{\frac{\mu v_1}{(\rho - \rho_a)g}}. \tag{4}$$

ρ, ρ_a, μ は物質定数としてわかっている．v_1, v_2, E はこの実験から求められる．したがって，(4) により q が決定できる．

問 題

7.1 例題 7 の実験をくり返し行なうことによっていろいろな大きさの油滴がもつ電荷が決定できる．この結果を用いて，電荷の最小単位 e (電子の電荷はその逆符号をつけたものである) を決めるにはどうすればよいか．

例題 8 **荷電粒子と磁場**

速度 V_0 で x 方向に運動する荷電粒子 (質量 m，電荷 q) が y 方向の一様な磁場の中に突入した．そのあとの粒子の軌道を求めよ．

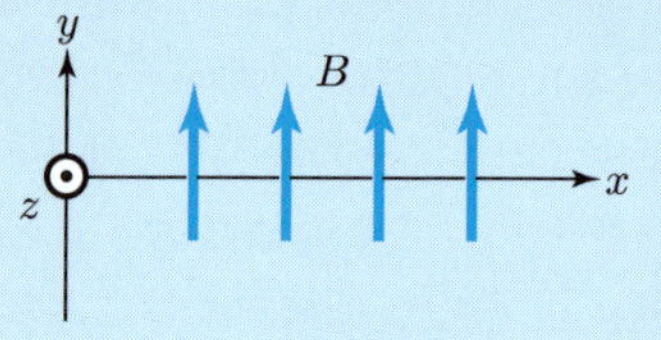

図3.12

解答 速度ベクトルを $\boldsymbol{v}=(u,\,v,\,w)$，磁束密度ベクトルを $\boldsymbol{B}=(0,\,B,\,0)$ とすると，運動方程式は

$$m\frac{d\boldsymbol{v}}{dt}=q\boldsymbol{v}\times\boldsymbol{B}. \tag{1}$$

(1) を成分で表わすと

$$m\frac{du}{dt}=-qBw, \tag{2}$$

$$m\frac{dv}{dt}=0, \tag{3}$$

$$m\frac{dw}{dt}=qBu. \tag{4}$$

初期条件は，$t=0$ で

$$u=V_0,\quad v=w=0. \tag{5}$$

(3) と (5) から

$$v=0,$$

すなわち，粒子はつねに xz 平面内にあることがわかる．

つぎに (2) と (4) から w を消去すると，

$$\frac{d^2u}{dt^2}=-\omega^2u,\quad \omega=\frac{qB}{m}. \tag{6}$$

(5) と (6) から

$$u=V_0\cos\omega t. \tag{7}$$

さらに (2) と (7) から

$$w=V_0\sin\omega t. \tag{8}$$

(7), (8) を積分し，$t=0$ で $x=z=0$ という条件を用いると

$$x=\frac{V_0}{\omega}\sin\omega t, \tag{9}$$

$$z = \frac{V_0}{\omega}(1 - \cos\omega t). \qquad (10)$$

(9) と (10) から t を消去すると

$$x^2 + \left(z - \frac{V_0}{\omega}\right)^2 = \left(\frac{V_0}{\omega}\right)^2. \qquad (11)$$

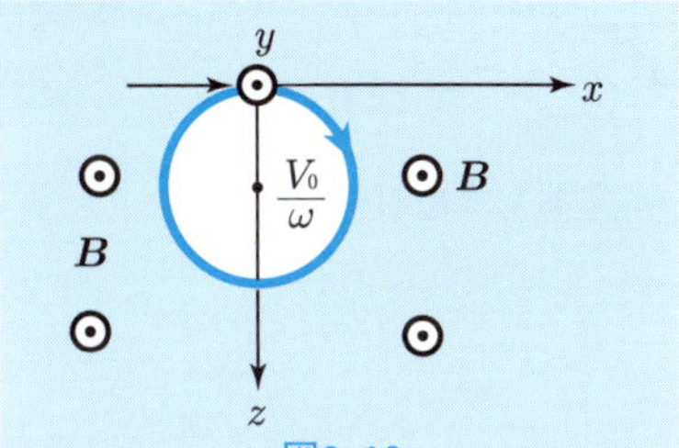

図3.13

(11) は一様な磁場の中での粒子の軌道が xz 平面内で $(0, V_0/\omega)$ を中心とする半径 $V_0/|\omega|$ の円であることを示している．その様子は図 3.13 のようになる．

注意 1 (6) の第 2 式と (11) より，軌道半径を R とすると $q/m = V_0/(RB)$ を得る．粒子を電子とし，電荷の大きさと質量をそれぞれ e と m_e とすると，上式で $q = e$, $m = m_e$ とおけばよい．その結果，B, V_0, R を測定すると，e/m_e (比電荷) が求められる．問題 7.1 より e がわかると，電子の質量 m_e を決定できる．

注意 2 この問題は複素変数を用いるともっと簡単に解くことができる．(2) + (4) × i を作ると

$$m\frac{d}{dt}(u + iw) = iqB(u + iw).$$

これを積分し，初期条件 ($t = 0$ で $u + iw = V_0$) を用いると

$$u + iw = V_0 e^{i\omega t}.$$

公式 $e^{i\omega t} = \cos\omega t + i\sin\omega t$ を用いると (7) と (8) を得る．

問　題

8.1 一様な磁束密度ベクトル $\boldsymbol{B}$ の磁場の中にその方向と角 α をなして初速 V_0 で入射した粒子 (質量 m, 電荷 q) は，$\boldsymbol{B}$ の方向を軸とするらせん運動をすることを示し，その旋回の周期を求めよ．

ヒント $\boldsymbol{B}$ の方向に y 軸をとり，$t = 0$ で速度成分が $u = V_0 \sin\alpha$, $v = V_0 \cos\alpha$, $w = 0$ となるような座標系を用いよ．

8.2 平行平面電極の陽極と陰極の間の距離を d, 電位差を V_0 とする．電極面に平行に一様な磁束密度 B の磁場を紙面の手前から裏側に向けて加えたとき，初速 0 で陰極から出た電子 (質量 m, 電荷 $-e$) が陽極に到達するための条件を求めよ．

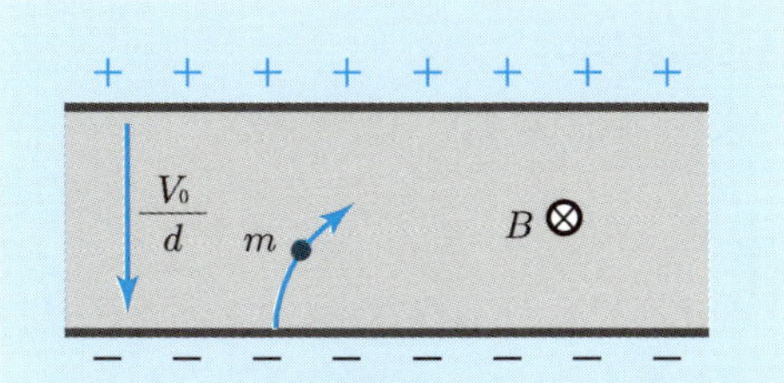

図3.14

3.2 エネルギー

• 運動エネルギー，仕事 •　力 $\boldsymbol{f}$ のもとで運動する質量 m の質点の速度を $\boldsymbol{v}$ とすると，その運動は方程式

$$m\frac{d\boldsymbol{v}}{dt} = \boldsymbol{f}$$

にしたがう．$\boldsymbol{f}$ によって質点が $\boldsymbol{x}$ だけ移動したとき，この力が一定とすると，その間になされた仕事は $\boldsymbol{f}\cdot\boldsymbol{x}$ で与えられる．

図 3.15 に示された質点の軌道に沿って上の方程式を点 P_1 (そのときの時刻 t_1，速度 $\boldsymbol{v}_1$) から点 P_2 (そのときの時刻 t_2，速度 $\boldsymbol{v}_2$) まで移動したとき，微小区間 $d\boldsymbol{r}$ では $\boldsymbol{f}$ は一定とみなせるので

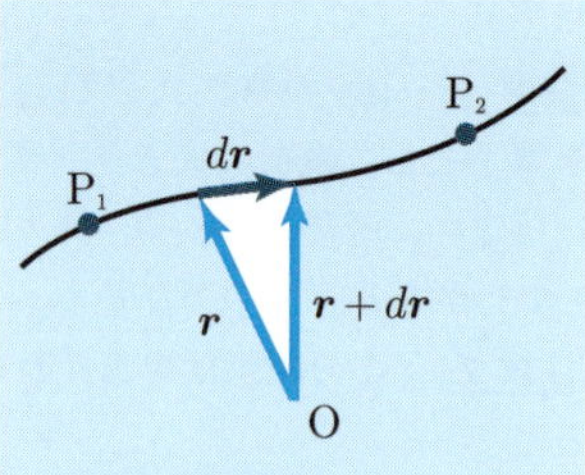

図3.15

$$\int_{\mathrm{P}_1}^{\mathrm{P}_2} m\frac{d\boldsymbol{v}}{dt}\cdot d\boldsymbol{r} = \int_{\mathrm{P}_1}^{\mathrm{P}_2} \boldsymbol{f}\cdot d\boldsymbol{r}.$$

$d\boldsymbol{r} = \boldsymbol{v}\,dt$ の関係を用いると

$$\int_{\mathrm{P}_1}^{\mathrm{P}_2} m\frac{d\boldsymbol{v}}{dt}\cdot d\boldsymbol{r} = m\int_{t_1}^{t_2}\frac{d\boldsymbol{v}}{dt}\cdot\boldsymbol{v}\,dt = \frac{m}{2}\int_{t_1}^{t_2}\frac{d}{dt}(\boldsymbol{v}^2)dt = \frac{m}{2}{v_2}^2 - \frac{m}{2}{v_1}^2$$

となる．これより

$$K_2 - K_1 = W，ただし \quad K = \frac{1}{2}mv^2,\quad W = \int_{\mathrm{P}_1}^{\mathrm{P}_2}\boldsymbol{f}\cdot d\boldsymbol{r}. \tag{1}$$

K を質点の**運動エネルギー**とよぶ．また W は，質点が位置 P_1 から位置 P_2 まで運動する間に力 $\boldsymbol{f}$ が質点にした**仕事**という．(1) の第 1 式は，質点が仕事 W をされた結果，その運動エネルギーが K_1 から K_2 まで変化したことを示している．

• 保存力，位置エネルギー •　関数 F が多変数，たとえば 3 変数 x, y, z に依存するとき，x での微分は残り y, z の値を固定し，$\left(\frac{\partial F}{\partial x}\right)_{y,z}$ と書かれる．添字 y, z を省略することが多い．

質点に働く力 $\boldsymbol{f}$ が直角座標系で

$$\boldsymbol{f} = -\mathrm{grad}\,U \equiv \left(-\frac{\partial U}{\partial x}, -\frac{\partial U}{\partial y}, -\frac{\partial U}{\partial z}\right) \tag{2}$$

と書けるとき，$\boldsymbol{f}$ は**保存力**であるといい，U をその**ポテンシャル**という．このとき，質点は**位置エネルギー** (またはポテンシャル・エネルギー) U をもつという．

一様な重力場のポテンシャルは，重力の加速度を g とし，重力の方向を $-y$ 方向に

とると，質量 m の質点に対して $U = mgy$ と表わされる．ばね定数 k のばねによる力のポテンシャルは，運動方向を x 軸とすると，$f_x = -kx$ により

$$U = \frac{1}{2}kx^2.$$

• **力学的エネルギー保存則** •　力 $\boldsymbol{f}$ が保存力であるときには，(1) の仕事 W は

$$\begin{aligned} W &= \int_{\mathrm{P}_1}^{\mathrm{P}_2} \boldsymbol{f}\cdot d\boldsymbol{r} = -\int_{\mathrm{P}_1}^{\mathrm{P}_2}\left(\frac{\partial U}{\partial x}dx + \frac{\partial U}{\partial y}dy + \frac{\partial U}{\partial z}dz\right) = -\int_{U(\mathrm{P}_1)}^{U(\mathrm{P}_2)} dU \\ &= U(\mathrm{P}_1) - U(\mathrm{P}_2) \end{aligned}$$

となり，W は質点の軌道によらない．また (1) は

$$K_1 + U_1 = K_2 + U_2 = E\ (= \mathrm{const})$$

と書くことができる．すなわち，質点のもつ運動エネルギーと位置エネルギーの和 E (全エネルギー) は保存される (**力学的エネルギー保存則**).

• **エネルギー保存則による運動の決定** •　力学的エネルギー保存則

$$\frac{1}{2}mv^2 + U = E, \quad \boldsymbol{v} = \frac{d\boldsymbol{r}}{dt}$$

は，運動方程式を 1 回積分したものであって，$\boldsymbol{r}$ に対する時間 t の 1 階微分方程式である．それゆえ，運動を決定するのにこれを直接用いると便利なことが多い．たとえば，一様な重力のもとで高さ h から質点を落下させるとき，重力の向きを $-y$ 方向にとると，$y = h$ で $v = 0$ であるから，保存則は $\frac{1}{2}mv^2 + mgy = mgh$ となり，ただちに $v = \sqrt{2g(h-y)}$ を得る．

一般には運動方程式は多成分の未知量を含んでいる．それに対してエネルギー保存則は 1 つの方程式を与えるだけであるから，1 次元運動のとき以外は，それだけで運動を完全に決定することはできない．

• **束縛力** •　物体が与えられた曲面あるいは曲線上を運動するばあい，その運動は**束縛運動** (または**拘束運動**) とよばれる．束縛運動の特徴は，与えられた曲面あるいは曲線上に物体を留めておくために，ある力 —— **束縛力** (**拘束力**) —— が働くことである．

物体に糸をつけて円運動をさせるときには，物体が飛び去らないために糸に張力 T が生じる．また物体が球面上を落下するときには，物体が球面に “めり込まない” ために抗力 R が働く．これらの張力や抗力が束縛力である．束縛力の大きさは，運動方程式を解いてはじめて決まる性質のものである．

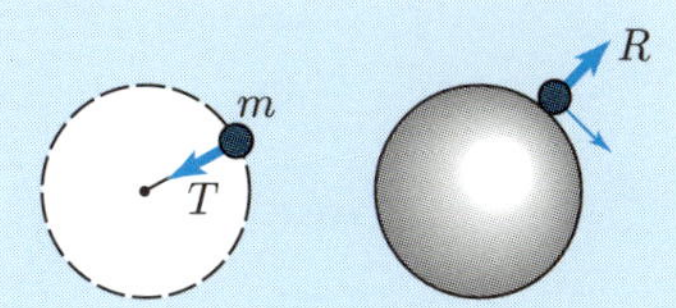

図3.16

例題 9　　**仕事**

一定の力を受けながら物体が直角座標系の点 A(1, 2, 0) から点 B(2, 4, 6) へ移動した．力を $\boldsymbol{f}_1 = (1, 2, 3)$ および $\boldsymbol{f}_2 = (-1, -3, -2)$ としたばあいのおのおのについて，力のした仕事を求めよ．ただし，長さの単位は m，力の単位は N である．

解答　物体の変位を $\Delta\boldsymbol{r}$，その間に力 $\boldsymbol{f}$ のする仕事を ΔW とすると

$$\Delta W = \boldsymbol{f} \cdot \Delta\boldsymbol{r} \tag{1}$$

である．いまのばあい変位 $\Delta\boldsymbol{r}$ は

$$\Delta\boldsymbol{r} = (2, 4, 6) - (1, 2, 0) = (1, 2, 6) \tag{2}$$

であるから，

$$\begin{aligned} \Delta W_1 &= \boldsymbol{f}_1 \cdot \Delta\boldsymbol{r} = 23\,(\mathrm{J}), \\ \Delta W_2 &= \boldsymbol{f}_2 \cdot \Delta\boldsymbol{r} = -19\,(\mathrm{J}). \end{aligned} \qquad (1\,\mathrm{J} = 1\,\mathrm{N} \times 1\,\mathrm{m})$$

注意 1　仕事が正ということは，力が向いている側に物体が動いたことを表わす．逆に，力にさからって物体が動いたときは，その力がした仕事は負となる．たとえば，重力中を物体が落下するとき重力のする仕事は正となり，反対に物体をもち上げるときは重力のする仕事は負となる．

注意 2　例題のばあいの力と位置ベクトルを図示して，仕事の正負の原因を確かめよ．

問　題

9.1　なめらかな定直線上に束縛され，直線外の定点 O から，そこからの距離の 2 乗に反比例する引力 $f = k/r^2$ (k は正の定数) を受ける質点が，無限の遠方から点 O に最も近い点 M まで引きよせられた．このとき力がした仕事 W を計算せよ．

ヒント　点 M から質点 P までの距離を x とすると，直線上を dx だけ動いたときの力のする仕事 dW は (符号に注意)

$$dW = -f\cos\theta\,dx.$$

ここで

$$\cos\theta = \frac{x}{\sqrt{x^2 + a^2}}.$$

この dW を x について ∞ から 0 まで積分すればよい．

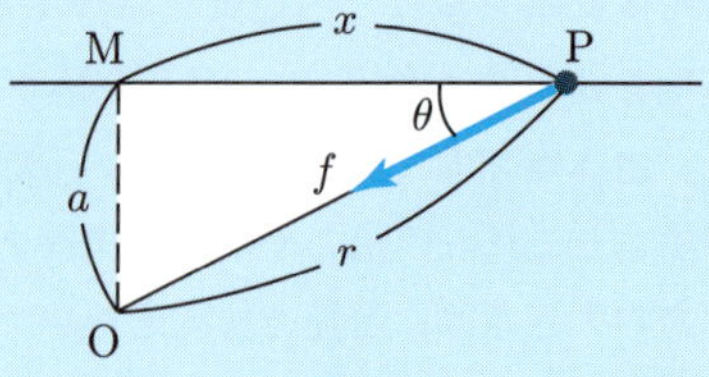

図3. 17

例題 10 **保存力**

平面内で運動する質点に働く力 $\boldsymbol{f}$ の直角座標系成分が $f_x = axy$, $f_y = \dfrac{ax^2}{2}$ (a は定数) と書けたとする．$\boldsymbol{f}$ が保存力であるかどうかを調べよ．もし保存力ならば，力のポテンシャルを求めよ．

ヒント $\boldsymbol{f}$ が保存力ならば，$f_x = -\partial U/\partial x$, $f_y = -\partial U/\partial y$ から

$$\frac{\partial f_x}{\partial y} = \frac{\partial f_y}{\partial x}$$

が成り立つ．逆に，この式が成り立てば $\boldsymbol{f}$ が保存力であることが証明できる．

解答 与えられた力 $\boldsymbol{f}$ について

$$\frac{\partial f_x}{\partial y} = ax, \quad \frac{\partial f_y}{\partial x} = ax$$

が成り立つ．したがって $\boldsymbol{f}$ は保存力である．

保存力であるから，力のポテンシャル U が存在して，U はつぎの式を満たす：

$$f_x = -\frac{\partial U}{\partial x} = axy, \quad f_y = -\frac{\partial U}{\partial y} = \frac{1}{2}ax^2. \tag{1}$$

(1) の第 1 式から

$$U = -\frac{1}{2}ax^2y + F(y). \tag{2}$$

ここで $F(y)$ は y の任意関数である．(2) を (1) の第 2 式に代入して

$$\frac{dF}{dy} = 0 \qquad \therefore \quad F = C \; (= \text{const}).$$

結局

$$U = -\frac{1}{2}ax^2y + C.$$

注意 U に含まれる定数 C は単なる積分定数であって，基準点 (いまのばあいは原点 $x = y = 0$) での U の値を表わしているにすぎない．U を微分したものがはじめて力という物理的な意味をもっていることに注意せよ．

問　題

10.1 平面内を運動する質点に働く力 $\boldsymbol{f}$ の成分が $f_x = axy$, $f_y = by^2$ で与えられるとき，

(i) $\boldsymbol{f}$ は保存力か．

(ii) x 軸上の点 A$(r, 0)$ から y 軸上の点 C$(0, r)$ まで，半径 r の円周に沿って動くばあいと，弦 AC に沿って動くばあいの，$\boldsymbol{f}$ のする仕事を比べよ．

例題 11 **ばねのエネルギー**

ばねにつけた物体が単振動を行なうとき，1 周期についての運動エネルギーと位置エネルギーの平均値を求め，それらが等しいことを示せ．

ヒント 1 周期 T についての平均値は $\dfrac{1}{T}\displaystyle\int_0^T \cdots dt$ で与えられる．

解答 物体の質量を m，ばね定数を k とすると，運動は

$$x = A\cos(\omega t + \alpha), \quad \omega = \sqrt{\frac{k}{m}}$$

と表わされる．そこで物体の運動エネルギー K，位置エネルギー U は

$$K = \frac{1}{2}m\left(\frac{dx}{dt}\right)^2 = \frac{mA^2\omega^2}{2}\sin^2(\omega t + \alpha), \tag{1}$$

$$U = \frac{1}{2}kx^2 = \frac{kA^2}{2}\cos^2(\omega t + \alpha). \tag{2}$$

いま，K, U の 1 周期 $T = 2\pi/\omega$ についての平均値を $\langle K\rangle, \langle U\rangle$ で表わす．(1) から

$$\begin{aligned}\langle K\rangle &= \frac{1}{T}\int_0^T K dt \\ &= \frac{mA^2\omega^2}{2T}\int_0^T \sin^2(\omega t + \alpha)\, dt \\ &= \frac{mA^2\omega^2}{4T}\int_0^T \Big[1 - \cos\{2(\omega t + \alpha)\}\Big] dt \\ &= \frac{mA^2\omega^2}{4}. \quad \left(\because \int_0^T \cos\{2(\omega t + \alpha)\}\, dt = 0\right) \end{aligned} \tag{3}$$

同様にして，(2) から

$$\langle U\rangle = \frac{kA^2}{4}. \tag{4}$$

(3), (4) と関係式 $\omega^2 = k/m$ を用いると

$$\langle K\rangle = \langle U\rangle.$$

注意 上の結果は，運動エネルギー K と位置エネルギー U が物理的に対等であることを表わしている．このことはエネルギー保存則が $K + U = \text{const}$ と書かれることからも理解できる．

問 題

11.1 直線運動をする質点の座標を横軸に，運動エネルギーを縦軸にとって曲線を描いたとき，この曲線の勾配は何を表わすか．

例題 12 **抗力**

高さ h の丘の頂上からスケーターがすべりおり，ふもとにおかれた半径 a の半球面内を最高点 A まですべり上って，点 A で宙返りをする．このとき丘の高さ h は少なくともどれだけ必要か．ただし，摩擦はないものとする．

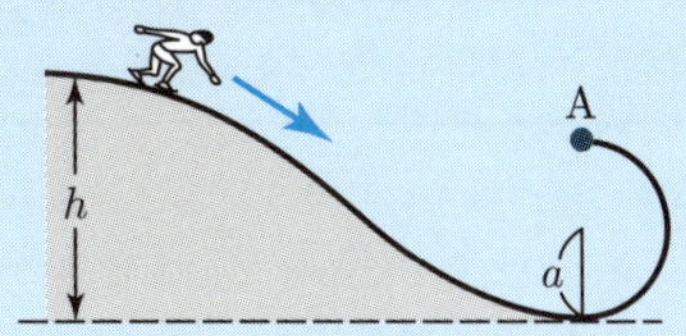

図3.18

ヒント 球面内のスケーターには球面から抗力 R が働くことを考慮して，運動方程式を立てよ．点 A まですべり上れるためには，点 A で $R \geqq 0$ であることに注意せよ．

解答 スケーターの質量を m とする．球面上での半径方向 (外向きを正とする) の運動方程式は，2 次元極座標 (r, θ) を用いると，$r = a$ であるから

$$-ma\,\dot{\theta}^2 = mg\cos\theta - R. \tag{1}$$

θ 方向の速度を v とすると

$$v = a\,\dot{\theta}. \tag{2}$$

(1) と (2) から

$$R = \frac{mv^2}{a} + mg\cos\theta.$$

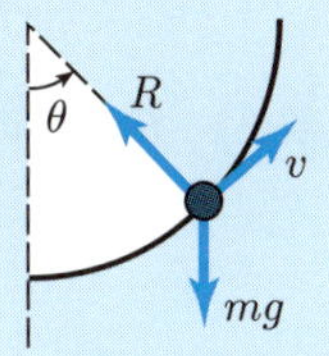

図3.19

スケーターが点 A ($\theta = \pi$) に到達するまで球面から離れないためには，

$$R_{\mathrm{A}} = \frac{m{v_{\mathrm{A}}}^2}{a} - mg \geqq 0 \tag{3}$$

が成り立たなくてはならない．ただし，点 A での v, R を $v_{\mathrm{A}}, R_{\mathrm{A}}$ とする．

一方，スケーターに働く重力と抗力のうち，抗力は運動方向に垂直であるから仕事をしない．したがってスケーターの力学的エネルギーは保存される．丘の頂上と点 A でのエネルギー保存から

$$mgh = \frac{1}{2}m{v_{\mathrm{A}}}^2 + 2mga \qquad \therefore \quad {v_{\mathrm{A}}}^2 = 2gh - 4ga. \tag{4}$$

(3) と (4) から

$$h \geqq \frac{5}{2}a. \tag{5}$$

問 題

12.1 ばね定数 k の長さ L のロープの一端を高所に固定し，その他端を身体に装着して飛びおりたとする (バンジージャンプ)．ロープの重さを無視し，ジャンパーの質量を m として，最下点でのロープの長さを求めよ．

12.2 一端を固定した長さ l の軽い糸の他端に質量 m のおもりをつけ，糸を水平にした位置からおもりを静かに放した．糸が鉛直になったときの糸の張力を求めよ．

例題 13 **鎖の落下運動**

なめらかな机の上に伸ばしておいた長さ l，線密度 σ の鎖の一部 (長さ a) を机の端からたらした．鎖はどのようにすべり落ちるか．

ヒント 鎖が机から受ける抗力は仕事をしないから，力学的エネルギーは保存される．鎖のように有限の大きさをもっている物体の位置エネルギーを求めるときは注意を要する．机のへりの点 O を基準点にとると，O から s の距離にある鎖の小部分 ds のもつ位置エネルギーは $-(\sigma ds)sg$ である (負符号は s を g の方向に測っているため)，それゆえ，たれ下がった鎖の長さを x とすると，鎖の位置エネルギーは

$$U = -\int_0^x \sigma gs\,ds = -\frac{1}{2}\sigma gx^2.$$

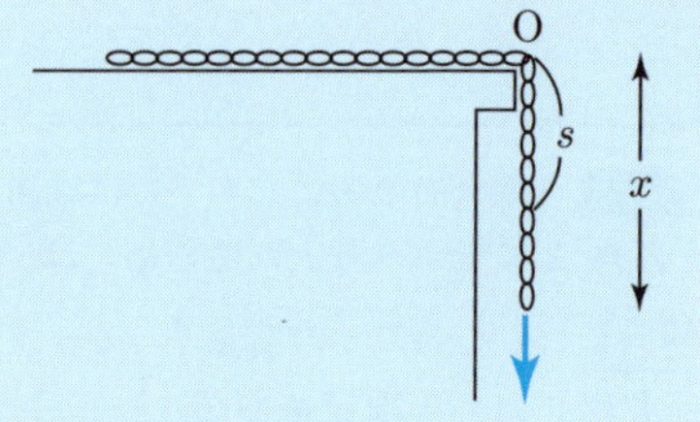

図3.20

解答 鎖の全質量は σl，速度はその先端の進む速度 $\dot{x}$ であるから，運動エネルギーは $(1/2)\sigma l\,\dot{x}^2$ である．そこでエネルギー保存を考えると，

$$\frac{1}{2}\sigma l\,\dot{x}^2 - \frac{1}{2}\sigma gx^2 = -\frac{1}{2}\sigma ga^2 \quad (1)$$

が成り立つ ($x=a$ のとき速度は 0 である)．初期条件は $t=0$ で $x=a$ である．(1) を変数分離法によって積分すると

$$t = \sqrt{\frac{l}{g}}\int_a^x \frac{dx}{\sqrt{x^2-a^2}} = \sqrt{\frac{l}{g}}\cosh^{-1}\frac{x}{a},$$
$$\therefore \quad x = a\cosh\left(\sqrt{\frac{g}{l}}\,t\right). \quad (2)$$

問　題

13.1 (2) より動きはじめはいかなる運動となるかを調べよ．

13.2 自然長 l，ばね定数 k の 2 本のばねを $l(1+a)$ の長さに伸ばし，質点 m をはさんでつなぎ合わせる．それの水平面内の微小振動の周期を求めよ．

ヒント 質点の位置エネルギーは

$$U = 2\cdot\frac{1}{2}k\left\{\sqrt{l^2(1+a)^2+x^2}-l\right\}^2$$
$$= kl^2\left\{a^2+\frac{a}{1+a}\left(\frac{x}{l}\right)^2+O\left(\frac{x}{l}\right)^4\right\}$$

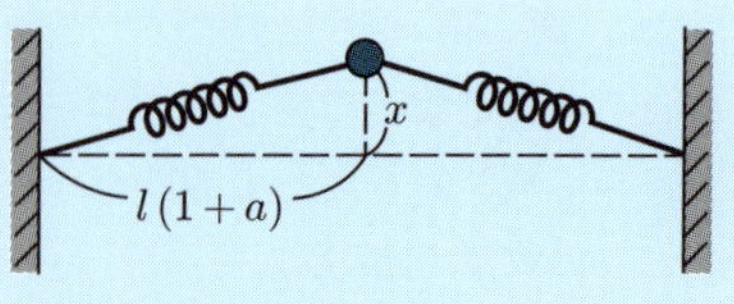

図3.21

である．力は $f=-dU/dx$ から計算される．

例題 14 **束縛運動**

鉛直内面にあるなめらかな曲線 $x = f(y)$ (x 軸は水平，y 軸は鉛直下向き) に沿って初速なしですべりおりる物体がある．ただし，摩擦はないものとする．

(i) y だけ下ったときの速度 v を求めよ．

(ii) 曲線上では速度が

$$v = \sqrt{\left(\frac{dx}{dt}\right)^2 + \left(\frac{dy}{dt}\right)^2} = \frac{dy}{dt}\sqrt{1 + \left(\frac{dx}{dy}\right)^2}$$

で与えられることを用いて，$y = 0$ から $y = a$ まで下るのに要する時間を与える式を求めよ．

(iii) とくに $f(y) = y$ ときはどうか．

解答 (i) 原点を位置エネルギーの基準点にとり，物体の質量を m とすると，エネルギー保存則は

$$\frac{1}{2}mv^2 - mgy = 0$$

(位置エネルギーの符号に注意)．したがって速度は

$$v = \sqrt{2gy}. \tag{1}$$

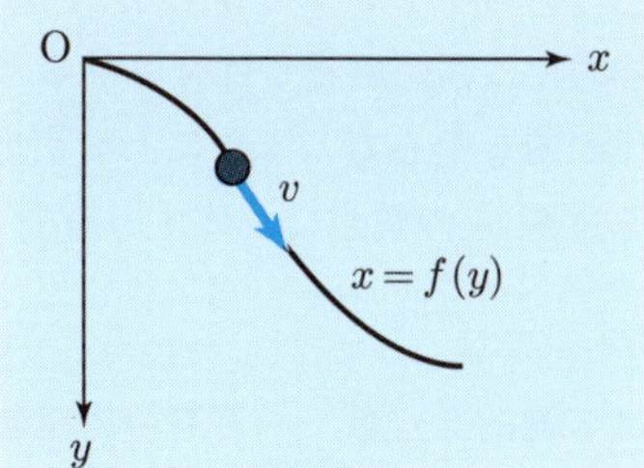

図3.22

(ii) (1) から

$$v = \sqrt{2gy} = \frac{dy}{dt}\sqrt{1 + (f'(y))^2},$$

すなわち

$$dt = \frac{1}{\sqrt{2g}}\sqrt{\frac{1 + (f'(y))^2}{y}}\,dy. \tag{2}$$

$y = 0$ から $y = a$ まで落下するのに要する時間 τ は，(2) を積分して

$$\tau = \frac{1}{\sqrt{2g}}\int_0^a \sqrt{\frac{1 + (f'(y))^2}{y}}\,dy. \tag{3}$$

(iii) $f(y) = y$ のときは，(3) から $\tau = 2\sqrt{a/g}$ が得られる．

問題

14.1 (i) 半径 a のなめらかな輪がある．質量 m の小さい物体がこれに束縛され，最高点で初速 v_0 を与えられたとき，任意の位置で輪から受ける束縛力を求めよ．

(ii) 半径 a のなめらかな球面の最高点に小さい物体をのせ，初速 v_0 ですべらせたとき，どこで球面を離れるか．

3.3 中 心 力

• 中心力，万有引力 • 定点 O と質点 P とを結ぶ直線に沿って働く力を**中心力**といい，O を力の中心とよぶ．すなわち，中心力のベクトル $\boldsymbol{f}$ は，位置ベクトル $\boldsymbol{r}$ を使って

$$\boldsymbol{f} = f(\boldsymbol{r})\frac{\boldsymbol{r}}{r}, \quad r = |\boldsymbol{r}|$$

のように表わされる．$f(\boldsymbol{r})$ は一般に定点 O からの位置ベクトル $\boldsymbol{r}$ の関数であってもよいが，距離 r だけの関数となるばあいがとくに重要である．このばあい $f(\boldsymbol{r}) = f(r)$ となり，

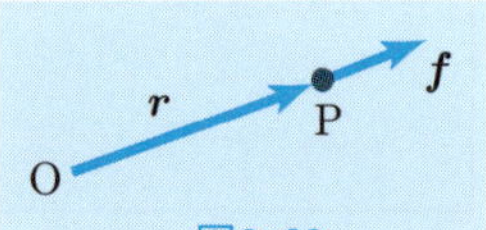

図3.23

$$U = -\int_0^r f(r')\,dr'$$

として力のポテンシャル U が存在し，力学的エネルギー保存則が成立する．一般に，中心力では角運動量が保存されるという大きな特徴がある (下の角運動量の項参照).

代表的な中心力の 1 つに**万有引力**がある．質量 M の質点が，そこから $\boldsymbol{r}$ の位置にある質量 m の質点に及ぼす万有引力はつぎの式で与えられる：

$$\boldsymbol{f} = -G\frac{Mm}{r^2}\frac{\boldsymbol{r}}{r}.$$

G は普遍的な定数で，**万有引力定数**という．$\boldsymbol{f}$ に対する力のポテンシャルは

$$U = -G\frac{Mm}{r}. \tag{1}$$

図 3.24 の V のように空間的な広がりをもった物体から質点が受ける万有引力を求めるには，まず物体の微小部分 (体積を dV とする) をとり，(1) を用いて力のポテンシャルを計算する．物体の密度を ρ (場所によって変化してよい) とすると，$M = \rho\,dV$ により

$$dU = -G\frac{m\rho\,dV}{r}.$$

それゆえ，物体全体による力のポテンシャルは

$$U = \int_V dU = -Gm\int_V \frac{\rho\,dV}{r}$$

となり，力は $\boldsymbol{f} = -\mathrm{grad}\,U$ によって計算される．

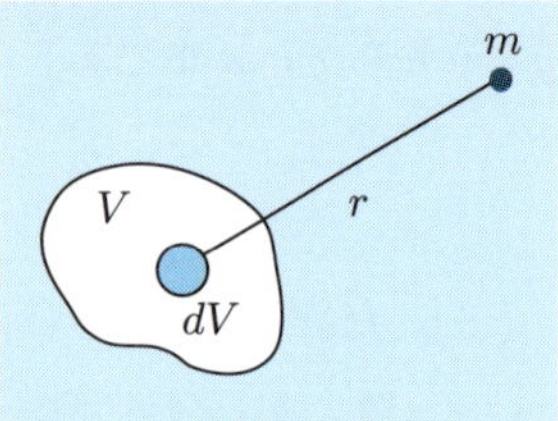

図3.24

• 角運動量，角運動量保存則 • 位置ベクトル $\boldsymbol{r}$ と運動量ベクトル $\boldsymbol{p} = m\boldsymbol{v}$ とのベクトル積 $\boldsymbol{l} = \boldsymbol{r} \times \boldsymbol{p}$ を**角運動量**とよぶ．質点が中心力のもとで運動するとき，$\boldsymbol{l}$ は保存され (**角運動量保存則**)，その運動はつねに 1 つの平面内に限られる (例題 17 参照).

例題 15 **万有引力のポテンシャル**

重力が一様であれば高さ h まで達するような初速で物体を鉛直上方に投げ上げた．高さによる重力の変化を考えると物体は $ah/(a-h)$ までとどくことを示せ．ここで a は地球の半径であって，空気抵抗は無視する．

ヒント 質量 m の物体が地球 (質量 M) の中心から距離 R の点でもつ全エネルギーは $\dfrac{1}{2}mv^2 - G\dfrac{Mm}{R}$ で与えられる (G は万有引力定数)．

解答 初速を v_0 とし，重力を一様とすると，エネルギー保存則により

$$v_0{}^2 = 2gh \tag{1}$$

つぎに重力の変化を考えよう．到達し得る高さを H とすると，その高さでの万有引力のポテンシャルは

$$U = -G\frac{mM}{a+H}. \tag{2}$$

地表での重力加速度 g を用いると，万有引力の法則から

$$mg = G\frac{mM}{a^2} \qquad \therefore \quad GM = ga^2. \tag{3}$$

(2) と (3) から G と M を消去すると

$$U = -\frac{mga^2}{a+H}. \tag{4}$$

地表と高度 H の点での力学的エネルギーを等しいとおいて

$$\frac{1}{2}mv_0^2 - mga = -\frac{mga^2}{a+H}. \tag{5}$$

(1) を (5) に代入すれば

$$H = \frac{ah}{a-h}.$$

注意 $a \gg h$ とすると，$H = h\Big/\left(1-\dfrac{h}{a}\right) \fallingdotseq h\left(1+\dfrac{h}{a}\right)$ と書けるから，たとえば $h \fallingdotseq 600\,\mathrm{km}$ のときの到達高度は，重力が一定であるとしたばあいの 10％程度増加する ($a = 6370\,\mathrm{km}$)．

問 題

15.1 打ち上げられたロケットが地球の重力圏を脱出できるための最小の速度 (脱出速度という) を求めよ．

15.2 地表の 1 点から水平方向にある初速度で物体を発射したとき，これが地球半径 (6370 km) の円軌道を描く人工衛星となるために必要な初速はいくらか．

例題 16　　有限物体からの万有引力

質量 M，半径 a の密度一様な球の中心から R の距離にある点 Q に質量 m の質点をおく．この質点について，

(i)　$R > a$ のときの万有引力のポテンシャルを求めよ．

(ii)　$R < a$ のときの万有引力のポテンシャルを求めよ．

(iii)　上のそれぞれのばあいについて，ポテンシャルから力を計算せよ．

ヒント　広がりをもった物体から質点が受ける万有引力のポテンシャルを求めるためには，物体の微小体積要素 dV と質点間に通常の万有引力の法則が成立することを利用する．すなわち

$$dU = -G\frac{m\rho\, dV}{s}.$$

ここで ρ は球の密度，s は質点と微小体積要素との距離である．物体全体によるポテンシャル U は，ρ が一定であるから

$$U = -Gm\rho\int_V \frac{dV}{s}.$$

積分は物体全体にわたる．

解答　(i)　質点と球の中心 O とを結ぶ直線を軸とする 3 次元極座標 (r, θ, φ) を用いると，微小体積要素 dV は

$$dV = r^2 \sin\theta\, dr\, d\theta\, d\varphi,$$

質点と微小体積要素 dV との距離 s は

$$s = \sqrt{r^2 + R^2 - 2rR\cos\theta}$$

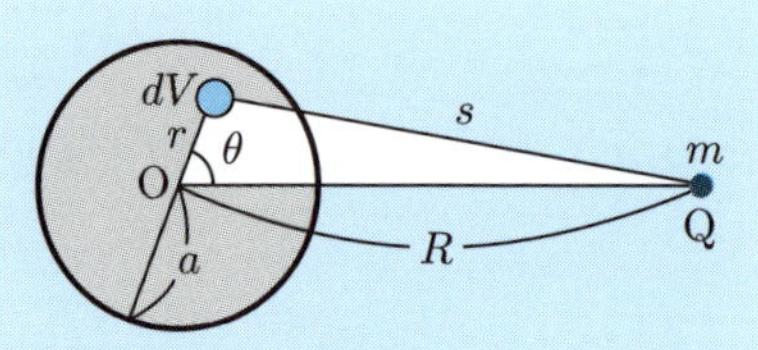

図3.25

と表わされる．**ヒント** により

$$U = -Gm\rho\int_0^a\int_0^\pi\int_0^{2\pi} \frac{r^2\sin\theta}{\sqrt{r^2 + R^2 - 2rR\cos\theta}}\, dr\, d\theta\, d\varphi. \tag{1}$$

φ についての積分はただちにできて

$$U = -2\pi Gm\rho\int_0^a dr\int_0^\pi \frac{r^2\sin\theta}{\sqrt{r^2 + R^2 - 2rR\cos\theta}}\, d\theta. \tag{2}$$

関係式

$$\frac{d}{d\theta}\sqrt{r^2 + R^2 - 2rR\cos\theta} = \frac{rR\sin\theta}{\sqrt{r^2 + R^2 - 2rR\cos\theta}}$$

を用いると，(2) は θ に関して積分できる：

$$U = -\frac{2\pi Gm\rho}{R}\int_0^a r\left(\sqrt{(r+R)^2} - \sqrt{(r-R)^2}\right) dr$$

$$= -\frac{2\pi Gm\rho}{R}\int_0^a r\Big(r+R-|r-R|\Big)\,dr. \tag{3}$$

$R>a$ であるから $r<R$ である．このことに注意すると，(3) は

$$U = -\frac{4\pi Gm\rho}{R}\int_0^a r^2\,dr = -G\frac{Mm}{R}, \quad M=\frac{4}{3}\pi a^3\rho.$$

（ii） (3) まで（i）とまったく同じである．しかしこのばあい $R<a$ であるから，(3) の積分領域を $r<R$ と $R<r<a$ の 2 つに分ける必要がある．すなわち

$$U = -\frac{4\pi Gm\rho}{R}\left\{\int_0^R r^2\,dr + R\int_R^a r\,dr\right\}$$
$$= \frac{2\pi Gm\rho}{3}R^2 + C \quad (C=-2\pi Gm\rho a^2). \tag{4}$$

ここで C は R によらない定数である．(4) はまたつぎのように書ける：

$$U = G\frac{Mm}{2}\frac{R^2}{a^3}+C.$$

（iii） 力は $f=-\partial U/\partial R$ から

$$R>a \text{ では } f=-G\frac{Mm}{R^2}, \tag{5}$$

$$R<a \text{ では } f=-G\frac{M'm}{R^2}, \quad M'=\frac{4\pi}{3}R^3\rho. \tag{6}$$

注意 作用・反作用の法則により，球は質点から (5), (6) と同じ大きさの引力を受ける．

問　題

16.1 一様な密度分布をもつ 2 つの球の間に働く万有引力は，各球の中心にそれぞれの全質量が集中した 2 質点のばあいと等しいことを示せ．

ヒント 例題の結果と上の注意を利用せよ．

16.2 一様な線密度を σ をもつ長さ l の棒 (図 3.26) について，

（i） P および Q での万有引力のポテンシャルを求めよ．

（ii） ポテンシャルから力を計算せよ．

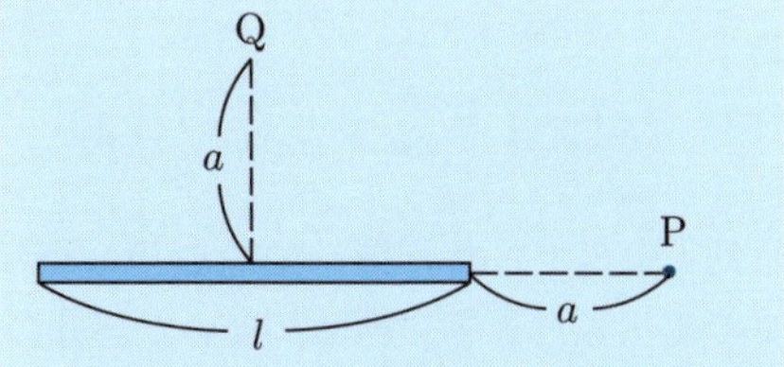

図3. 26

例題 17 **ケプラーの第 2 法則**

質点が中心力を受けて運動するとき，

(i) その運動は力の中心 O を含む平面内でおこり，その平面は質点のはじめの位置と速度で決まることを示せ．

(ii) この平面内に O を原点として x, y 軸をとると，$(x\dot{y} - \dot{x}y)/2$ で定義される面積速度 — 単位時間に動径が掃く面積 — は一定であることを示せ．

解答 (i) 力の中心を原点にとり，質点の質量を m，その位置ベクトルを $\boldsymbol{r}$，中心力を $f(\boldsymbol{r})\boldsymbol{r}/r$ とすると

$$m\frac{d\boldsymbol{v}}{dt} = f(\boldsymbol{r})\frac{\boldsymbol{r}}{r}, \quad \boldsymbol{v} = \frac{d\boldsymbol{r}}{dt}. \tag{1}$$

(1) と $\boldsymbol{r}$ のベクトル積をとり，$\boldsymbol{r} \times \boldsymbol{r} = 0$ の関係を用いると

$$m\boldsymbol{r} \times \frac{d\boldsymbol{v}}{dt} = 0. \tag{2}$$

ところが

$$\frac{d}{dt}(m\boldsymbol{r} \times \boldsymbol{v}) = m\left(\boldsymbol{r} \times \frac{d\boldsymbol{v}}{dt} + \boldsymbol{v} \times \boldsymbol{v}\right) = m\boldsymbol{r} \times \frac{d\boldsymbol{v}}{dt} \quad (\because\ \boldsymbol{v} \times \boldsymbol{v} = 0)$$

であるから，角運動量 $\boldsymbol{l} = m\boldsymbol{r} \times \boldsymbol{v}$ を用いると，(2) から

$$\frac{d}{dt}\boldsymbol{l} = 0 \qquad \therefore \quad \boldsymbol{l} = \boldsymbol{l}_0 \tag{3}$$

が導かれる．いま $\boldsymbol{v}_0$ を初速度ベクトル，$\boldsymbol{r}_0$ をはじめの位置ベクトルとすると，(3) から

$$\boldsymbol{l} = \boldsymbol{l}_0 \equiv m\boldsymbol{r}_0 \times \boldsymbol{v}_0.$$

すなわち，運動は $\boldsymbol{r}_0, \boldsymbol{v}_0$ によって決定される定ベクトル $\boldsymbol{l}_0$ に垂直な平面内に限られる (図 3.27).

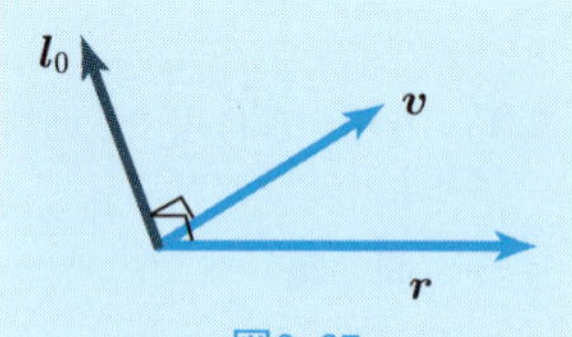

図3. 27

(ii) 2 次元極座標系 (r, θ) を用いると

$$x = r\cos\theta, \quad y = r\sin\theta.$$

これを $\boldsymbol{l} = m\boldsymbol{r} \times \boldsymbol{v}$ により

$$\frac{l_z}{2m} = \frac{1}{2}(x\dot{y} - \dot{x}y) = \frac{1}{2}r^2\dot{\theta}.$$

時刻 t から $t + dt$ の間に動径が OA から OB まで変化したとき，動径が掃いた部分の面積 dS は，図 3.28 により

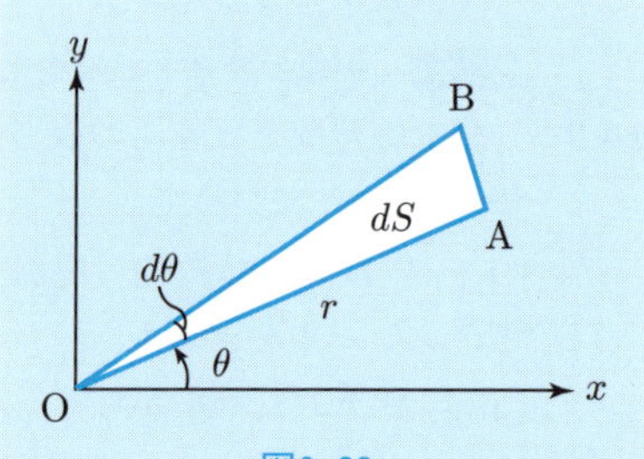

図3. 28

$$dS = \frac{1}{2}r^2\,d\theta.$$

それゆえ

$$\frac{dS}{dt} = \frac{1}{2}r^2\dot{\theta} = \frac{1}{2m}l_z = \frac{1}{2m}(l_z)_0.$$

すなわち，角運動量の大きさ $|\boldsymbol{l}| = l_z$ は面積速度に比例し，一定である．

注意 惑星の運動に関してケプラーの 3 法則がある．この例題は第 2 法則を述べたものである．第 1 法則と第 3 法則は，距離の 2 乗に反比例する万有引力による運動についてだけしか成り立たない．これに対して第 2 法則は，中心力による運動であればいつでも成り立つ一般的な法則である．

問 題

17.1 地球は太陽の周囲を 1 年で 1 周する．地球と太陽の距離を 1.5×10^{11} m として面積速度を求めよ．

17.2 x 軸上の定点 O を中心とする半径 R の球が球外の粒子に斥力を及ぼす．そのポテンシャルは，O からの距離を r としたとき $U(r)$ (ただし $r \to \infty$ で $U(r) \to 0$) で与えられる．無限遠で運動エネルギー K をもった粒子が飛んできてこの球面に衝突するためには，この粒子は十分遠方で対称軸が x 軸で断面積 σ がつぎの式で与えられる円柱内を通らなければならないことを示せ：

$$\sigma = \pi\rho^2 = \pi R^2\left\{1 - \frac{U(R)}{K}\right\}.$$

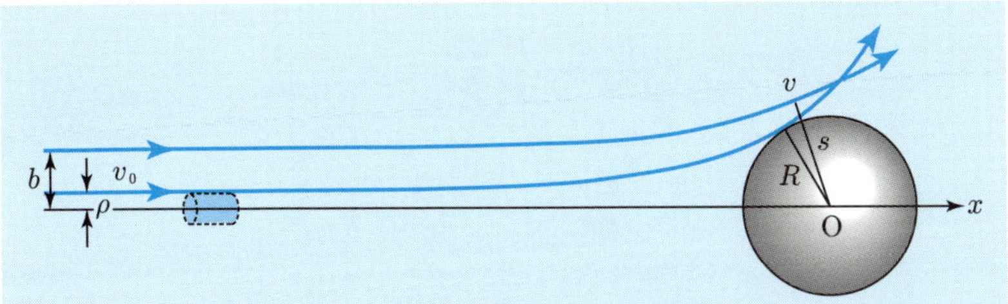

図3.29

ヒント 十分遠方で速度 v_0 をもち，x 軸から b の距離を x 方向に進む粒子が斥力の中心 O に最も接近する距離を s とする．このときエネルギーおよび角運動量の保存則は

$$K = \frac{1}{2}m{v_0}^2 = \frac{1}{2}mv^2 + U(s), \quad bv_0 = sv$$

と表わされる．b は**衝突パラメーター**とよばれる．

例題 18 **中心力による質点運動**

質量 m の質点が中心力 $mf(r)$ を受けて運動している．平面運動であることを考慮して 2 次元極座標系 (r,θ) を用い，$u = 1/r$ とおくと，軌道は方程式

$$\frac{d^2u}{d\theta^2} + u = -\frac{1}{h^2u^2} f\left(\frac{1}{u}\right)$$

から決定されることを示せ．ただし，h は面積速度の 2 倍を表わす．

ヒント 質点の軌道 $r = r(\theta)$ は，$r = r(t)$, $\theta = \theta(t)$ から t を消去すれば得られる．

解答 2 次元極座標系 (r,θ) では質点の運動方程式は

$$m\left\{\frac{d^2r}{dt^2} - r\left(\frac{d\theta}{dt}\right)^2\right\} = mf(r), \tag{1}$$

$$m\frac{1}{r}\frac{d}{dt}\left(r^2\frac{d\theta}{dt}\right) = 0. \tag{2}$$

(2) は容易に積分できる．面積速度 $h/2$ を用いると (例題 17 参照)

$$r^2\frac{d\theta}{dt} = h \qquad \therefore \quad \frac{d\theta}{dt} = \frac{h}{r^2}. \tag{3}$$

質点の軌道を $r = r(\theta)$ とすると，(3) から

$$\frac{dr}{dt} = \frac{dr}{d\theta}\frac{d\theta}{dt} = \frac{h}{r^2}\frac{dr}{d\theta} = -h\frac{d}{d\theta}\left(\frac{1}{r}\right). \tag{4}$$

新しい変数 $u = 1/r$ を使うと，(4) は

$$\frac{dr}{dt} = -h\frac{du}{d\theta}. \tag{5}$$

(5) を t で微分し，(3) を使うと

$$\frac{d^2r}{dt^2} = -\frac{h^2}{r^2}\frac{d^2u}{d\theta^2} = -h^2u^2\frac{d^2u}{d\theta^2}. \tag{6}$$

(3), (6) を (1) に代入し，整理すると

$$\frac{d^2u}{d\theta^2} + u = -\frac{1}{h^2u^2} f\left(\frac{1}{u}\right).$$

問　題

18.1 上の方程式をエネルギー保存則

$$\frac{1}{2}m\boldsymbol{v}^2 + U(\boldsymbol{v}) = E$$

より $\boldsymbol{v}^2 = \dot{r}^2 + r^2\dot{\theta}^2$ と $\dot{\theta} = h/r^2$ を用いて導け．

18.2 定点 $r = 0$ にある力の中心の作用のもとに，平面内で $r = a(1 + \cos\theta)$ (a は定数) という軌道を描いて運動する質点がある．これに働いている中心力の大きさを求めよ．

3.4 摩 擦 力

• **摩擦力** • 固体が他の固体または流体 (液体や気体) に接触して運動するときには，接触面の各点で，垂直抗力の他に，運動をさまたげる向きの接線力を受ける．固体と固体のばあいには，相対的な運動がなくても，状況に応じて接触面に平行な力が働く．また，固体の表面を固体がころがるばあいにも，運動をさまたげる向きの力が現われる．これらの力を総称して**摩擦力**という．

• **固体間の運動摩擦** • 固体が他の固体と接触してその上をすべるときに働くすべり摩擦力は，相対速度と逆向きで，その大きさ F は接触面の垂直抗力 R に比例する．すなわち

$$F = \mu R \tag{1}$$

の関係が成り立つ．μ はそれぞれの固体を作っている物質の種類や接触面の粗さなどによって決まる正の定数で，**動摩擦係数**とよばれている．

• **固体間の静止摩擦** • 固体と固体が相対的に運動せずに接触しているときにも，一般には摩擦力が働く．これを**静止摩擦力**という．その大きさと向きは，運動摩擦のように垂直抗力だけからは定まらず，他のすべての力とのかね合いで力のつり合いの条件からはじめて決まる．

静止摩擦力の大きさ F_{s} に対しては，つねに不等式

$$F_{\mathrm{s}} \leqq \mu_{\mathrm{s}} R \tag{2}$$

が成り立つ．μ_{s} は，μ と同様に両方の固体の種類や性質に依存する正の定数で，**静止摩擦係数**とよばれる．μ_{s} と μ の間には

$$\mu_{\mathrm{s}} > \mu \tag{3}$$

の関係がある．とくに両物体が相互にまさにすべり出そうとしている状態では，それを止めようとする向きにちょうど $\mu_{\mathrm{s}} R$ に等しい大きさの摩擦力が働く．このときの力を**最大静止摩擦力**という．

• **流体の抵抗** • 固体が流体の中を運動するときにも摩擦力が働く．固体に接する流体はつねに固体表面に粘着する．一方，流体内部では粘性のために，隣接する流体の部分どうしが相対運動を減らそうとする力を及ぼし合うから，固体は流体にひきずられることになる．この力を**粘性抵抗**という．

また，物体の運動によって流体の運動がひきおこされると，その結果として，圧力が物体の前面では上昇し，後面では低下する．このことのために，物体は流体から運

動をさまたげられる向きに力を受ける．これを**圧力抵抗**という．そしてこれらの力をすべて合わせたものが，物体が流体から受ける**抵抗**である．

静止した流体の中を運動する物体の速さを v，この物体が受ける抵抗を F とすれば

$$F = k_1 v \quad (v \text{ が十分小さいとき}), \tag{4}$$

$$F = k_2 v^2 \quad (v \text{ が十分大さいとき}), \tag{5}$$

であることが知られている．ここで k_1 と k_2 は，物体の形にはよるが，v にはよらない正数である．たとえば，空気中を落下する水滴についていうと，微小な霧粒のばあいには (4) が成り立つ．一方，普通大の雨粒のばあいは，終端速度に達したころには (5) が成り立つ (水滴は固体ではないが，小さい粒のばあいには固体と同じようにふるまうと考えてよい)．

♣ **運動摩擦と静止摩擦のメカニズム**　摩擦のしくみは決して単純なものではないが，おおまかにはつぎのように説明される．固体の表面には微細な凹凸があるので，固体の面を接触させたとしても，実際に触れ合うのは面全体から見るとそのごくわずかな部分だけである．そのために，接触点には局部的に非常に大きい圧力がかかって，両方の固体の凝着がおこる．それゆえ，接触面に沿って固体をすべらすには，凝着点を引きちぎったり，相手の固体の面を堀りおこしたりするために力を加えることが必要になる．これが摩擦力の現われるメカニズムである．

♣ **ころがり摩擦**　物体が他の固体の面の上をころがるときには，たとえ接触点がすべらなくても，運動をさまたげられるような力を受ける．これを**ころがり摩擦**という．物体はころがりながら相手の固体の面を変形させる．また，物体自身の表面も変形をおこす．このために物体はたえず仕事をし続けなくてはならないから，その結果として運動エネルギーを失っていく．これがころがり摩擦のメカニズムである．両方の固体の表面が硬いばあいには，変形がおこりにくいから，ころがり摩擦力は運動摩擦力と比べてはるかに小さい．

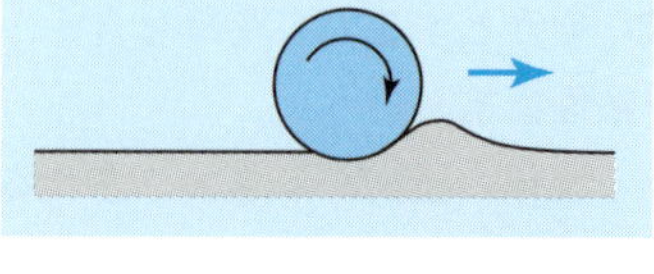

例題 19 **斜面における摩擦**

水平においた板の上に物体をのせる．板をしだいに傾けていくとき，板と物体の間の摩擦力と垂直抗力は板の傾角によってどのように変化するか．

解答 物体が受ける重力を W，物体と板の間の静止摩擦係数を μ_{s}，動摩擦係数を μ とする．

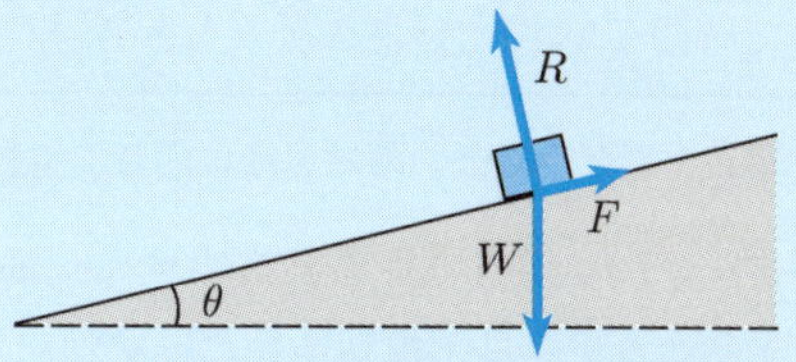

図3.30

傾角 θ が十分小さいときには物体は静止したままでいる．摩擦力と垂直抗力の大きさをそれぞれ F, R とすれば，板に沿う方向とそれに垂直な方向の力のつり合いの条件から

$$F = W\sin\theta, \quad R = W\cos\theta \tag{1}$$

である．一方，F と R の間には $F \leqq \mu_{\mathrm{s}} R$ という大小関係があるから，物体が静止していられるのは，傾角が

$$F = R\tan\theta \leqq \mu_{\mathrm{s}} R \qquad \therefore \quad \theta \leqq \tan^{-1}\mu_{\mathrm{s}} \tag{2}$$

である間に限られる．この不等式を満たす θ の上限 $\theta_{\mathrm{c}} = \tan^{-1}\mu_{\mathrm{s}}$ を**摩擦角**という．

傾角が摩擦角をこえると，静止摩擦力が物体を支えきれなくなって物体はすべり出す．運動がおこったときにも，板に垂直な方向の力はつり合っていなければならないから，垂直抗力は

$$R = W\cos\theta \tag{3}$$

である．したがって，摩擦力は

$$F = \mu R = \mu W\cos\theta \tag{4}$$

に等しい．これらをグラフに示すと図 3.31 のようになる．

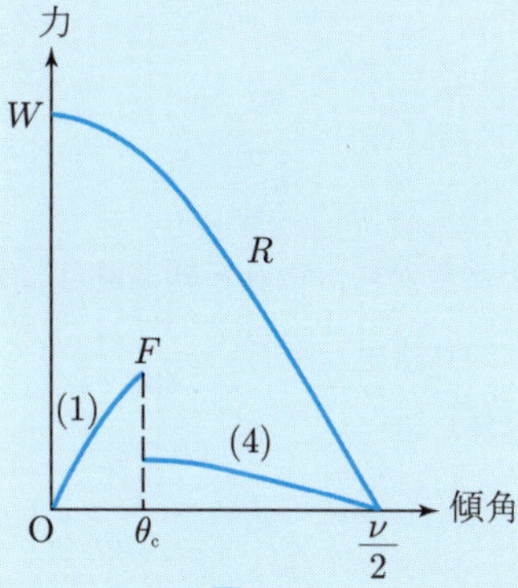

図3.31

問 題

19.1 水平な粗い床の上に重力 W を受ける物体をおき，物体の上面に鉛直と角 θ をなす方向に大きさ f の力を加えておさえつける．f をどんなに大きくしても物体がすべり出さないためには，θ はどのような範囲になければならないか．また，θ を増していって物体がちょうどすべり出すときの，比 f/W の値を求めよ．

例題 20 **粗面上の運動**

水平な机の上に粗い紙をおき，その上に銅貨をのせる．紙につぎのような水平方向の運動をさせるとき，銅貨はどのような運動をするか．

(i) 急に速さ V で動かし，そのまま同じ速さで同一方向に動かし続ける．

(ii) 一定の速さ V で短い時間 T の間だけ右に動かしたのち，すぐに速さ V で時間 T の間だけ左に動かし，以後同じことをくりかえす．

ヒント 紙と銅貨との相対速度に応じて銅貨にはどのような力が働くかを考えよ．

解答 (i) 銅貨の質量を m とする．紙の運動方向に x 軸をとり，その方向の銅貨の速度を v とすれば，最初は紙だけが動いて銅貨との間にすべりが生じるから，銅貨は

$$m\frac{dv}{dt} = \mu mg \quad (\mu \text{ は銅貨と紙の間の動摩擦係数})$$

という方程式にしたがって運動する．これを初期条件 $v(0) = 0$, $x(0) = 0$ のもとに解けば，

$$v(t) = \mu gt, \quad x(t) = \frac{1}{2}\mu gt^2.$$

銅貨の速度がしだいに増して $v = V$ になると，紙と銅貨との相対速度が 0 となって摩擦力が働かなくなる．その時刻を t_1 とすれば，

$$V = \mu gt_1 \qquad \therefore \quad t_1 = \frac{V}{\mu g}.$$

$t \geqq t_1$ では

$$m\frac{dv}{dt} = 0$$

であるから，これを初期条件 $v(t_1) = V$, $x(t_1) = \frac{1}{2}\mu gt_1^2 = \frac{V^2}{2\mu g}$ のもとに解けば，

$$v(t) = V, \quad x(t) = \frac{V^2}{2\mu g} + Vt.$$

したがって，運動は図 3.32 のようになる．

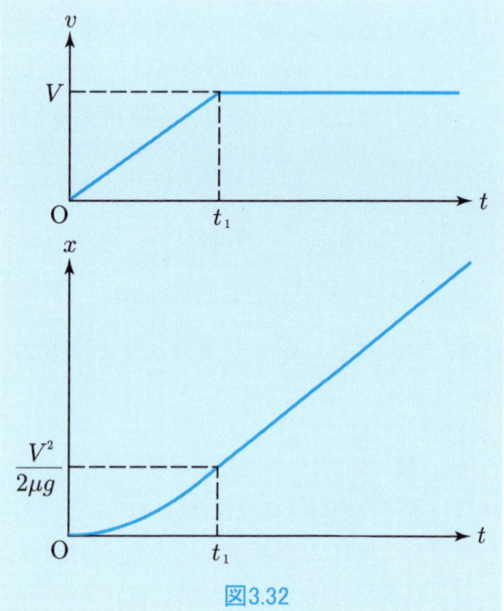

図3.32

(ii) T は短くて $T \leqq t_1$ であるとする．銅貨の運動は，まず

$$m\frac{dv}{dt} = \mu mg \quad (0 < t < T)$$

を条件 $v(0)=0,\ x(0)=0$ のもとに解いて

$$v(t)=\mu gt, \quad x(t)=\frac{1}{2}\mu gt^2 \quad (0 \leqq t \leqq T).$$

つぎに

$$m\frac{dv}{dt}=-\mu mg \quad (T<t<2T)$$

を条件 $v(T)=\mu gT,\ x(T)=\frac{1}{2}\mu gT^2$ のともに解いて

$$v(t)=\mu g(2T-t), \quad x(t)=\mu gT^2-\frac{1}{2}\mu g(2T-t)^2 \quad (T \leqq t \leqq 2T)$$

を得る．とくに $t=2T$ とおけば $v(2T)=0$ であるから，$t>2T$ では速度に関してはそれまでと同じことがくりかえされる．しかし，$x(2T)=\mu gT^2$ であるから，時間 $2T$ の間に銅貨は μgT^2 だけ右に移動している．すなわち，紙はただ左右に往復運動をしているだけなのに，銅貨は最初に紙が動き出した方向にいくらでも移動していくことになる (図 3.33).

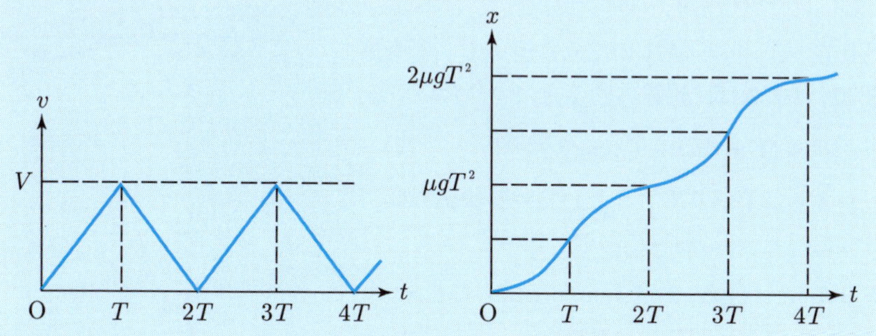

図3.33

問　題

20.1 傾角 α の粗い斜面上を，傾斜が最大の方向に初速 V_0 ですべりはじめた物体がある．

(i) 物体が止まらずにすべり続けるための条件を求めよ．

(ii) l だけの距離をすべったのちの速度を，力学的エネルギーの考察によって求めよ．

例題 21　　**摩擦力と張力**

水平に固定した円柱に軽いひもをかけて，その一端に質量 W の物体をつける．他端を引張ってこの物体を引き上げるのに必要な力 F を求めよ．ただし，円柱表面とひもの間の静止摩擦係数を μ_s とする．

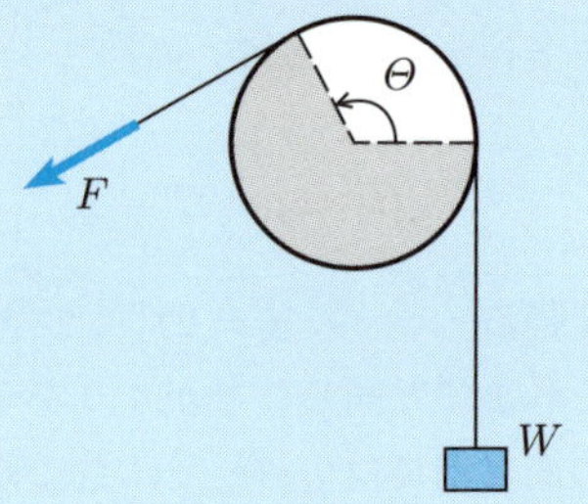

図3.34

ヒント　ひもの円柱に接している部分の中から短い部分を $\widehat{\mathrm{AB}}$ をとり出して考える (図 3.35)，この部分に働いている力のつり合いから，ひもに沿っての張力の分布を求めよ．

解答　$\widehat{\mathrm{AB}}$ が円柱の軸 O に対して張る角を $d\theta$ ($\ll 1$)，点 A, B での張力を T, $T+dT$ ($dT/T \ll 1$) とする．

$\widehat{\mathrm{AB}}$ の部分が円柱から受けている垂直抗力を dR とすれば，OB の方向の力のつり合いから

$$dR = T\sin d\theta \fallingdotseq T\,d\theta \qquad (1)$$

が成り立つ．一方，$\widehat{\mathrm{AB}}$ の部分に働いている摩擦力を dF とすれば，接線方向の力のつり合いから

$$dF = (T+dT) - T\cos d\theta \fallingdotseq dT. \qquad (2)$$

ひもがまさにすべり出そうとしている状態では

$$dF = \mu_s dR$$

であるから，(1) と (2) をいっしょにすると，

$$dT = \mu_s T d\theta$$

が成り立っていることがわかる．$\theta = 0$ で $T = W$ であることを使ってこれを解けば，

$$T = T(\theta) = We^{\mu_s\theta}.$$

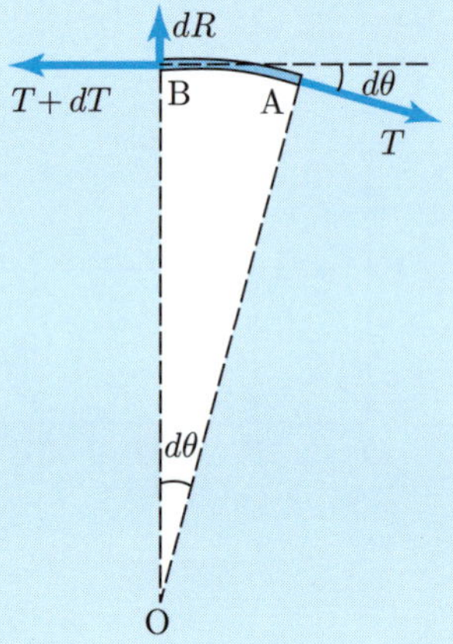

図3.35

したがって，必要な力は，$\theta = \Theta$ とおいて

$$F = T(\Theta) = We^{\mu_s\Theta}.$$

物体がいったん動き出せば，あとは $F' = We^{\mu\Theta}$ だけの力で引張ればよい．ただし μ は動摩擦係数である．

問　題

21.1 上の例題で $\mu_s = 0.3$ とする．ひもを 1 回巻きつけてから水平に引くばあいと，5 回巻きつけてから水平に引くばあいについて，比 F/W の値を計算せよ (ひもを円柱に何回も巻きつけてたらすと，他端を引張っても容易には抜きとれなくなる!)．

21.2 m_1, m_2 の物体を軽いひもでつなぎ，水平との傾角が θ_1, θ_2 の粗い斜面にのせた．斜面と物体の間の静止摩擦係数は μ_1, μ_2 である．質量 m_1 の物体がまさにすべりおりようとしている状況では，これらの量の間にどのような関係が成り立っているか．

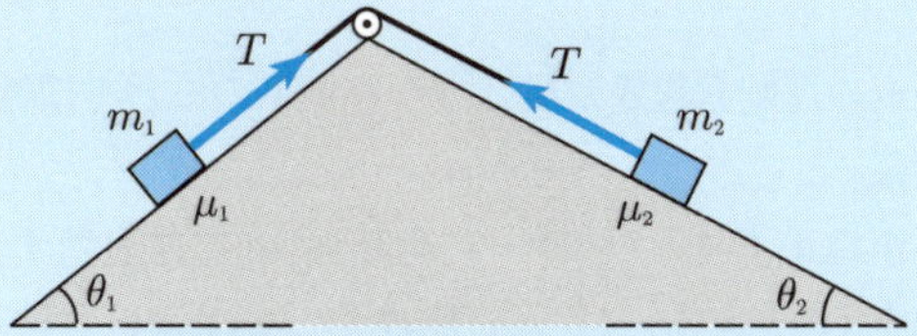

図3.36

♣ **山吹鉄砲**　静止摩擦係数の方が動摩擦係数よりも大きいことを利用したおもちゃに山吹鉄砲がある．細い竹の筒の中に，短く切った山吹の芯を 1 個，棒を使って押し込んでおく (右図の A)．つぎに，もう 1 個の芯 B を筒の中に入れて棒で急に押し込むと，芯 A がポンと音を立てて勢いよく飛び出すという仕掛けである (山吹の芯の代わりに，湿らせて固めた紙玉を使ってもよい)．この現象はつぎのように説明される．

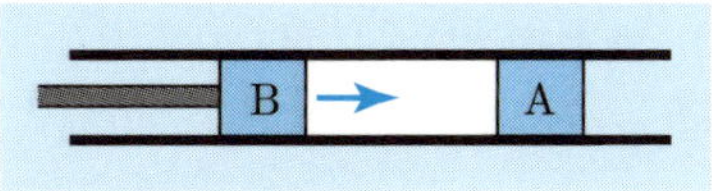

B を急に右に押し込むと，A と B の間にある空気は，逃げ場がないので圧縮されて圧力が上がる．A は左右の圧力の差によって右に押されるが，筒の内壁から静止摩擦力に止められて，すぐには動き出せない．しかし，AB 間の圧力が上がって圧力差が最大静止摩擦力の大きさをこえると，摩擦力がこれを支えきれなくなるので，A は動きはじめる．いったん動き出すと，A は筒の内壁から運動摩擦力を受けるようになるが，これは最大静止摩擦力よりも小さいから，B を十分に速く押し続ければ，A は加速されて筒から飛び出すことになる．

静止摩擦係数と動摩擦係数の差が大きければ大きいほど，この鉄砲は効率がよい．たとえば，空気銃の弾は鉛でできているが，この弾はいったん動き出すと摩擦熱で表面が溶けるから，運動摩擦力がいちじるしく小さくなる．

3.5 相対運動

• 慣性系 • 位置 $\boldsymbol{r}$ にある質量 m の物体に働く“素性の知れた力”――重力，糸の力，ばねの力，電磁力，拘束力など――の総和を $\boldsymbol{F}$ とするとき

$$m\frac{d^2r}{dt^2} = \boldsymbol{F} \tag{1}$$

の形の運動方程式が成り立つ座標系のことを**慣性系** (座標系) という．

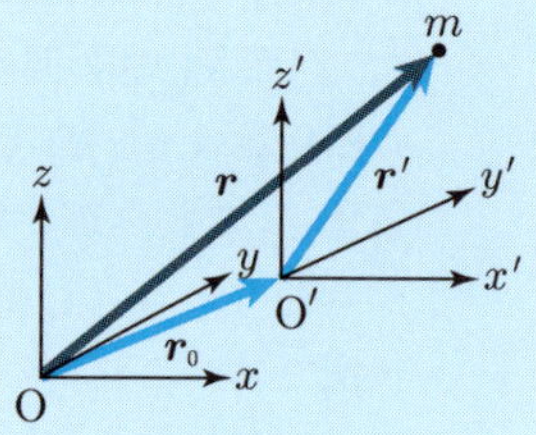

図3.37

慣性系 O に対して一定速度 $\boldsymbol{v}_0$ で並進運動する座標系を O′ とする．O′ 系の原点 O′ の O 系における位置ベクトルを $\boldsymbol{r}_0$，物体の O 系と O′ 系における位置ベクトルを $\boldsymbol{r}, \boldsymbol{r}'$ とすれば，$\boldsymbol{r} = \boldsymbol{r}_0 + \boldsymbol{r}'$ の関係があるから

$$\frac{d^2\boldsymbol{r}}{dt^2} = \frac{d^2\boldsymbol{r}'}{dt^2} \quad \left(\because \quad \frac{d\boldsymbol{r}_0}{dt} = \boldsymbol{v}_0 = \text{定ベクトル}\right)$$

である．したがって (1) はつぎのように書くことができる：

$$m\frac{d^2\boldsymbol{r}'}{dt^2} = \boldsymbol{F}. \tag{2}$$

すなわち，慣性系に対して一定速度で並進運動する座標系はやはり慣性系である．

• 加速度系で働く力 • 慣性系に対して加速度をもつ座標系では，素性の知れた力の他にも力が働くと考えないと，ニュートンの運動方程式が成立しない．

(1) 並進加速度系に現われる力　並進速度 $\boldsymbol{v}_0$ が一定でないばあいには $d^2\boldsymbol{r}/dt^2 = d\boldsymbol{v}_0/dt + d^2\boldsymbol{r}'/dt^2$ であるから，方程式 (1) は

$$m\frac{d^2\boldsymbol{r}'}{dt^2} = \boldsymbol{F} - m\boldsymbol{\alpha}, \quad \boldsymbol{\alpha} = \frac{d\boldsymbol{v}_0}{dt} \tag{3}$$

と書ける．すなわち，慣性系に対して加速度 $\boldsymbol{\alpha}$ で並進運動する系では $-m\boldsymbol{\alpha}$ という力が現われる．この力を**慣性力**という．この力を経験する例として，電車やバスが急停車や急発進するばあいがあり，それぞれ前のめりやのけぞらせる力を発生させる．

(2) 回転系に現われる力　慣性系 O と原点を共有し，角速度 $\boldsymbol{\omega}$ で回転している座標系を O′ とする．任意のベクトル $\boldsymbol{A}$ の O 系，O′ 系での成分をそれぞれ (A_x, A_y, A_z)，(A'_x, A'_y, A'_z) とすれば

$$\boldsymbol{A} = A_x\boldsymbol{e}_x + A_y\boldsymbol{e}_y + A_z\boldsymbol{e}_z = A'_x\boldsymbol{e}'_x + A'_y\boldsymbol{e}'_y + A'_z\boldsymbol{e}'_z$$

であって，$\boldsymbol{A}$ の時間的変化率は

$$\frac{d\boldsymbol{A}}{dt}=\frac{dA'_x}{dt}\boldsymbol{e}'_x+\frac{dA'_y}{dt}\boldsymbol{e}'_y+\frac{dA'_z}{dt}\boldsymbol{e}'_z+A'_x\frac{d\boldsymbol{e}'_x}{dt}+A'_y\frac{d\boldsymbol{e}'_y}{dt}+A'_z\frac{d\boldsymbol{e}'_z}{dt} \tag{4}$$

である．右辺のはじめの 3 項をまとめて

$$\frac{d'\boldsymbol{A}}{dt}=\frac{dA'_x}{dt}\boldsymbol{e}'_x+\frac{dA'_y}{dt}\boldsymbol{e}'_y+\frac{dA'_z}{dt}\boldsymbol{e}'_z \tag{5}$$

と書くと，これは O′ 系で $\left(\frac{dA'_x}{dt}, \frac{dA'_y}{dt}, \frac{dA'_z}{dt}\right)$ を成分とするベクトルであって，O′ 系で見たベクトル $\boldsymbol{A}$ の時間的変化率を表わす．

$\boldsymbol{e}'_x$, $\boldsymbol{e}'_y$, $\boldsymbol{e}'_z$ はどれも O′ 系に固定したベクトルであるから，図 3.38 により

$$\frac{d\boldsymbol{e}'_x}{dt}=\boldsymbol{\omega}\times\boldsymbol{e}'_x, \quad \frac{d\boldsymbol{e}'_y}{dt}=\boldsymbol{\omega}\times\boldsymbol{e}'_y, \quad \frac{d\boldsymbol{e}'_z}{dt}=\boldsymbol{\omega}\times\boldsymbol{e}'_z$$

の関係がある．したがって，(4) の右辺のあとの 3 項は

$$\begin{aligned}&A'_x(\boldsymbol{\omega}\times\boldsymbol{e}'_x)+A'_y(\boldsymbol{\omega}\times\boldsymbol{e}'_y)+A'_z(\boldsymbol{\omega}\times\boldsymbol{e}'_z)\\&=\boldsymbol{\omega}\times(A'_x\boldsymbol{e}'_x+A'_y\boldsymbol{e}'_y+A'_z\boldsymbol{e}'_z)=\boldsymbol{\omega}\times\boldsymbol{A}\end{aligned}$$

となり，けっきょく (4) はつぎの形に書ける：

$$\frac{d\boldsymbol{A}}{dt}=\frac{d'\boldsymbol{A}}{dt}+\boldsymbol{\omega}\times\boldsymbol{A}. \tag{6}$$

とくに $\boldsymbol{A}=\boldsymbol{r}$ ととり，$d\boldsymbol{r}/dt=\boldsymbol{v}$ (O 系での速度)，$d'\boldsymbol{r}/dt=\boldsymbol{v}'$ (O′ 系での速度) と書けば，

$$\boldsymbol{v}=\boldsymbol{v}'+\boldsymbol{\omega}\times\boldsymbol{r}. \tag{7}$$

さらに，(6) で $\boldsymbol{A}=\boldsymbol{v}$ とおき，(7) を使うと

$$\boldsymbol{\alpha}=\boldsymbol{\alpha}'+\frac{d\boldsymbol{\omega}}{dt}\times\boldsymbol{r}+2\boldsymbol{\omega}\times\boldsymbol{v}'+\boldsymbol{\omega}\times(\boldsymbol{\omega}\times\boldsymbol{r}) \tag{8}$$

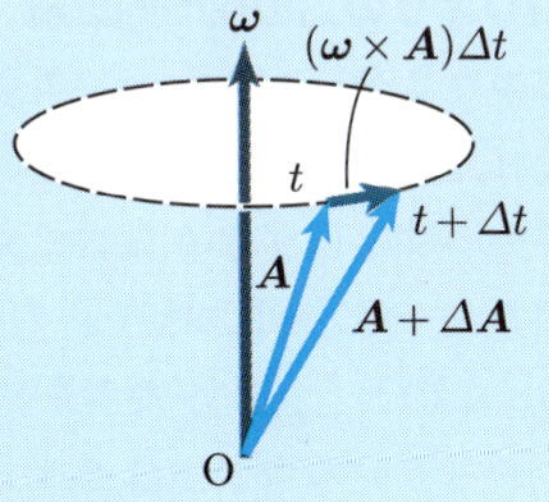

図3.38 O′系に固定したベクトル$\boldsymbol{A}$については$d\boldsymbol{A}/dt=\boldsymbol{\omega}\times\boldsymbol{A}$である．

が得られる．ここで $\boldsymbol{\alpha}=d\boldsymbol{v}/dt$, $\boldsymbol{\alpha}'=d'\boldsymbol{v}'/dt$ はそれぞれ O 系，O′ 系での加速度である．また，(6) からわかるように

$$\frac{d\boldsymbol{\omega}}{dt}=\frac{d'\boldsymbol{\omega}}{dt}$$

である．したがって，(1) は

$$m\boldsymbol{\alpha}'=\boldsymbol{F}'=\boldsymbol{F}+m\boldsymbol{\omega}\times(\boldsymbol{r}\times\boldsymbol{\omega})+2m\boldsymbol{v}'\times\boldsymbol{\omega}+m\boldsymbol{r}\times\frac{d\boldsymbol{\omega}}{dt} \tag{9}$$

と書くことができる．第 2 項以下が，回転系であるために現われる力である．

第 2 項 $m\boldsymbol{\omega}\times(\boldsymbol{r}\times\boldsymbol{\omega})$ を**遠心力**という．物体から座標系の回転軸に下ろした垂線の長さを $r_\perp$ とすると，大きさは $mr_\perp\omega^2$ で，回転軸に垂直に軸から遠ざかる向きに働く (図 3.39).

第 3 項 $2m\boldsymbol{v}'\times\boldsymbol{\omega}$ を**コリオリの力**という．これは物体が O′ 系で運動しているときしか働かない．力の方向は速度に垂直であるから，つねに運動方向を曲げさせるように働く．

第 4 項 $m\boldsymbol{v}\times\dfrac{d\boldsymbol{\omega}}{dt}$ による力は，O′ 系の回転の状態に変化がなければ働かない．

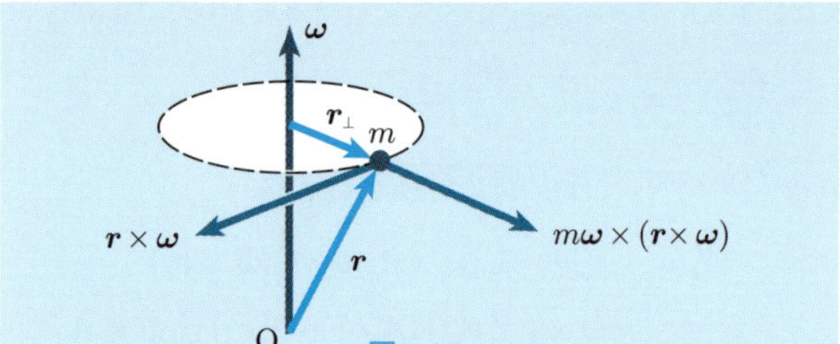

図3.39

• コリオリの力の直観的理解 •　コリオリの力が重要となる例として，台風のような大規模なスケールをもつ気象現象がある．タービンなどの高速で回転する工学機器内の流れでは，空間スケールは大きくなくともコリオリの力は重要となる．上のコリオリの力の導出はかなり複雑であるが，直観的な理解でこれを補うことができる．

図 3.40 のように，地点 P の人 A が地点 Q の人 B に向けて水平にボールを投げたとする．このとき，B が両者を結ぶ方向と垂直方向の点 R に動いたとする (A から見て，B ののっている台が PQ を半径として回転したと想像せよ)．このとき B が見るボールの運動を地面鉛直上方から図示すると，図 3.41 のようになる．すなわち，B から見ると，点 P から投げられたボールは点 Q に向けて曲がることになる．B から見たこのボールの動きは，水平に投げられたボールが重力加速度のため鉛直下方に曲がるばあいとたいへんよく似ている．図 3.41 の加速度の方向は，ボールの速度ベクトル $\boldsymbol{v}'$ と回転ベクトル $\boldsymbol{\omega}$ (紙面手前向き) のベクトル積 $\boldsymbol{v}'\times\boldsymbol{\omega}$ の方向と一致している．コリオリの力とは，このような回転する系にのった観測者が経験する力である．

台風は周囲に比べきわめて気圧の低い領域であるため，周囲から大気が流れ込むが，地球の回転運動の影響すなわちコリオリの力によりこの気流に北半球では反時計まわりの回転運動が加わることになる．

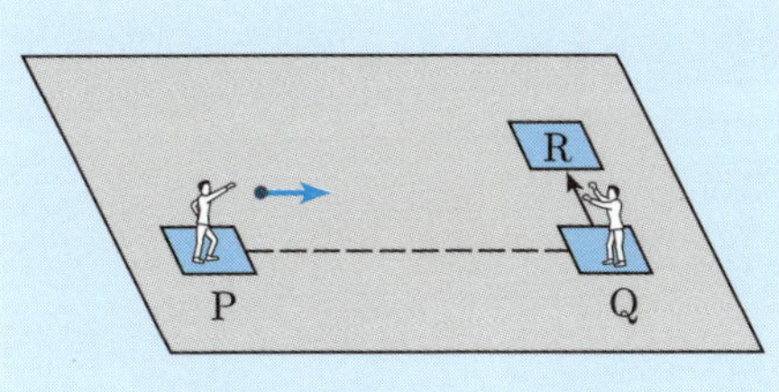

図3.40

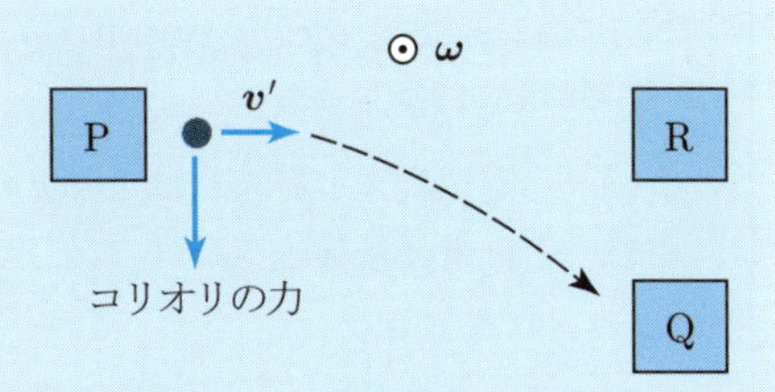

図3.41

♣ **人工衛星の軌道は？**　日本の上空へロケットを打ち上げ，真東に向けて人工衛星を発射したら，衛星はどんな軌道をえがいて飛ぶだろうか．ちょっと考えると，図のように地球が鉢巻をしたときのような形の曲線に沿って飛ぶのではないかという気がする．しかしこれはおかしい．人工衛星に働いている力は地球からの万有引力だけで，これは地球の中心を向いている．ところが人工衛星の加速度は，(もし円運動をしていると仮定すれば) 円軌道の中心を向いていることになるからである．実際の軌道は大円の周，あるいはもっと一般には，地球の中心を焦点とする楕円の周である．

中心力のもとで運動するときには決してこの図のような軌道をとることはないということを，第 3 章の例題 17 は述べていたのである．

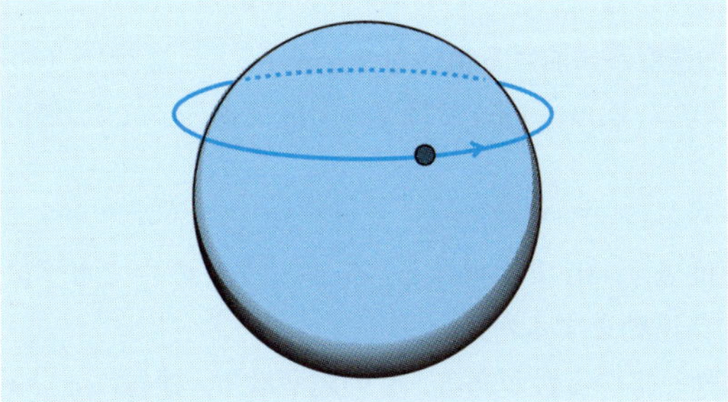

例題 22 **鉛直並進加速度系**

エレベーターの中でばね秤を用いて物体の重さを測る．つぎのばあいに目盛りはどのように変わるか：

(i) 一定速度で上昇または下降するとき．

(ii) 上向きに加速度 α をもつとき，および下向きに加速度 α をもつとき (ただし $\alpha > 0$ とする)．

(iii) エレベーターの綱が切れたとき．

解答 物体の質量を m，秤にかかる力を T とする．

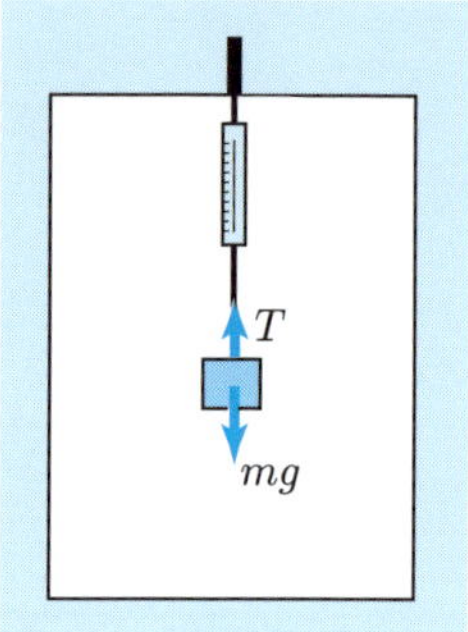

図3.42

(i) 物体の加速度は 0 であるから

$$0 = T - mg.$$

これから $T = mg$ である．すなわち目盛りは変わらない．

(ii) 運動方程式

$$m \cdot (\pm\alpha) = T - mg$$

から T を求めれば，

$$T = m(g \pm \alpha) = mg\left(1 \pm \frac{\alpha}{g}\right).$$

すなわち，加速度が上 (下) 向きのときは重 (軽) くなる．重さの増減の割合は α/g である．

(iii) 運動方程式

$$m \cdot (-g) = T - mg$$

から $T = 0$ となる．すなわち目盛りは 0 を指す．自由落下するエレベータの中では，このように物体の見かけの重さが 0 になる．これがいわゆる無重力状態である．

なお，加速度系における慣性力を使って，同じ問題をつぎのように解くこともできる：物体に働く慣性力を上向きに f とすれば，力のつり合いの式

$$T - mg + f = 0$$

が成り立つ．並進加速度系における慣性力の定義 $f = -$(質量)$\times$(加速度) から，(i) では $f = 0$，(ii) では $f = \mp m\alpha$，(iii) では $f = mg$ である．これから同じ答が得られる．

問 題

22.1 一定の加速度 α (> 0) で上昇するエレベーターの中で水平に石を投げると，石はどのような運動をするか．

22.2 上下に単振動している台がある．その周期は T，振幅は a である．この台の上においた質量 W の物体の，台に対する見かけの重さの最大値と最小値を求めよ．

例題 23 **水平並進加速度系**

一定加速度 $\alpha\ (>0)$ で一直線上を水平に走っている電車の中で，その加速度の向きに初速 V_0 で物体を投げた．電車の中で見ると物体はどのような運動をするか．

解答 物体の質量を m とする．電車といっしょに動く系では，物体に働く力は，鉛直下向きの重力 $m\boldsymbol{g}$ と，電車の加速度 $\boldsymbol{\alpha}$ と逆向きの慣性力 $-m\boldsymbol{\alpha}$ との合力，すなわち $m(\boldsymbol{g}-\boldsymbol{\alpha})$ である．したがって，この系は，鉛直方向に対して傾いた方向に

$$\boldsymbol{g}'=\boldsymbol{g}-\boldsymbol{\alpha}$$

という一様な重力場がある慣性系と同等であると考えることができる (図 3.43).

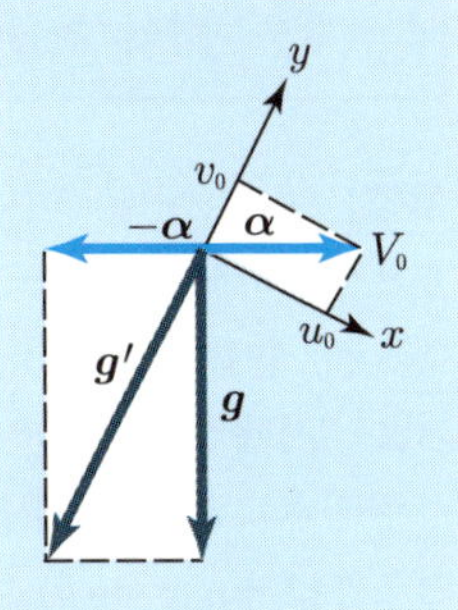

図3.43

そこで，ベクトル $\boldsymbol{g}'$ と逆向きに y 軸，それに垂直で電車の加速度と同じ側に x 軸をとったとすれば，物体は

$$\sqrt{g^2+\alpha^2}=g\sqrt{1+\frac{\alpha^2}{g^2}}$$

という大きさの重力場の中で，初速 (u_0, v_0)：

$$\begin{cases} u_0=\dfrac{1}{\sqrt{1+\dfrac{\alpha^2}{g^2}}}V_0, \\[2ex] v_0=\dfrac{\dfrac{\alpha}{g}}{\sqrt{1+\dfrac{\alpha^2}{g^2}}}V_0 \end{cases}$$

で投げ出された物体と同じ運動を行なう．すなわち，電車の中で見ると，物体は $\boldsymbol{g}'$ の方向に軸をもつ放物線の上を運動することになる (図 3.44).

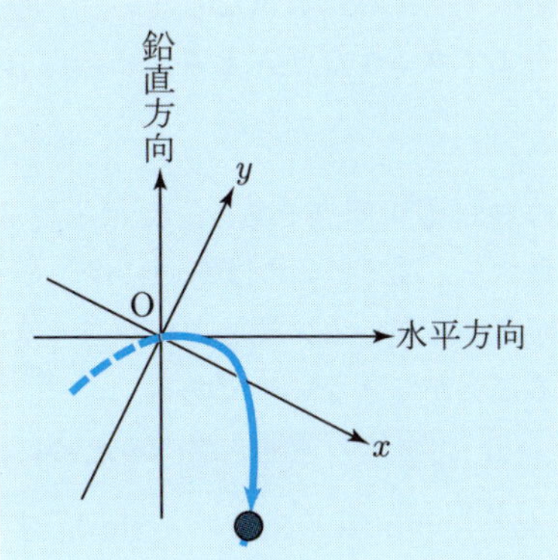

図3.44

問　題

23.1 上の例題で，とくに $V_0=0$ のときは軌道はどうなるか．

23.2 $1\,\mathrm{m\cdot s^{-2}}$ の加速度で一直線上を水平方向に走っている電車の中で静かにつるした振り子の，鉛直方向に対する傾き θ を求めよ．

例題 24 **遠心力**

半径 a の円輪の上に小さい物体がなめらかに束縛されている．円輪の鉛直な直径を鉛直に固定し，そのまわりに円輪を一定の角速度 ω で回転させる．

(i) 物体の平衡位置はどこか．

(ii) 平衡位置付近での物体の運動を調べよ．

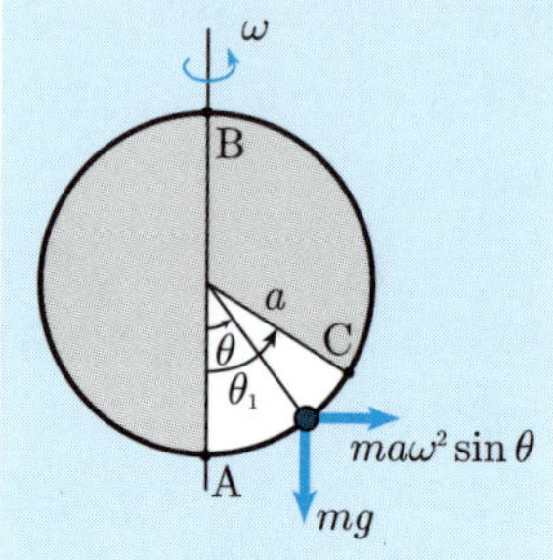

図3.45

解答 (i) 円輪の中心から物体に向かう方向が鉛直下方となす角を θ とする．円輪といっしょに回転する系で見ると，物体に働く力は，重力 mg，遠心力 $ma\omega^2\sin\theta$，および円輪からの垂直抗力である．

平衡点において，円輪の接線の方向の力のつり合いの条件は $ma\omega^2\sin\theta\cos\theta - mg\sin\theta = 0$. すなわち，平衡点では

$$(a\omega^2\cos\theta - g)\sin\theta = 0 \tag{1}$$

が成り立たなければならない．

まず $\theta = 0$ の点 A と $\theta = \pi$ の点 B は平衡点である．この他に，もし $a\omega^2 \geqq g$ ならば

$$\theta = \theta_1 = \cos^{-1}\left(\frac{g}{a\omega^2}\right) \tag{2}$$

の点 C も平衡点である．θ_1 は $\pi/2$ より小さい．とくに $a\omega^2 = g$ のばあい C は A に一致する．$a\omega^2 < g$ のばあいには，A と B の他には平衡点がない．つまり，円輪の回転があまり遅いと，遠心力が小さくなるために，物体は回転軸からはずれた点に静止することができないのである．

(ii) 物体の運動を調べるために，任意の位置での運動方程式の接線成分を書くと $ma\dfrac{d^2\theta}{dt^2} = m(a\omega^2\cos\theta - g)\sin\theta$，すなわち

$$\frac{d^2\theta}{dt^2} = -\left(\frac{g}{a} - \omega^2\cos\theta\right)\sin\theta \tag{3}$$

となる．コリオリの力は円輪に垂直方向であるため，上式には現われないことに注意されたい．

a) まず平衡点 A の近くでの運動を調べよう．$|\theta|$ が十分小さいとすれば，$\cos\theta \fallingdotseq 1$, $\sin\theta \fallingdotseq \theta$ であるから，(3) は近似的に

$$\frac{d^2\theta}{dt^2} = -\left(\frac{g}{a} - \omega^2\right)\theta \tag{4}$$

と書くことができる．それゆえ，

(イ) $\omega^2 < g/a$ ならば運動は

$$\theta \propto \sin\left(\sqrt{\frac{g}{a}-\omega^2}\;t+\alpha\right) \tag{5}$$

という形の単振動になる．その周期は $2\pi/\sqrt{g/a-\omega^2}$ に等しい．このように，平衡点の近くではじまった運動がいつまでもその付近にとどまっているばあい，その点は**安定な平衡点**であるという．すなわち，いまのばあい A は安定な平衡点である．

(ロ)　$\omega^2 > g/a$ のときには，(4) の解は

$$\theta = C_1 e^{\lambda t} + C_2 e^{-\lambda t}, \quad \lambda = \sqrt{\omega^2 - \frac{g}{a}}$$

の形になる．C_1 と C_2 は与えられた初期条件から決まる定数であるが，ごく特別な与えかたをしたばあいを除けば $C_1 \neq 0$ となるから，θ の絶対値は一般にいつまでも小さいままでいることはできない．このばあい A は**不安定な平衡点**であるという．

(ハ)　$\omega^2 = g/a$ のときはやや微妙である．方程式 (4) は $d^2\theta/dt^2 = 0$ となってしまうから，(3) までさかのぼって $\cos\theta \fallingdotseq 1-(1/2)\theta^2$, $\sin\theta \fallingdotseq \theta$ とおき直す必要がある．そうするとつぎのような方程式が得られる：

$$\frac{d^2\theta}{dt^2} = -\frac{1}{2}\omega^2\theta^3. \tag{6}$$

このばあいも運動は $\theta = 0$ の近くでの振動であるが，単振動ほど単純なものではない．

b）つぎに平衡点 B の近くでの運動を調べよう．$\theta = \pi - \varphi$, $|\varphi| \ll 1$ とすれば，$\cos\theta = -\cos\varphi \fallingdotseq -1$, $\sin\theta = \sin\varphi \fallingdotseq \varphi$ であるから，(3) は近似的に

$$\frac{d^2\varphi}{dt^2} = \left(\frac{g}{a}+\omega^2\right)\varphi \tag{7}$$

と書ける．したがって a) (ロ) のばあいと同様に，$\varphi = 0$ の近くでは振動はおこり得ない．すなわち，B はつねに不安定な平衡点である．このことは直観的にも明らかであろう．

c）最後に，$a\omega^2 > g$ のばあいだけに現われる平衡点 C の近くでの運動を調べるには，$\theta = \theta_1 + \varphi$ とおき (θ_1 の定義は (2))，$|\varphi| \ll 1$ として運動方程式を近似した上でその解を求めてみればよい (問題 24.1).

問　題

24.1　上の例題の (ii) c) のばあいを調べ，平衡点 C がつねに安定であることを示せ．点 C の近傍での微小振動の周期を求めよ．

24.2　毎分 20 回転の速さで回転している水平な板の上の，回転の中心から 1.5 m だけ離れたところに物体をのせる．物体がすべらないで板といっしょにまわるためには，物体と板の間の静止摩擦係数は最小どれだけなくてはならないか．

例題 25 **コリオリの力**

水平面内で，一端 O のまわりに一定の角速度 ω で回転している棒がある．その上になめらかに束縛されている物体の運動を，静止座標系，棒といっしょに回転する座標系でそれぞれ調べよ．

解答 まず静止座標系で観察しよう．O を中心とする 2 次元極座標系を用いれば，運動方程式の r, θ 成分は，p.22 より

$$\begin{cases} m\left(\dfrac{d^2r}{dt^2} - r\omega^2\right) = 0, & (1) \\ 2m\omega\dfrac{dr}{dt} = R. & (2) \end{cases}$$

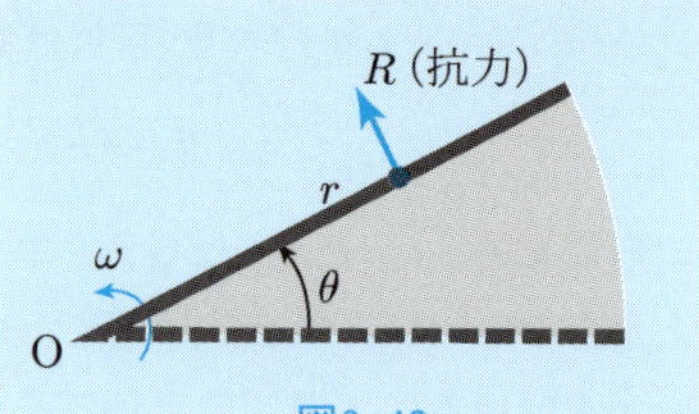

図3.46

(1) の解は $r = Ae^{\omega t} + Be^{-\omega t}$ である．とくに $t = 0$ で $r = a$, $dr/dt = 0$ とすれば

$$r = \frac{a}{2}\left(e^{\omega t} + e^{-\omega t}\right) = a\cosh\omega t.$$

運動が決まったから，方程式 (2) から抗力が計算される．すなわち

$$R = 2m\omega\frac{dr}{dt} = 2ma\omega^2\sinh\omega t.$$

つぎに同じ現象を角速度 ω で回転する座標系で見れば，これは 1 次元の運動であって

$$\begin{cases} m\dfrac{d^2r}{dt^2} = mr\omega^2, & (3) \\ 0 = R - 2m\omega\dfrac{dr}{dt} & (4) \end{cases}$$

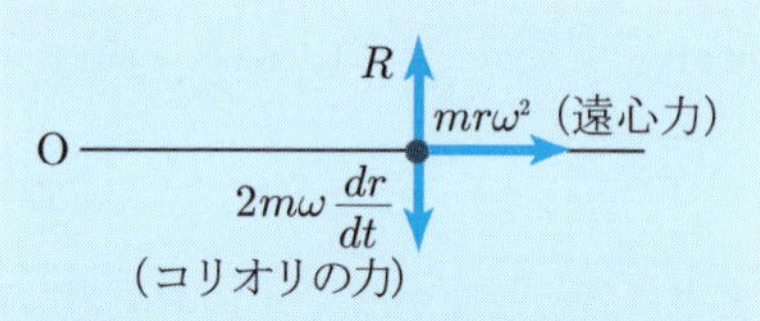

図3.47

が成り立つ．これは (1), (2) と同じである．回転系では，回転軸が紙面手前向きであるため，コリオリの力は図 3.47 のようになる．その結果，これにつり合うように抗力 R が発生する．

問　題

25.1 長さ l の糸の一端を固定し，他端に質量 m のおもりをつけて，糸が鉛直線とつねに一定の傾き α をなすようにおもりに一定角速度 ω の円運動をさせる (円錐振り子)．これを静止座標系と回転座標系でそれぞれ調べ，円運動の周期 T と糸の張力 S を求めよ．

25.2 中心力を受けて運動する質量 m，電荷 q の粒子がある．これに磁束密度 $\boldsymbol{B}$ の弱い一様磁場をかけたときの運動を，$\boldsymbol{B}$ の方向を軸として角速度 $q|\boldsymbol{B}|/2m$ で回転する座標系で見ると，磁場がないときの運動と同じに見えることを示せ (**ラーモアの定理**)．

例題 26 　　**地球の回転効果**

地球は地軸のまわりに自転をしている．したがって，地表に固定した座標系では遠心力とコリオリの力が働く．赤道上の地点で働くこれらの力の向きと大きさを求めよ．ただし，地球の半径はおよそ $6.4 \times 10^3\,\mathrm{km}$ である．

解答 (i) 遠心力　自転による加速度は，赤道上で

$$\left(\frac{2\pi}{\text{自転周期}}\right)^2 \times (\text{地球半径}) = \left(\frac{2\pi}{1\,\text{日}}\right)^2 \times 6.4 \times 10^3\,\mathrm{km}$$
$$\fallingdotseq 3.4 \times 10^{-2}\,\mathrm{m \cdot s^{-2}} \fallingdotseq 3.4 \times 10^{-3}\,g.$$

すなわち，遠心力は重力の 1/300 程度の大きさで，鉛直上向きである．高緯度ほど地軸からの距離が小さいから遠心力は小さい．向きは地軸に垂直で地球の外に向かう．

同一地点では地球の万有引力と遠心力とはどちらも質量に比例するから，この 2 つの力を分離して測定することはできない．これまで物体に働く重力といっていたのは，実はこの 2 力の合力のことである (図 3.48).

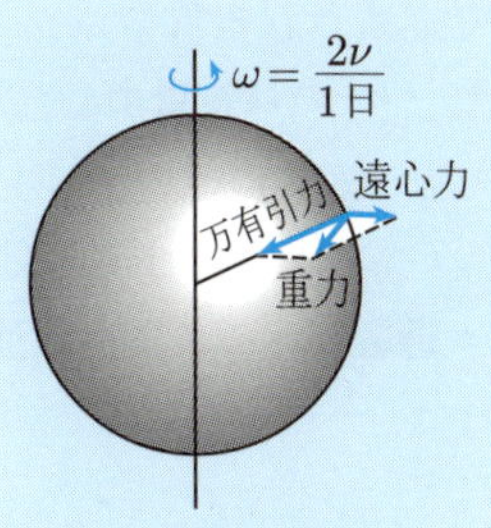

図3.48

(ii) コリオリの力　コリオリの力による加速度は $2\boldsymbol{v} \times \boldsymbol{\omega}$ に等しい．したがって，赤道上でたとえば水平東向きに運動する物体のコリオリ加速度は鉛直上向きに $2v\omega$ である．$v = 100\,\mathrm{m \cdot s^{-1}}$ とするとこれはおよそ $1.5 \times 10^{-3}\,g$ の大きさである．赤道上で鉛直に落下する物体については，コリオリ加速度は水平東向きに $2v\omega$ である．したがって，自由落下させた物体は鉛直真下より東にかたよった地点に落ちることになるが，これが観測にかかるほどコリオリの力は大きくない．赤道上で水平北向きに運動する物体については，$\boldsymbol{v} \parallel \boldsymbol{\omega}$ であるからコリオリの力は働かない．

問　題

26.1 地球は，自転をしている他に，全体として太陽のまわりにほぼ等速円運動 (公転) を行なっている．太陽を中心として地球とともにまわる座標系において，地球の位置に現われる遠心力の大きさはどのくらいか．この力も重力の中に含めておかなくてもよいか．ただし，地球の公転軌道半径はおよそ $1.5 \times 10^8\,\mathrm{km}$ である．

26.2 水平な円板が，中心を通る鉛直軸のまわりに一定の角速度で回転している．この板の上にのり，へりの近くから物体を回転軸めがけて板上をすべらせたとすると，物体はどのように運動するか．静止座標系および円板とともに回転する座標系のそれぞれの立場で考えてみよ．ただし，物体と板の摩擦は無視する．

4　質点系の力学

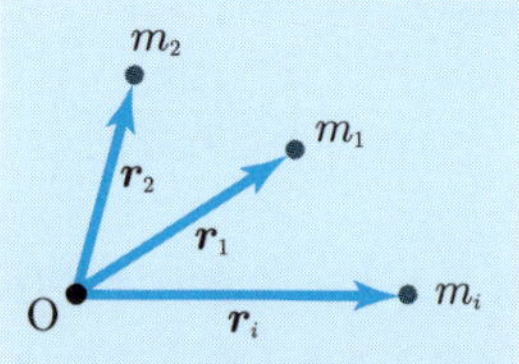

図4.1

• 重心 •　質点系を構成する各質点の質量と位置ベクトルを m_i, $\boldsymbol{r}_i$ $(i=1,2,\cdots,N)$ とする．このとき

$$M\boldsymbol{r}_{\mathrm{G}}=\sum m_i\boldsymbol{r}_i \quad \left(M=\sum m_i\right) \tag{1}$$

で定義される位置ベクトル $\boldsymbol{r}_{\mathrm{G}}$ の点を，この質点系の**重心** (または**質量中心**) という．重心がその質点系に対してもつ意味については次項および剛体の力学の章 (第 5 章) で述べる．重心の位置に質点が実際に存在するとは限らない．

• 運動量 •　各質点の運動量 $\boldsymbol{p}_i$ の総和を質点系の (全) **運動量**という．これを $\boldsymbol{P}$ とすれば，

$$\boldsymbol{P}=\sum\boldsymbol{p}_i=\sum m_i\frac{d\boldsymbol{r}_i}{dt}=\frac{d}{dt}\left(\sum m_i\boldsymbol{r}_i\right)=\frac{d}{dt}(M\boldsymbol{r}_{\mathrm{G}})=M\frac{d\boldsymbol{r}_{\mathrm{G}}}{dt} \tag{2}$$

と書き表わすことができる．

質点 i に働く力を，質点 j からの力 $\boldsymbol{F}_{j\to i}$ と外力 $\boldsymbol{F}_i$ とに分けたとすると，

$$\frac{d\boldsymbol{p}_i}{dt}=\sum_{j(\neq i)}\boldsymbol{F}_{j\to i}+\boldsymbol{F}_i \tag{3}$$

が成り立つ．すべての質点についての和をとれば，右辺第 1 項の和は

$$\sum_i\left(\sum_{j(\neq i)}\boldsymbol{F}_{j\to i}\right)=\sum_{i\neq j}\sum\boldsymbol{F}_{j\to i}=\frac{1}{2}\sum_{i\neq j}\sum(\boldsymbol{F}_{j\to i}+\boldsymbol{F}_{i\to j})=\boldsymbol{0}$$

となるから，(3) の和は (2) より

$$\sum\frac{d\boldsymbol{p}_i}{dt}=\frac{d\boldsymbol{P}}{dt}=M\frac{d^2\boldsymbol{r}_{\mathrm{G}}}{dt^2}=\sum\boldsymbol{F}_i \tag{4}$$

が得られる．すなわち，重心という点は，質点系の全質量と等しい質量をもつ点が，外力(がいりょく)の総和に等しい 1 つの力を受けたときに行なう運動とまったく同じ運動をする．

とくに外力の和が $\boldsymbol{0}$ に等しいばあいには，系の運動量は一定に保たれる．これを**運動量保存則**という．このときには，系の重心は等速直線運動を行なう．

• ベクトルのモーメント •　点 O から $\boldsymbol{r}$ だけ離れた位置にベクトル $\boldsymbol{A}$ があるとき，$\boldsymbol{A}$ の点 O に関する (O のまわりの) モーメント $\boldsymbol{M}(\boldsymbol{A};\mathrm{O})$ をつぎの式で定義する：

$$\boldsymbol{M}(\boldsymbol{A};\mathrm{O}) = \boldsymbol{r} \times \boldsymbol{A}. \tag{5}$$

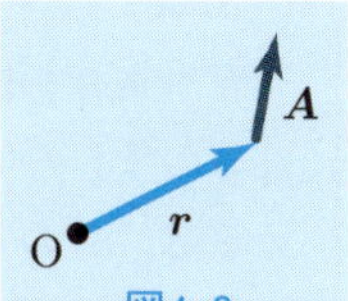

図4.2

同一のベクトル $\boldsymbol{A}$ であっても，基準点の選びかたによってそのモーメントは異なるから，どの点に関するモーメントを考えているのかをいつでもはっきりさせておかなくてはならない．

• 角運動量 •　運動量のモーメントのことを**角運動量**という．質点 i の運動量を $\boldsymbol{p}_i$，原点に関する角運動量を $\boldsymbol{l}_i$ とすれば，

$$\boldsymbol{l}_i = \boldsymbol{r}_i \times \boldsymbol{p}_i = \boldsymbol{r}_i \times m\frac{d\boldsymbol{r}_i}{dt} \tag{6}$$

である．これらの角運動量ベクトルの総和をこの質点系の (全) **角運動量**という．これを $\boldsymbol{L}$ と書くと，その時間的変化率は

$$\frac{d\boldsymbol{L}}{dt} = \frac{d}{dt}\left(\sum \boldsymbol{r}_i \times \boldsymbol{p}_i\right) = \sum \frac{d\boldsymbol{r}_i}{dt} \times \boldsymbol{p}_i + \sum \boldsymbol{r}_i \times \frac{d\boldsymbol{p}_i}{dt}$$

となる．$d\boldsymbol{r}_i/dt$ と $\boldsymbol{p}_i$ とは平行なベクトルであるから，右辺第 1 項は 0 である．第 2 項は，運動方程式によって

$$\sum \boldsymbol{r}_i \times \left(\sum_{j(\neq i)} \boldsymbol{F}_{j\to i} + \boldsymbol{F}_i\right) = \sum\sum_{i\neq j} \boldsymbol{r}_i \times \boldsymbol{F}_{j\to i} + \sum \boldsymbol{r}_i \times \boldsymbol{F}_i$$

と書ける．質点間の相互作用の力が質点を結ぶ直線の方向に働くものとすれば，

$$\begin{aligned}\sum\sum_{i\neq j} \boldsymbol{r}_i \times \boldsymbol{F}_{j\to i} &= \frac{1}{2}\left(\sum\sum_{i\neq j} \boldsymbol{r}_i \times \boldsymbol{F}_{j\to i} + \sum\sum_{i\neq j} \boldsymbol{r}_i \times \boldsymbol{F}_{i\to j}\right) \\ &= \frac{1}{2}\sum\sum_{i\neq j} (\boldsymbol{r}_i - \boldsymbol{r}_j) \times \boldsymbol{F}_{j\to i} = \boldsymbol{0} \quad (\because \quad (\boldsymbol{r}_i - \boldsymbol{r}_j) \parallel \boldsymbol{F}_{j\to i})\end{aligned}$$

となるから，

$$\frac{d\boldsymbol{L}}{dt} = \sum \boldsymbol{r}_i \times \boldsymbol{F}_i$$

が成り立つ．すなわち，質点系の角運動量の時間的変化率は**外力**のモーメントの総和に等しい．

とくに外力のモーメントの和が 0 に等しいときには，(外力の和が $\boldsymbol{0}$ でなくても) 系の角運動量は一定に保たれる．これを**角運動量保存則**という．

• 重力のモーメント •　一様な重力場の中で各質点に働く重力のモーメントの総和は，系の重心の位置に系の全質量を集中させたと仮定したときその質量に働く重力のモーメントに等しい (第 5 章の問題 1.1)．

例題 1 **分割した質点系の重心**

質点系Sを任意に2つの部分AとB (質量は M_A と M_B) に分割したとする．各部分の重心の位置 $\boldsymbol{r}_A$, $\boldsymbol{r}_B$ に質量 M_A, M_B を集中させた2質点から成る系S′を考えると，S′の重心はSの重心と一致することを示せ．

解答 重心の定義により，AとBの重心についてつぎの式が成り立つ：

$$M_A\boldsymbol{r}_A=\sum_A m_i\boldsymbol{r}_i,\quad M_B\boldsymbol{r}_B=\sum_B m_i\boldsymbol{r}_i. \tag{1}$$

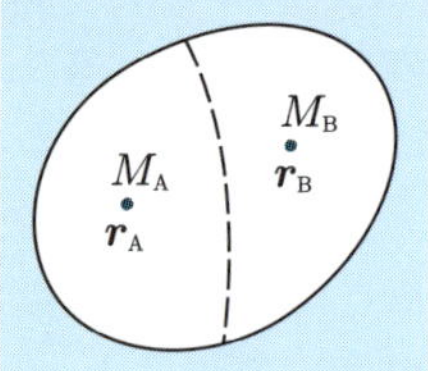

図4.3

一方，S′の重心の位置を $\boldsymbol{r}_{S'}$ とすると，

$$M\boldsymbol{r}_{S'}=M_A\boldsymbol{r}_A+M_B\boldsymbol{r}_B\quad(M=M_A+M_B) \tag{2}$$

が成り立つ．(1) を使うと，これから

$$\boldsymbol{r}_{S'}=\frac{1}{M}(M_A\boldsymbol{r}_A+M_B\boldsymbol{r}_B)=\frac{1}{M}\left(\sum_A m_i\boldsymbol{r}_i+\sum_B m_i\boldsymbol{r}_i\right)$$
$$=\frac{1}{M}\sum_S m_i\boldsymbol{r}_i. \tag{3}$$

ところが (3) の右辺は，定義によってもとの系Sの重心の位置ベクトルである．(証明終)

注意 上の証明ではSを離散的な質点の集まりとしているが，質量が連続的に分布している系のばあいには，$\sum_A m_i\boldsymbol{r}_i$ を $\iiint_A \rho\boldsymbol{r}dV$ (ρ は密度，dV は微小体積要素) におきかえるなどすれば，証明はまったく同様である．

A, Bのそれぞれの重心についても上のことがいえるから，一般にSを任意の個数の部分に分割しても同じことが成り立つ．分割のしかたによらず $\boldsymbol{r}_{S'}$ が同じもの (すなわちSの重心) になるということは重要である．むしろ重心というものの定義のしかたが合理的であったということができる．

この事実を利用すれば，複雑な質量の分布・配置をもつ質点系の重心が容易に計算できるばあいがある．もしなんらかの方法でこれを簡単な質点系に分割することができれば，各部分の質量と重心から全体の系の重心を求めることができるからである (問題 1.1, 1.2)．

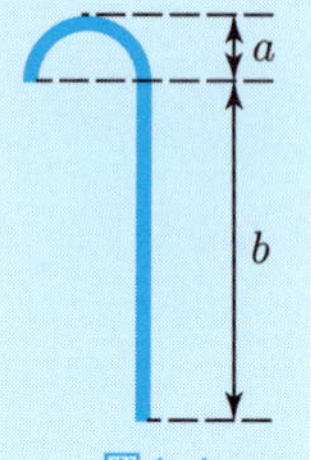

図4.4

問　題

1.1 図4.4のような，半円弧と線分から成る一様な密度と太さの杖の重心の位置を求めよ．

1.2 半径 a の一様な球を半分に割ったものの重心の位置を求めよ．

例題 2 **板上の歩行**

水平な床の上に長さ l，質量 M の一様な板をおく．板の一端に立っている質量 m の人が他端まで歩くとき，板はどれだけ動くか．ただし，板と床の間には摩擦がないとする．

解答 人と板を合わせた系を S とする．床がなめらかであることから，S には水平方向には力が働かない．したがって，S の重心 G の速度の水平成分は一定である．最初は人も板も静止していたのだから，この一定の値は 0 で，G は水平方向に動かないことになる．

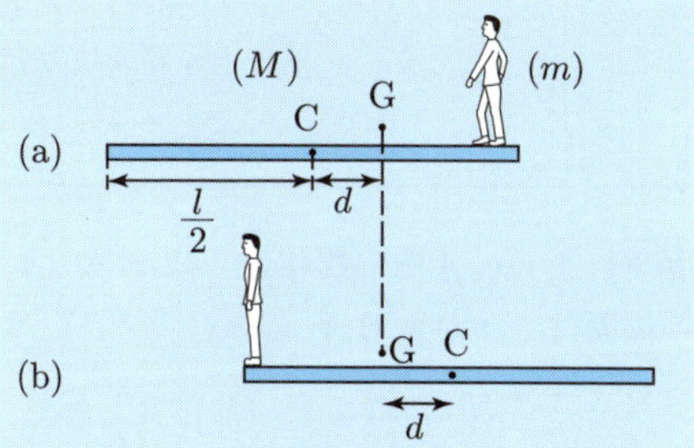

図4.5

最初の時刻において，G と板の中心 C との距離を d とすると (図 4.5(a))，

$$(M+m)d = M\cdot 0 + m\frac{l}{2} \qquad \therefore \quad d = \frac{m}{2(M+m)}l. \tag{1}$$

人が板の他端まで歩きついたときには，人と板は図 4.5(b) のような位置にきている．G の水平位置が不動であることから，板は $2d$ だけの距離を動いたことになる．すなわち板の移動距離を D とすると

$$D = 2d = \frac{m}{M+m}l. \tag{2}$$

板が人より十分重いとき ($m/M \ll 1$ のとき) には

$$D = \frac{\dfrac{m}{M}}{1+\dfrac{m}{M}}l \fallingdotseq 0,$$

すなわち，板はほとんど動かない．逆に板が人と比べて非常に軽いとき ($M/m \ll 1$ のとき) には

$$D = \frac{1}{\dfrac{M}{m}+1}l \fallingdotseq l,$$

すなわち，板が動くだけで，人は同じ位置で足踏みをしていることになる．

問題

2.1 水平面と θ の角をなすなめらかな斜面に質量 M の板をのせて，その上を質量 m の人が下向きに歩く．板がすべらないようにするには，この人はどれだけの加速度で歩けばよいか．

例題 3 **回転棒端にある質点の衝突**

長さ a の軽い棒の各端に質量 m の物体 A, B をとりつけ，なめらかな床の上におく．そして，これを棒の中点 O を中心として鉛直軸のまわりに角速度 ω_0 で回転させる．これに質量 m の物体 C を近づけたところ，B と C が衝突して一体となった．

(i) 3 個の物体から成る系の，重心のまわりの角運動量はどれだけか．

(ii) 重心のまわりの衝突後の角速度はどうなるか．

(iii) 衝突の際に系の運動エネルギーはどれだけ変化したか．

解答 (i) 3 個の物体から成る系の重心 G の位置は，O から B, C の方に

$$\frac{m\left(-\frac{a}{2}\right)+2m\left(\frac{a}{2}\right)}{m+2m}=\frac{a}{6} \tag{1}$$

だけ寄った点である．

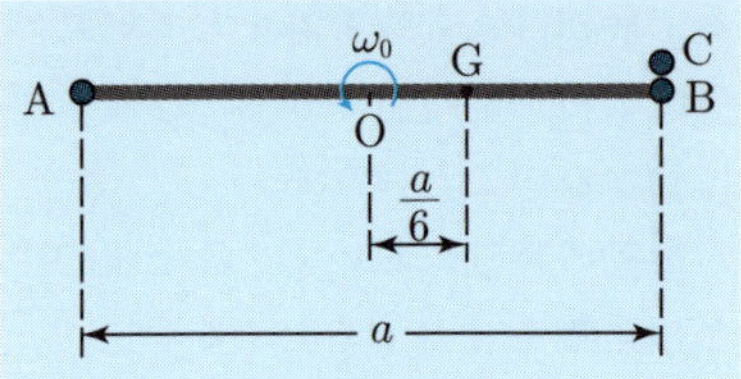

図4.6

衝突前の角運動量を計算しよう．A と B の速度は線分 GA, GB に垂直で大きさが $a\omega_0/2$，C の速度は 0 である．したがって，G を通る鉛直軸に関するこの系の角運動量は

$$m\cdot\frac{2a}{3}\cdot\frac{a\omega_0}{2}+m\cdot\frac{a}{3}\cdot\frac{a\omega_0}{2}+m\cdot\frac{a}{3}\cdot 0=\frac{1}{2}ma^2\omega_0 \tag{2}$$

に等しい．

床と物体の間には摩擦がないから，物体が床から受ける力は G を通る鉛直軸のまわりにモーメントをもたない．また，B と C は衝突の際および衝突後に力を及ぼし合うが，それは内力であるから合モーメントは 0 である．したがって，この系の角運動量は保存され，上で計算した衝突前の値 $ma^2\omega_0/2$ を保ち続ける．

(ii) 角運動量保存則により衝突後の角速度 ω が計算される．すなわち，

$$m\left(\frac{2a}{3}\right)^2\omega+2m\left(\frac{a}{3}\right)^2\omega=\frac{1}{2}ma^2\omega_0 \tag{3}$$

から

$$\omega=\frac{3}{4}\omega_0. \tag{4}$$

(iii) 床が物体に及ぼしている力は床面に垂直であるから仕事をしない．それゆえ衝突前と衝突後には，運動エネルギーはそれぞれ一定の値をもっている．これを K_0, K_1 とする．

衝突前の物体の速さは，A と B が $a\omega_0/2$，C が 0 であるから

$$K_0 = 2 \cdot \frac{1}{2} m \left(\frac{a\omega_0}{2} \right)^2 = \frac{1}{4} m a^2 {\omega_0}^2. \tag{5}$$

衝突後の速さは，A が $2a\omega/3$，B と C が $a\omega/3$ であるから，(4) によって

$$K = \frac{1}{2} m \left(\frac{2a\omega}{3} \right)^2 + 2 \cdot \frac{1}{2} m \left(\frac{a\omega}{3} \right)^2 = \frac{3}{16} m a^2 {\omega_0}^2 = \frac{3}{4} K_0 \tag{6}$$

である．したがって $K_0 - K = K_0/4$．すなわち運動エネルギーは衝突によってその 1/4 が失われたことになる．

注意　1 つの力学系の中での衝突に際しては，系全体の運動量と角運動量はかならず保存されるが，力学的エネルギー (この問題では運動エネルギー) は保存されるとは限らない．このとき失われたエネルギーの大部分は，物質を構成している分子のミクロな運動のエネルギー (内部エネルギー) となって物体の温度を上げる．また，ごく一部はまわりの空気などを振動させることに費やされる (音波のエネルギー)．激しい衝突では，発光によって電磁波のエネルギーにも転化する．このように，いろいろな形態のエネルギーをすべて考えればエネルギーも保存されるが，マクロな運動に関する力学的エネルギーだけを見ていると一般には保存されないのである．

問　題

3.1　体重 70 kg の 2 人のスケート選手が，どちらも速さ $6.5\,\mathrm{m \cdot s^{-1}}$ で反対向きに平行にすべっている．進路の間隔は 10 m である．最も接近したとき，進路に垂直に張り渡してあった長さ 10 m の綱を同時につかんだ．

(i)　綱の中心点に関する各人の角運動量はどれだけか．

(ii)　綱をたぐって間隔を 5 m に縮めた．各人の速さはどれだけになるか．

(iii)　ちょうどこのとき綱が切れた．綱はどれだけの力にたえるものであったか．

(iv)　綱が 2 人に対してした仕事と，2 人の運動エネルギーの増加とを計算し，値を比べてみよ．

3.2　水平でなめらかな板の中央に穴 O をあけて軽いひもを通し，ひもの各端に質量 m のおもりをそれぞれ結びつける．

(i)　板の上のおもり A を横にはじいたら，おもりは等速円運動をはじめた．このときの板の上のひもの長さ a とおもりの速さ v との関係を求めよ．

(ii)　この円運動は安定か不安定か．

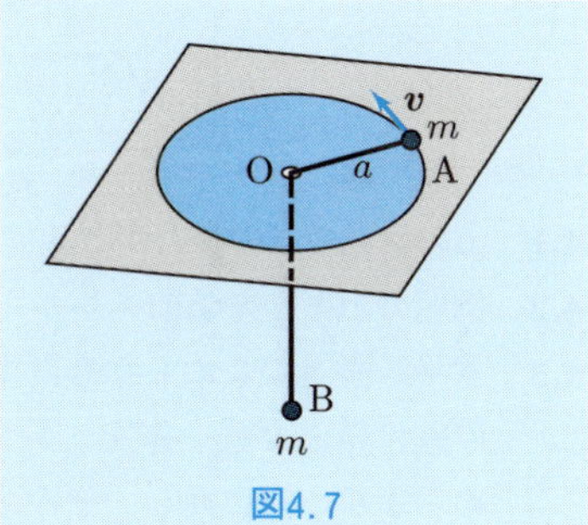

図4.7

ヒント　おもり B をごくわずかだけ引き下げてはなしたとき，どのようなことがおこるか．また，ごくわずかだけもち上げてはなしたときはどうか．

例題 4 **つるべ落し**

軸を水平に固定したなめらかな円柱に軽い糸をかけ，その各端に質量 m_1, m_2 のおもりをつけて静かにはなしたとする．つぎの量を計算せよ：

(i) おもりの加速度．　(ii) 糸の張力．

(iii) おもりが距離 h だけ移動したときの速さ．

解答 (i) ある基準の高さから測ったおもりの位置を y_1, y_2 とする．それぞれのおもりについての運動方程式は

$$\begin{cases} m_1 \dfrac{d^2y_1}{dt^2} = T - m_1 g, & (1) \\ m_2 \dfrac{d^2y_2}{dt^2} = T - m_2 g. & (2) \end{cases}$$

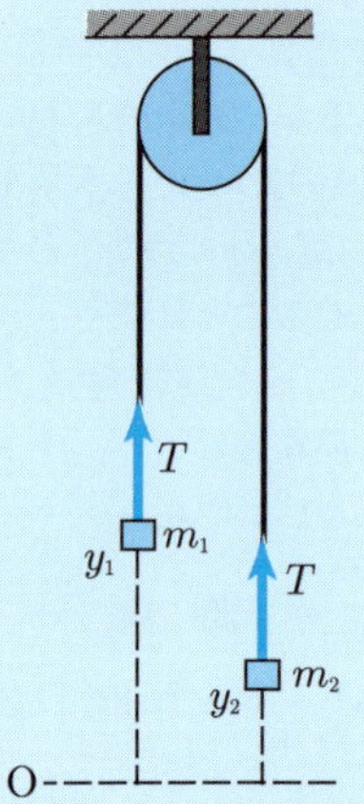

図4.8

ここで T は糸の張力である (糸の両側の部分の張力が等しいことについては問題 4.1 を見よ)．一方，糸の長さは一定であるから $y_1 + y_2 = \text{const}$ である．したがって，

$$\frac{d^2y_1}{dt^2} + \frac{d^2y_2}{dt^2} = 0 \qquad \therefore \quad \frac{d^2y_2}{dt^2} = -\frac{d^2y_1}{dt^2}. \qquad (3)$$

(1) から (2) を引き，(3) を使えば，加速度は

$$\alpha_1 = \frac{d^2y_1}{dt^2} = \frac{m_2 - m_1}{m_2 + m_1} g, \quad \alpha_2 = -\alpha_1. \qquad (4)$$

(ii) (4) を (1) に代入するか，(1) $\times m_2 +$ (2) $\times m_1$ を計算すれば，張力は

$$T = \frac{2m_1 m_2}{m_1 + m_2} g. \qquad (5)$$

(iii) 加速度が一定であるから，h だけ動いたときの速さは

$$|v_1| = \sqrt{2|\alpha_1|h} = \sqrt{2\frac{|m_2 - m_1|}{m_2 + m_1} gh}, \quad v_2 = -v_1. \qquad (6)$$

問　題

4.1 上の例題で糸の張力がどこでも同じ値をもつことを示せ．

4.2 例題の (6) を力学的エネルギーの保存から導け．

4.3 水平に張ったなめらかな針金に質量 m の輪を通す．この輪に結んだ軽い糸を，針金の真下 h の距離にあるなめらかな小穴に通し，その下端に質量 M のおもりをつるす．輪をつり合いの位置からわずかにずらしてはなしたときにおこる微小振動の周期を求めよ．

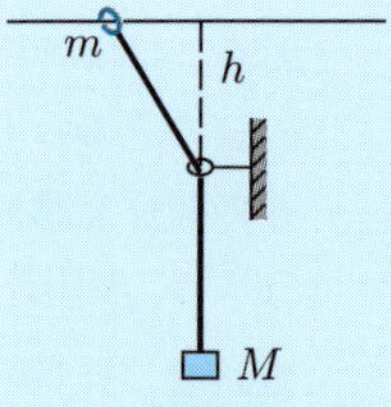

図4.9

例題 5　**換算質量**

質量 m_1, m_2 の 2 物体が，互いに及ぼし合う力だけのもとに運動している．物体 2 の運動を物体 1 から見ると，物体 2 の質量が $\mu = m_1 m_2/(m_1 + m_2)$ になったように見えることを示せ．μ のことをこの 2 物体の**換算質量**という．

解答　物体の位置ベクトルを $\boldsymbol{r}_1, \boldsymbol{r}_2$ とする．物体 1 が物体 2 に及ぼす力を $\boldsymbol{F}$ とすれば，つぎの運動方程式が成り立つ：

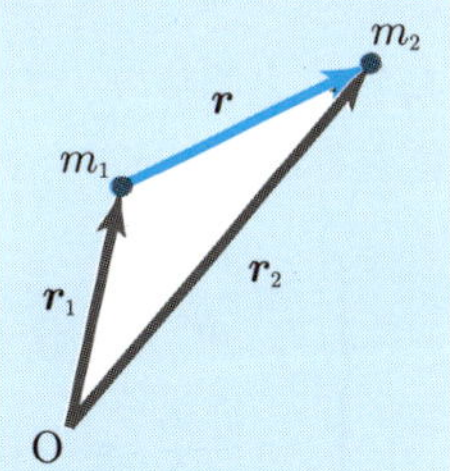

図4.10

$$\begin{cases} m_1 \dfrac{d^2\boldsymbol{r}_1}{dt^2} = -\boldsymbol{F}, & (1) \\ m_2 \dfrac{d^2\boldsymbol{r}_2}{dt^2} = \boldsymbol{F}. & (2) \end{cases}$$

$(2)/m_2 - (1)/m_1$ を作ると，

$$\frac{d^2\boldsymbol{r}_2}{dt^2} - \frac{d^2\boldsymbol{r}_1}{dt^2} = \left(\frac{1}{m_1} + \frac{1}{m_2}\right)\boldsymbol{F}. \qquad (3)$$

そこで $\boldsymbol{r}_2 - \boldsymbol{r}_1 = \boldsymbol{r}$ (物体 1 からの物体 2 の位置ベクトル)，$\dfrac{1}{m_1} + \dfrac{1}{m_2} = \dfrac{1}{\mu}$ すなわち

$$\mu = \frac{m_1 m_2}{m_1 + m_2} \qquad (4)$$

とおけば，(3) はつぎの形に書き表わされる：

$$\mu \frac{d^2\boldsymbol{r}}{dt^2} = \boldsymbol{F}. \qquad (5)$$

この式は，物体 2 の運動を物体 1 から見ると，あたかも質量 μ の物体が運動しているように見えるということを示している．

注意　方程式 (5) はまた

$$\mu \frac{d^2(-\boldsymbol{r})}{dt^2} = -\boldsymbol{F} \qquad (6)$$

と書くこともできる．この式からわかるように，物体 2 から物体 1 の運動を見たときにも上とまったく同じことがいえる．

問　題

5.1　2 物体の換算質量と各物体の質量との大小関係を調べよ．とくに $m_1 = m_2$ のばあいと $m_1 \ll m_2$ のばあいに換算質量はどうなるか．

5.2　地球と太陽，地球と月の各系について換算質量を計算せよ．ただし，地球の質量を 1 とすると，太陽と月の質量はそれぞれ 3.3×10^5, 1.2×10^{-2} である．

5.3　長さ l_0 の軽いばね (ばね定数 k) の各端に質量 M, m の物体をとりつけ，わずかだけ引き伸ばして，なめらかな床の上においた．この力学系の運動を調べよ．

例題 6　　**ばねによる連成振動**

質量 m の 2 個の小さい物体と，自然長 l，ばね定数 k の 3 本の軽いばねとを図のように連結して，なめらかな水平面上 $3l$ だけ隔たった 2 点にその両端を固定する．この系の，ばねに沿う方向の振動を調べよ．

ヒント　物体 2 個の水平振動が同じ角振動数をもつとし，静止以外の運動がおきるための角振動数と振幅の条件を求めよ．

解答　各物体の，つり合いの位置からの変位をそれぞれ x_1, x_2 とすれば

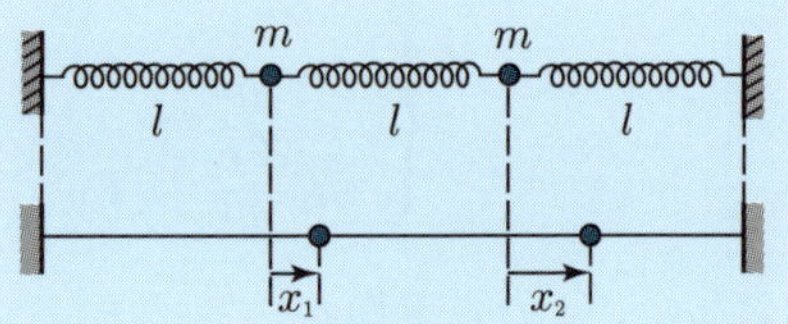

図4.11

$$\begin{cases} m\dfrac{d^2x_1}{dt^2} = -kx_1 + k(x_2 - x_1), \\[2ex] m\dfrac{d^2x_2}{dt^2} = -k(x_2 - x_1) - kx_2, \end{cases}$$

すなわち

$$\begin{cases} \dfrac{d^2x_1}{dt^2} = \kappa^2(-2x_1 + x_2), & (1) \\[2ex] \dfrac{d^2x_2}{dt^2} = \kappa^2(x_1 - 2x_2) & (2) \end{cases} \qquad \left(\kappa = \sqrt{\frac{k}{m}}\right)$$

が成り立つ．

この方程式を解くために

$$x_1 = A\cos(\lambda t + \alpha), \quad x_2 = B\cos(\lambda t + \alpha) \quad (A, B, \lambda, \alpha \text{ は定数}) \tag{3}$$

とおいてみよう．これを (1) と (2) に代入し，$\cos(\lambda t + \alpha)$ で約して整理するとつぎの式が得られる：

$$\begin{cases} (\lambda^2 - 2\kappa^2)A + \kappa^2 B = 0, & (4) \\[1ex] \kappa^2 A + (\lambda^2 - 2\kappa^2)B = 0. & (5) \end{cases}$$

$A = B = 0$ はこの方程式を満たすが，このときには $x_1 = 0, x_2 = 0$ となって運動にならないから，これは除外する．(4) と (5) から A と B を消去すれば

$$(\lambda^2 - 2\kappa^2)^2 - \kappa^4 = 0 \tag{6}$$

となる．これから

$$\lambda = \kappa, \quad \lambda = \sqrt{3}\,\kappa \tag{7}$$

の 2 根が得られる ($-\kappa$, $-\sqrt{3}\,\kappa$ も根であるが，(3) からわかるように，(7) のばあいと本質的に異なる形の解とはならないから，考える必要はない)．

さて，$\lambda = \kappa$ を (4) または (5) に代入すると $B = A$ が得られる．すなわち (3) より

$$x_1 = A\cos(\kappa t + \alpha),\quad x_2 = A\cos(\kappa t + \alpha) \qquad (A, \alpha \text{ は任意の定数}) \tag{8}$$

は 1 つの解である．これは，2 物体が距離を変えずにいつも同じ向きにそろって運動する角振動数 κ の振動を表わしている (図 4.12(a))．

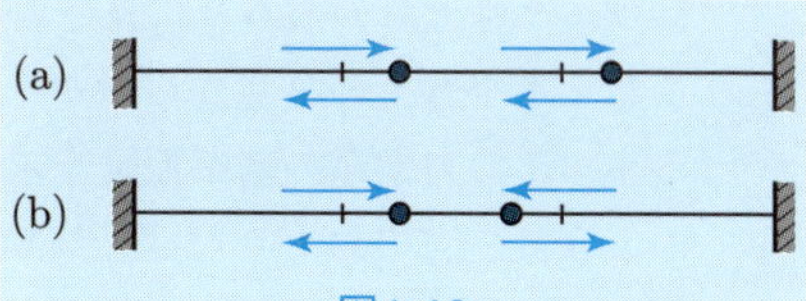

図4. 12

つぎに (7) のもう 1 つの根 $\lambda = \sqrt{3}\kappa$ を (4) または (5) に代入すると $B = -A$ が得られる．すなわち (3) より

$$x_1 = A\cos\left(\sqrt{3}\kappa t + \alpha\right),\quad x_2 = -A\cos\left(\sqrt{3}\kappa t + \alpha\right) \tag{9}$$

も 1 つの解である．これは 2 物体がいつも逆向きに運動する角振動数 $\sqrt{3}\kappa$ の振動である (図 4.12(b))．

一般には，上の 2 つの振動を重ね合わせた運動，すなわち

$$\begin{cases} x_1 = a\cos(\kappa t + \alpha) + b\cos\left(\sqrt{3}\kappa t + \beta\right), \\ x_2 = a\cos(\kappa t + \alpha) - b\cos\left(\sqrt{3}\kappa t + \beta\right) \end{cases} \qquad (a, b, \alpha, \beta \text{ は任意の定数}) \tag{10}$$

がおこり，これを連成振動とよぶ．4 個の定数 a, b, α, β は，初期条件

$$x_1(0) = x_{10},\quad \dot{x}_1(0) = v_{10},\quad x_2(0) = x_{20},\quad \dot{x}_2(0) = v_{20} \tag{11}$$

から決まる．

注意　単振動を表わす解 (8) と (9) は，この力学系の運動の基本的な 2 つの型を表わすものであって，この系の**基準振動** (振動のノーマル・モード) とよばれる．系の任意の運動は基準振動の重ね合わせとして表わされる，というのが (10) の内容である．

例えば $a = b = 1/2$, $\alpha = \beta = 0$ のばあい，$\omega_1 = \dfrac{\sqrt{3}-1}{2}\kappa$, $\omega_2 = \dfrac{\sqrt{3}+1}{2}\kappa$ として (10) より

$$x_1 = \cos(\omega_1 t)\cos(\omega_2 t),\quad x_2 = \sin(\omega_1 t)\sin(\omega_2 t)$$

を得る．$\omega_1 \sim \omega_2/4$ であることに注意すると，振動は 2 物体間を周期 $2\pi/\omega_1$ で行き来することがわかる．

問　題

6.1　上の例題で，(b) の基準振動の方が (a) よりも振動数が大きいことを物理的に説明せよ．

6.2　質量 m の 2 個のおもりを軽いばね (ばね定数 k) で結び，それぞれのおもりに長さ l の軽い糸をつけて，これを水平線上の 2 点から糸が平行になるようにつるす．この力学系の基準振動を求めよ．とくに，図のように一方のおもりだけをつり合いの位置から水平にわずかの距離 2ε だけずらして静かにはなしたときおこる運動を調べよ．

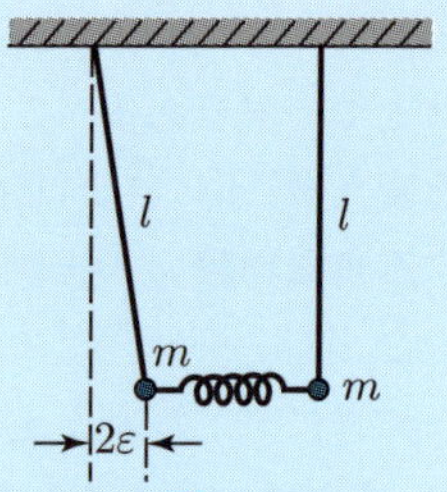

図4.13

6.3　張力 S で張った軽い糸を 3 等分する点に，それぞれ質量 m の物体をとりつける．この力学系の横振動を調べよ．

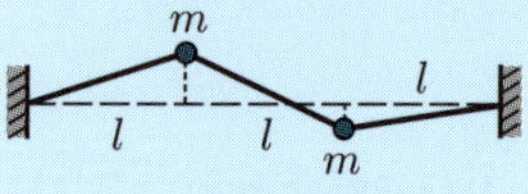

図4.14

6.4　質量の等しい $n\,(\geq 3)$ 個の小さなおもりを，なめらかな面にある半径 r_0 の円周上で等間隔に配置し，となりどうしのおもりを自然長の軽いばねで結ぶ．図のように，すべてのおもりを $r_1\,(< r_0)$ だけ半径方向に引張ってから，同時に静かにはなしたとする．単位長さのばね定数を k_0，すべてのおもりの合計質量を M として，その後の運動を調べよ．また，おもりの個数 n が無限大となる極限を考察せよ．

ヒント　すべてのおもりがつねに同一円周上にある運動を考え，ばね定数は長さに反比例することに注意．

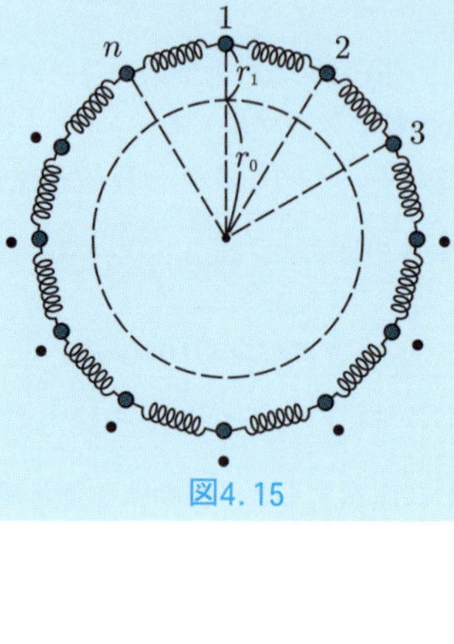

図4.15

♣ **質点系の連続体近似**　太陽系にある星の軌道を調べるためには，太陽と惑星群を質点系と見なした質点系の力学が有効である．しかし，銀河系を構成する恒星群の，大きなスケールを有する運動を調べるばあいはどうであろうか．莫大な数の恒星を質点と見なしてその軌道すべてを計算することはとても困難であり，仮にできたとしても雑多な個々の情報のままでは全体の様子が捉えられない．そこで考えられるのが連続体近似である．

おおまかに見積もると，銀河系は厚さ 1.5 万光年，直径 10 万光年の円盤形状であり，10^{11} 個の恒星によって構成されている（1 光年は約 10^{13} km）．ここでは銀河系の厚さの 15 分の 1，そして直径の 100 分の 1 に相当する 1000 光年を一辺とする立方体領域に注目しよう．代表的な恒星として太陽を考えれば，その直径約 100 万 km は，この立方体の幅の 100 億分の 1 にすぎない．また恒星は，一辺が 10 光年の立方体に平均してほぼ 1 個あることになるので，この領域には，100 万個の恒星が含まれていることになる．したがって，このような大きなスケールの領域では，恒星群が空間の中を連続的に分布していると見なせる．これを連続体近似とよぶのである．

連続体近似が成り立つためには，物体を構成する要素の大きさが注目するスケールに比べて十分小さく，かつその領域に含まれる要素数が十分大きいことが必要である．この 2 条件が満足されると，マクロな物理量は空間座標の連続関数となり，数学的に取り扱いやすくなる．

水や空気などの流体はもちろん，ゴムや竹などの弾性体，あるいは砂や粉などの粉体も連続体の例である．間近で見ると点の集まりにしか見えない点描画も，遠くから離れて見ることによって連続的な線や面が現われ，全体を絵として認識できる．虫や魚，そして鳥等の大群も，注目するスケールによっては連続体と見なせ，それぞれ特有の力学が適用できると思われる．

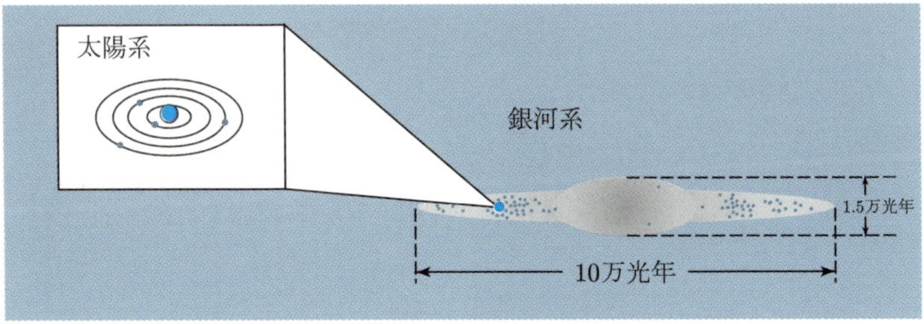

例題 7　　**鎖の引き上げ**

机の上に密度の一様な鎖がひとかたまりにしておいてある．

(i)　鎖の一端をつまんで一定の速さ v_0 で鉛直に引き上げたい．引き上げた長さが y になったときにはどれだけの力で引張らなければならないか．

(ii)　一定の力 f_0 で引き上げるばあいには，y だけ引き上げたときの速さはどれだけか．

(iii)　上の 2 つのばあいに力学的エネルギーが保存されているかどうかを確かめてみよ．

ヒント　机から離れている鎖の部分について，運動量の時間的変化率が力に等しいという力学の法則を適用せよ．

解答　(i)　鎖の線密度を σ (= const.)，これを引き上げるのに必要な力を f とする．鎖の鉛直部分についての運動方程式はつぎのように書ける：

$$\frac{d}{dt}(\sigma y v_0) = f - \sigma g y.$$

$\dfrac{dy}{dt} = v_0$ であるから，左辺は $\sigma v_0 \dfrac{dy}{dt} = \sigma {v_0}^2$ と書ける．したがって

$$f = \sigma(gy + {v_0}^2) \quad (y \geqq 0)$$

である．

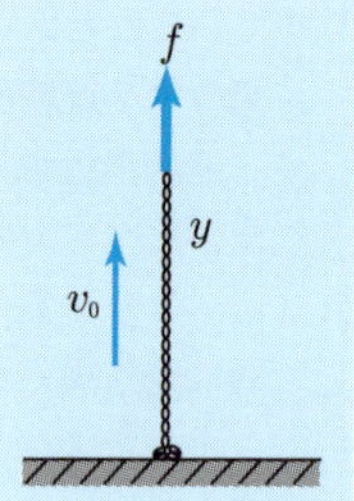

図4.16

(ii)　引き上げる速さを v とすれば，前とまったく同じ考えかたによって

$$\frac{d}{dt}(\sigma y v) = f_0 - \sigma g y. \tag{1}$$

一方，つぎの関係が成り立つ：

$$\frac{dv}{dt} = \frac{dv}{dy}\frac{dy}{dt} = \frac{dv}{dy}v = \frac{d}{dy}\left(\frac{1}{2}v^2\right).$$

これを用いて (1) を変形すれば，

$$y^2 \frac{dv^2}{dy} + 2yv^2 = \frac{2f_0}{\sigma}y - 2gy^2$$

となる．左辺は $d(y^2v^2)/dy$ と書くことができるので，両辺を y について 0 から y まで積分すれば

$$y^2v^2 = \frac{f_0}{\sigma}y^2 - \frac{2}{3}gy^3.$$

これから，求める速さは

$$v = \sqrt{\frac{f_0}{\sigma} - \frac{2}{3}gy} \quad \left(0 \leqq y \leqq \frac{3f_0}{2\sigma g}\right)$$

であることがわかる．

(iii)　(i)のばあい，鉛直部分の長さが y のときのエネルギーは

$$\begin{cases} \text{運動エネルギー} & K = \dfrac{1}{2}\sigma y {v_0}^2, \\ \text{位置エネルギー} & U = \sigma y \cdot g \cdot \dfrac{y}{2} = \dfrac{1}{2}\sigma g y^2 \end{cases}$$

である．それゆえ，全エネルギーは

$$E = K + U = \frac{1}{2}\sigma({v_0}^2 y + gy^2).$$

一方，このときまでに力 f がした仕事は

$$W = \int_0^y f dy = \int_0^y \sigma(gy + {v_0}^2)dy = \frac{1}{2}\sigma(gy^2 + 2{v_0}^2 y)$$

である．したがって

$$W - E = \frac{1}{2}\sigma {v_0}^2 y.$$

右辺は正であるから，力学的エネルギーは減少していくことがわかる．

つぎに，(ii) のばあいについては，

$$E = K + U = \frac{1}{2}\sigma(yv^2 + gy^2) = \frac{1}{2}\left(f_0 y + \frac{1}{3}\sigma g y^2\right),$$

$$W = \int_0^y f_0 dy = f_0 y$$

であるから，

$$W - E = \frac{1}{2}\left(f_0 y - \frac{1}{3}\sigma g y^2\right) = -\frac{1}{6}\sigma g\left(y - \frac{3f_0}{2\sigma g}\right)^2 + \frac{3{f_0}^2}{24\sigma g} \quad \left(0 \leqq y \leqq \frac{3f_0}{2\sigma g}\right).$$

このばあいも力学的エネルギーは減少していく．

注意 (i) と (ii) の両方のばあいに，手のした残りの仕事 $(W - E)$ はどこへ行ったのであろうか？

本解答では，鎖を机上で止まっている部分と机から離れて鉛直上方に動いている部分に分離して運動を考えている．しかし実際はそれらをつなぐ部分があり，その一端は静止し他端は鉛直上方に移動していることになる．したがって，その部分は静止端を中心に回転運動したり，斜めに並進運動したりしているはずである．よって，鎖を引き上げる際，このつなぎ目部分の力学的エネルギーも必要であることがわかる．

本解答では，机から離れて動いている部分の質量が変化すると考えることによって，この分のエネルギーを考慮している．すなわち，m を重心の質量，v を重心の速度とすると，

$$v\frac{d}{dt}(mv) = \frac{d}{dt}\left(\frac{1}{2}mv^2\right) + \frac{1}{2}\frac{dm}{dt}v^2$$

であるので，重心の質量が時間的に変化するばあい，右辺第 2 項が力学的エネルギー保存則を破るのである．したがって本例題では

$$W - E = \frac{1}{2}\int_0^t \frac{dm}{dt}v^2 dt$$

となるはずである．実際，(i) では $v = v_0$, $m = \sigma y$ に，(ii) では $v^2 = \frac{f_0}{\sigma} - \frac{2}{3}gy$, $\frac{dm}{dt} = \sigma\frac{dy}{dt}$ に，注意すれば (iii) の結果と一致する．

問　題

7.1 例題 7 の (i) で，鎖の全長を l_0 として机の面が鎖に及ぼす抗力 N を求めよ．

7.2 長さ l の一様な鎖の一端をつまんでつるし，下端が机の面にちょうどふれる位置で手をはなしたとする．鎖の上端が y だけさがったときに机にかかる鎖の重さはどれだけか．

5　剛体の力学

5.1　剛体のつり合い

• 剛体 •　構成要素間の距離が不変であるような質点系を**剛体**という．厳密な意味での剛体は存在しないが，十分にかたい物体は多くのばあい剛体として扱うことができる．

• 質点系の自由度 •　質点系を構成する各要素の位置を完全に記述するのに必要な，互いに独立な変数の個数をその質点系の (運動の) **自由度**という．これを f で表わすことにすると，n 個の独立な質点からなる系は $f=3n$，r 個の幾何学的な束縛条件のもとにある n 個の質点の系は $f=3n-r$，剛体は $f=6$ である．

剛体の自由度が 6 であることはつぎのようにしてわかる．剛体の内部に，同一直線上にない 3 点 A, B, C をとろう．この 3 点の位置を指定すれば剛体の位置と姿勢，すなわち剛体を構成するすべての部分の位置は完全に定まるから，自由度は $3\times 3=9$ をこえない．一方，剛体であるから，$\overline{\mathrm{AB}}$, $\overline{\mathrm{BC}}$, $\overline{\mathrm{CA}}$ の長さが不変であるという 3 個の幾何学的な条件がある．したがって剛体の自由度は $9-3=6$ である．どんなに多数の (たとえ無限に多くの) 質点から成り立っている物体でも，剛体ならばすべて自由度は 6 となるのである．

• 剛体のつり合い条件 •　剛体の各部分に働く外力の総和を $\boldsymbol{F}$，任意に定めた一点に関する外力のモーメントの総和を $\boldsymbol{N}$ とすれば，つり合い条件は

$$\boldsymbol{F}=\boldsymbol{0},\quad \boldsymbol{N}=\boldsymbol{0} \tag{1}$$

と表わされる．(1) はどちらもベクトル式であるから，全部で 6 個の条件を表わしている (5.2 節の要項参照)．したがって，これから剛体の 6 個の自由度に対応する変数の値が確定する．合力が 0 のときには，力の合モーメントはモーメントをとる基準点によらないから (例題 1)，(1) は $\boldsymbol{N}$ はどの点に関してとったとしても同じことである．

剛体でない一般の質点系でも，つり合いの状態にあるときには (1) が成り立つ．それゆえ，“やわらかい” 物体であってもつり合いの形や姿勢を求めるときには (1) の条件を用いることができる (例題 2，問題 2.2)．

例題 1 **つり合う力のモーメント和**

剛体に働く外力の和が **0** のときには，これらの外力のモーメントの和はモーメントをとる基準点の選びかたによらないことを示せ．

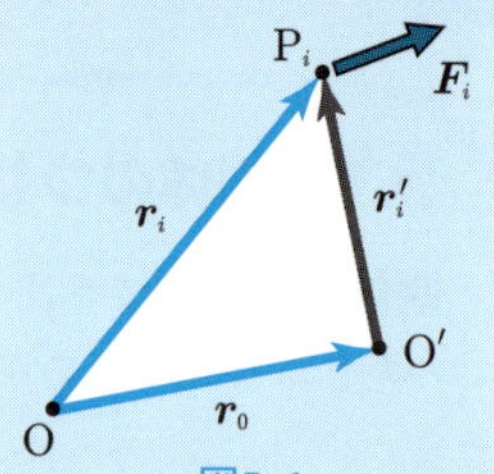

図5.1

解答 剛体に働く力 $\boldsymbol{F}_i$ の着力点を P_i とする ($i = 1, 2, \cdots$)．各着力点 P_i の，定点 O から測った位置ベクトルを $\boldsymbol{r}_i$，O から $\boldsymbol{r}_0$ の位置にある他の定点 O′ から測った位置ベクトルを $\boldsymbol{r}'_i$ とすれば，つぎの関係がある：

$$\boldsymbol{r}'_i = \boldsymbol{r}_i - \boldsymbol{r}_0. \tag{1}$$

外力の点 O′ に関するモーメントの和を $\boldsymbol{N}'$ とすると，

$$\begin{aligned}\boldsymbol{N}' &= \sum \boldsymbol{r}'_i \times \boldsymbol{F}_i = \sum (\boldsymbol{r}_i - \boldsymbol{r}_0) \times \boldsymbol{F}_i \\ &= \sum \boldsymbol{r}_i \times \boldsymbol{F}_i - \boldsymbol{r}_0 \times \sum \boldsymbol{F}_i\end{aligned} \tag{2}$$

である．仮定によって $\sum \boldsymbol{F}_i = \boldsymbol{0}$ であるから，右辺第 2 項は消えて

$$\boldsymbol{N}' = \sum \boldsymbol{r}_i \times \boldsymbol{F}_i. \tag{3}$$

となる．この式の右辺は外力の O に関するモーメントの和 $\boldsymbol{N}$ である．(証明終)

注意 この事実があるために，剛体のつり合いを問題にするときには，モーメントのつり合いに関しては，とり扱いに都合のよい任意の 1 点のまわりのモーメントの和が **0** であることを確かめればよい．

問題

1.1 一様な重力場におかれた剛体に働く重力のモーメントを問題にするときには，その剛体を，重心 G の位置に全質量 M が集中した 1 個の質点でおきかえることができることを示せ (第 4 章 重力のモーメントの項参照)．

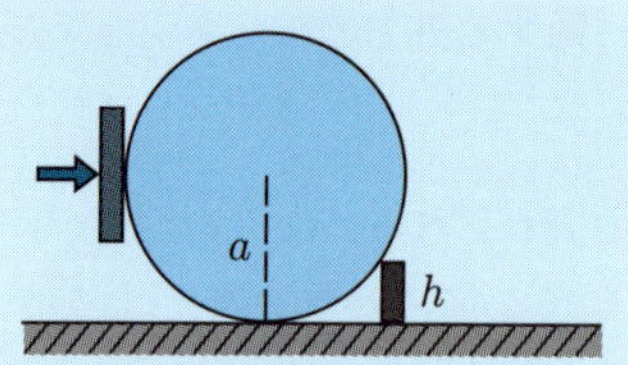

図5.2

1.2 水平面上に横たえた重さ W，底面の半径 a のなめらかな円柱に対して，図のようにして水平方向に力を加え，高さ $h\,(< a)$ の鉛直な杭を越えさせるためには，少なくともどれだけの大きさの力が必要か．

図5.3

1.3 三脚の円卓の上に物体をのせたとき各脚にかかる力を求めよ．円卓がひっくり返らないためには物体をどの範囲におくべきか．ただし，三脚は円卓のへりの近くに，等間隔で鉛直についているとする．

例題 2 **蝶つがいの形**

2 枚の等しい長方形の板 AC, BC を C のへりで蝶つがいによってなめらかにつなぎ，他のへり A, B を粗い水平面の上にのせたときの，つり合いの形を求めよ．

ヒント まず 2 枚の板を合わせた物体 ACB に対して，つぎに一方の板 AC(または BC) に対して，つり合い条件を考えよ．

解答 $\overline{\mathrm{AC}} = \overline{\mathrm{BC}} = l$，各板の重さを W とし，図のような形でつり合ったとする．へり A が床から受ける垂直抗力と摩擦力の大きさをそれぞれ R, F とすれば，対称性により B が受ける力の大きさもこれに等しい．

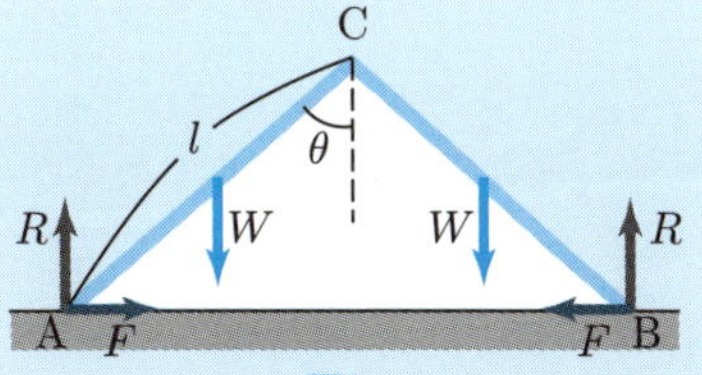

図5.4

2 枚の板を合わせた物体 ACB に対する力のつり合い条件は，鉛直方向については

$$2R - 2W = 0 \qquad \therefore \quad R = W. \qquad (1)$$

水平方向については，対称性によりつり合い条件ははじめから満たされている．

つぎに一方の板 AC に着目する．この板は C で板 BC から力を受けているが，この力は C のまわりにモーメントをもたない．C に関する力のモーメントのつり合い条件は

$$-Rl\sin\theta + W \cdot \frac{l}{2}\sin\theta + Fl\cos\theta = 0. \qquad (2)$$

(1) によって $R = W$ であるから，μ_{s} を静止摩擦係数として $F \leqq \mu_{\mathrm{s}}R = \mu_{\mathrm{s}}W$ の関係を用いると，(2) から

$$\tan\theta \leqq 2\mu_{\mathrm{s}} \qquad \therefore \quad \theta \leqq \tan^{-1} 2\mu_{\mathrm{s}}. \qquad (3)$$

θ をこの範囲にとっておけば，2 枚の板は立ったままでいる．

問 題

2.1 2 本の一様な棒 AC と BC(重さ W_1, W_2，長さ l_1, l_2) を端 C で蝶つがいによってつなぎ，他端 A, B を鉛直線上に固定した．A, B, C における抗力を求めよ (図 5.5)．

2.2 半径 a_1, a_2，質量 m_1, m_2 の 2 個の一様な球を長さ l の軽い糸でつなぎ，水平に打たれたなめらかな釘 P にかけて静止させた．このときの両球の位置と糸の張力 T を求めよ (図 5.6)．

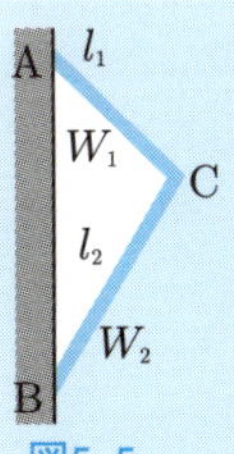

図5.5

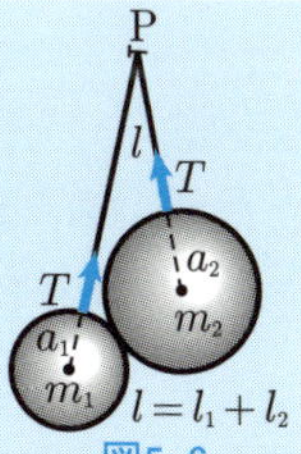

図5.6

ヒント 両球を合わせた系に対する力のつり合い条件，および P を通る水平軸に関する力のモーメントのつり合い条件から，各側の糸の長さ，傾き，張力を求めよ．

5.2 剛体の運動

● 運動方程式 ● 剛体の運動量を $\boldsymbol{P}$，これに働く外力の総和を $\boldsymbol{F}$ とすれば，つぎの方程式が成り立つ：

$$\frac{d\boldsymbol{P}}{dt} = \boldsymbol{F}. \tag{1}$$

空間内の任意の一定点 O に関する剛体の角運動量を $\boldsymbol{L}$，外力のモーメントの総和を $\boldsymbol{N}$ とすれば，つぎの方程式が成り立つ：

$$\frac{d\boldsymbol{L}}{dt} = \boldsymbol{N}. \tag{2}$$

剛体の運動の自由度は 6 であるから，(1) と (2) の 6 個の方程式と初期条件

$$\boldsymbol{P}(0) = \boldsymbol{P}_0, \quad \boldsymbol{L}(0) = \boldsymbol{L}_0$$

から運動が完全に決まる．

● 剛体の運動の分解 ● 剛体の質量を M，重心の位置ベクトルを $\boldsymbol{r}_{\mathrm{G}}$ とすると，(1) は

$$M\frac{d^2\boldsymbol{r}_{\mathrm{G}}}{dt^2} = \boldsymbol{F} \tag{3}$$

と書くことができる．いま，重心の位置に質量 M の質点があってこれが重心といっしょに運動すると仮定したとき，この質点が O に関してもつ角運動量を $\boldsymbol{L}_{\mathrm{G}}$，また剛体が重心に関してもっている角運動量を $\boldsymbol{L}'$ としよう．このとき，剛体の O に関する角運動量 $\boldsymbol{L}$ は

$$\boldsymbol{L} = \boldsymbol{L}_{\mathrm{G}} + \boldsymbol{L}' \tag{4}$$

のように分けられ，方程式 (2) はつぎの 2 個の方程式に分解することができる：

$$\frac{d\boldsymbol{L}_{\mathrm{G}}}{dt} = \boldsymbol{N}_{\mathrm{G}}, \tag{5}$$

$$\frac{d\boldsymbol{L}'}{dt} = \boldsymbol{N}'. \tag{6}$$

ただし，$\boldsymbol{N}_{\mathrm{G}}$ は，外力の合力が重心に集中して働いたと考えたとき O に関するモーメント，すなわち

$$\boldsymbol{N}_{\mathrm{G}} = \boldsymbol{r}_{\mathrm{G}} \times \boldsymbol{F}$$

である．また $\boldsymbol{N}'$ は外力の重心に関するモーメントの総和である (例題 3)，

すなわち，一般に剛体の運動は並進運動と重心のまわりの回転運動とに分けることができて，それぞれの運動はつぎの法則にしたがう：

(1) 並進運動 (重心の運動) 剛体が外力を受けたときその重心が行なう運動は，剛体の重心の位置に剛体の全質量に等しい質量をもつ質点をおいたと考えて，それに同じ外力が働いたとするときにこの質点が行なうはずの運動とまったく同じである ((3)).

(2) 重心のまわりの回転運動 重心に関する剛体の角運動量の時間的変化率は重心に関する外力のモーメントの総和に等しい (式 (6)).

• 回転運動と慣性モーメント • 並進運動における物体の慣性の大きさを表わすものは質量であった．回転運動においても，慣性の大きさを表わす量を定義することができる．ただ，このばあいには，質量のような 1 個のスカラー量でこれを表わすことは一般にはできない．しかし，物体に対して固定した直線のまわりの回転だけが問題になるばあいには，慣性の大きさを**慣性モーメント**という 1 個の量で表わすことができる．

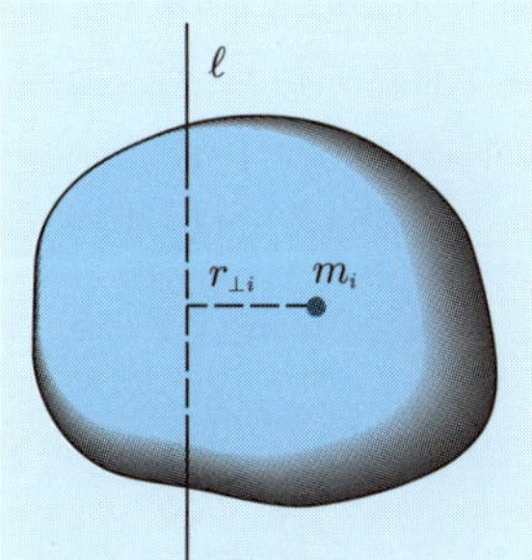

図5.7

ℓ を剛体に固定した直線とする．剛体の構成部分 i の質量を m_i，この部分の ℓ からの距離を $r_{\perp i}$ とするとき，

$$I = \sum m_i r_{\perp i}^2 \tag{7}$$

で定義される量を，直線 ℓ に関するこの物体の慣性モーメントという．質量が等しくても，ℓ から遠くにある部分ほど ℓ に関する慣性モーメントへの寄与は大きい．

• 運動エネルギー • 剛体の各構成部分がもつ運動エネルギーの総和

$$K = \sum \frac{1}{2} m_i \left(\frac{d\boldsymbol{r}_i}{dt}\right) \cdot \left(\frac{d\boldsymbol{r}_i}{dt}\right) \tag{8}$$

をこの剛体の (全) **運動エネルギー**という．ただし $\boldsymbol{r}_i$ は構成部分 i の位置ベクトルである．剛体の重心の位置にその全質量が集中したと考えた仮想的な質点の運動エネルギーを K_G，重心といっしょに並進運動する座標系で見た剛体の運動エネルギー (すなわち重心のまわりの回転運動のエネルギー) を K' とすれば，剛体の運動エネルギーは

$$K = K_\mathrm{G} + K' = \frac{1}{2} M \left(\frac{d\boldsymbol{r}_\mathrm{G}}{dt}\right) \cdot \left(\frac{d\boldsymbol{r}_\mathrm{G}}{dt}\right) + \sum \frac{1}{2} m_i \left(\frac{d\boldsymbol{r}'_i}{dt}\right) \cdot \left(\frac{d\boldsymbol{r}'_i}{dt}\right) \tag{9}$$

の形に分解して表わすことができる．ここで $\boldsymbol{r}'_i$ は構成部分 i の，重心から見た位置ベクトルである (問題 3.1).

例題 3　　**剛体角運動量の分解**

定点 O に関する剛体の角運動量 $\boldsymbol{L}$ は，重心の位置にその全質量 M を集中させたと考えた質点の O に関する角運動量 $\boldsymbol{L}_{\mathrm{G}}$ と，重心に関する剛体の角運動量 $\boldsymbol{L}'$ との和の形に書くことができることを示せ．さらに，$\boldsymbol{L}_{\mathrm{G}}$ と $\boldsymbol{L}'$ の時間的変化率は，外力の合力が重心に働いたと考えたときの O に関するモーメント $\boldsymbol{N}_{\mathrm{G}}$，および外力の重心に関するモーメント $\boldsymbol{N}'$ にそれぞれ等しいことを証明せよ．

解答　O から見た剛体の重心 G の位置ベクトルを $\boldsymbol{r}_{\mathrm{G}}$ とする．剛体の部分 i の O および G からの位置ベクトルをそれぞれ $\boldsymbol{r}_i, \boldsymbol{r}'_i$ とすれば $\boldsymbol{r}_i = \boldsymbol{r}_{\mathrm{G}} + \boldsymbol{r}'_i$ である (図 5.8).

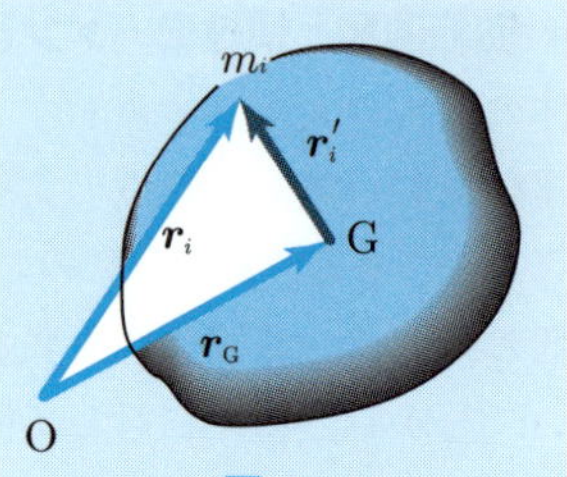

図5.8

したがって，O に関する剛体の角運動量は

$$\boldsymbol{L} = \sum \boldsymbol{r}_i \times m_i \frac{d\boldsymbol{r}_i}{dt} = \sum (\boldsymbol{r}_{\mathrm{G}} + \boldsymbol{r}'_i) \times m_i \left(\frac{d\boldsymbol{r}_{\mathrm{G}}}{dt} + \frac{d\boldsymbol{r}'_i}{dt} \right)$$

$$= \boldsymbol{r}_{\mathrm{G}} \times M \frac{d\boldsymbol{r}_{\mathrm{G}}}{dt} + \sum \boldsymbol{r}'_i \times m_i \frac{d\boldsymbol{r}'_i}{dt} = \boldsymbol{L}_{\mathrm{G}} + \boldsymbol{L}' \qquad (1)$$

のように分解される (重心の定義により $\sum m_i \boldsymbol{r}'_i = \sum m_i (\boldsymbol{r}_i - \boldsymbol{r}_{\mathrm{G}}) = 0$ であることを使った).

一方，部分 i に働く外力を $\boldsymbol{F}_i$ とすれば，外力の O に関するモーメントの総和は

$$\boldsymbol{N} = \sum (\boldsymbol{r}_i \times \boldsymbol{F}_i) = \boldsymbol{r}_{\mathrm{G}} \times \sum \boldsymbol{F}_i + \sum \boldsymbol{r}'_i \times \boldsymbol{F}_i = \boldsymbol{N}_{\mathrm{G}} + \boldsymbol{N}' \qquad (2)$$

のように分解される．

さて，要項の (2) に上の (1), (2) を代入すれば

$$\frac{d\boldsymbol{L}_{\mathrm{G}}}{dt} + \frac{d\boldsymbol{L}'}{dt} = \boldsymbol{N}_{\mathrm{G}} + \boldsymbol{N}' \qquad (3)$$

となる．ところが，要項の (3) により，$\boldsymbol{L}_{\mathrm{G}}$ の時間的変化率については

$$\frac{d\boldsymbol{L}_{\mathrm{G}}}{dt} = \frac{d}{dt} \left(\boldsymbol{r}_{\mathrm{G}} \times M \frac{d\boldsymbol{r}_{\mathrm{G}}}{dt} \right) = \boldsymbol{r}_{\mathrm{G}} \times M \frac{d^2 \boldsymbol{r}_{\mathrm{G}}}{dt^2} = \boldsymbol{r}_{\mathrm{G}} \times \sum \boldsymbol{F}_i = \boldsymbol{N}_{\mathrm{G}} \qquad (4)$$

が成り立つから，$\boldsymbol{L}'$ の時間的変化率については，(3) によってつぎの式が成り立つ：

$$\frac{d\boldsymbol{L}'}{dt} = \boldsymbol{N}'. \qquad (5)$$

問　題

3.1　運動エネルギーの分解を表わす要項の (9) を証明せよ．

3.2　図 5.7 の中の直線 ℓ を軸とする剛体の回転運動の方程式 (要項の (2)) を具体的に書き，慣性モーメントが回転運動における物体の慣性の大きさのめやすを与える量であることを確かめよ．

例題 4　　**回転軸の方向転換**

ジャイロスコープのはずみ車が図の向きに回転している．その軸の両端 A, B をもち，車の重心の位置を変えないようにして軸の向きをつぎのように変えるには，A と B にどのような力を加えればよいか．

（i）A を上に，B をその真下にもっていく．

（ii）A を手前に，B をその向こう側にもっていく．

解答　（i）重心に関するはずみ車の角運動量を $\boldsymbol{L}$ とすると，$\boldsymbol{L}$ は A から B に向かうベクトルである (図 5.9)．重心の位置を固定したままで車の向きを変え，A を上に B をその真下にもっていくということは，$\boldsymbol{L}$ の向きを図の紙面内でしだいに鉛直下向きに変えていくことである．短い時間 Δt の間におこる $\boldsymbol{L}$ の変化を $\Delta\boldsymbol{L}$ とすると，$\Delta\boldsymbol{L}$ はいつも角運動量 $\boldsymbol{L}$ に垂直で，図 5.10 に示すような向きをもつベクトルになる．角運動量にこれだけの変化をおこさせるためには，

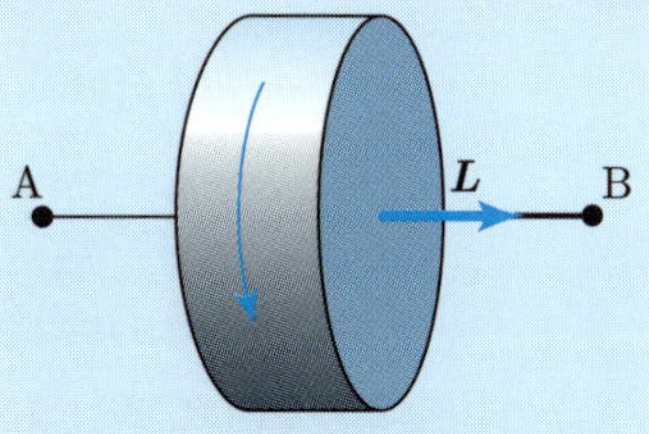

図5.9

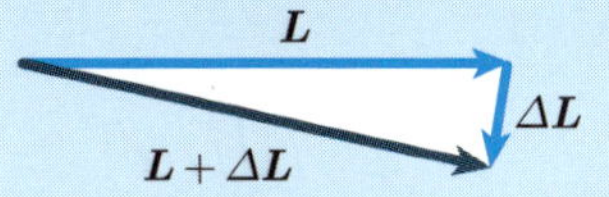

図5.10

$$\boldsymbol{N} = \frac{\Delta\boldsymbol{L}}{\Delta t}$$

だけの力のモーメントをこの系に加えなくてはならない (要項の (2))．$\Delta\boldsymbol{L}/\Delta t$ も $\Delta\boldsymbol{L}$ と同じ向きをもつベクトルであるから，A を紙面の後方に押し，B を手前に引くような偶力を加え続けることが必要になる (偶力の大きさは軸の向きを変える速さに比例する)．

（ii）（i）と同様に考えれば，このばあいには軸 AB を紙面内で時計方向にまわすような偶力を加えればよいことがわかる．

注意　上の 2 例のように，角運動量をもった物体の向きをかえさせるためには，単純に予想されるのとは異なる向きに回そうとしなくてはならない．速く回転させたこまの軸をもってその向きをかえさせようとすると，それとは垂直な方向に向きがかわってしまうという経験を，たいてい誰でももっているであろう．

問　題

4.1　回転しているこまをなめらかな床の上に傾けて立てると，軸の方向が鉛直方向と一定の角を保ったまま回転する (**歳差運動**)．このことを説明せよ．

ヒント　こまの軸と床との接点における床からの抗力が，こまの重心のまわりにモーメントをもつことを考えよ．

例題 5　　**平行軸の定理**

任意の直線 ℓ に関する物体の慣性モーメントを I，その物体の重心 G を通って ℓ に平行な直線 ℓ_G に関する慣性モーメントを I_G とする．また，物体の質量を M，ℓ と ℓ_G の間の距離を h とすると，$I = I_G + Mh^2$ であることを証明せよ (**平行軸の定理**).

解答　G を原点，ℓ_G を z 軸とする座標系を図のようにとる．慣性モーメントの定義によって，

$$\begin{aligned} I &= \iiint \rho\{(x-h)^2 + y^2\}dV \\ &= \iiint \rho(x^2+y^2)dV - 2h\iiint \rho x dV + h^2 \iiint \rho dV \end{aligned} \qquad (1)$$

である．ただし ρ は物体の密度，dV はその微小体積要素を表わす．

(1) の 右辺第 1 項 は定義により I_G に等しい．一方，この物体の重心の x 座標を x_G とすると，第 2 項 の積分は

$$\iiint \rho x dV = M x_G \qquad (2)$$

であるが，$x_G = 0$ にとってあるからこれは 0 である．第 3 項 は Mh^2 に等しい．したがって

$$I = I_G + Mh^2. \qquad (3)$$

(3) からわかるように，特定の方向をもった直線に関する慣性モーメントは，その直線が重心を通るばあい $(h = 0)$ に最も小さい値になる．

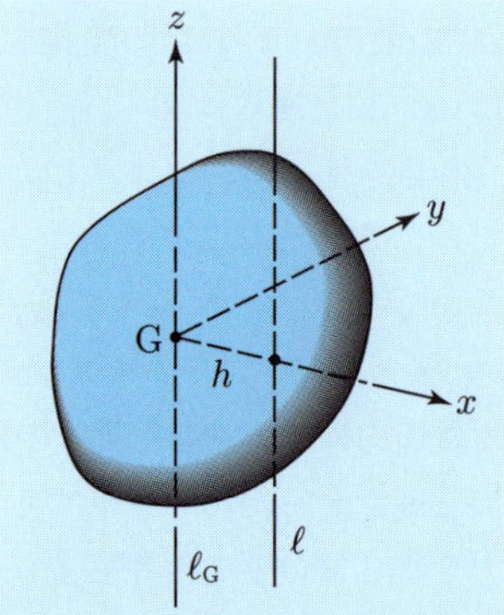

図5.11

問　題

5.1　薄い平面状の物体がある．物体の平面内に互いに垂直に x 軸と y 軸をとり，それらに垂直に z 軸をとったとすると，各軸に関する慣性モーメント I_x, I_y, I_z の間には

$$I_z = I_x + I_y$$

という関係式が成り立つ．このことを証明せよ．

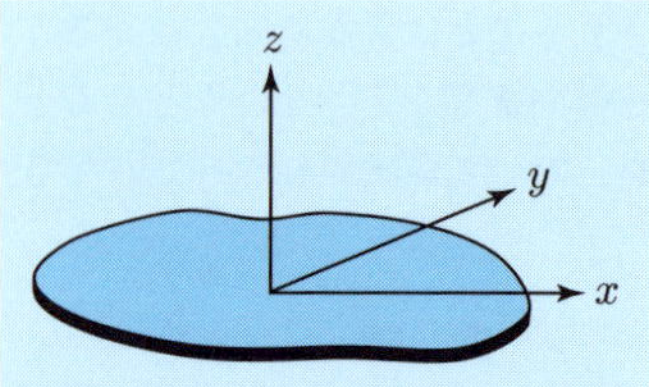

図5.12

5.2　スケーターが回転しているとき，腕を水平に伸ばすと回転が遅くなり，腕を縮めると回転が速くなる．その理由を説明せよ．

例題 6 **円柱の慣性モーメント**

半径 a，高さ h の一様な円柱がある．つぎの直線に関する慣性モーメントを計算せよ：

(i) 円柱の軸． (ii) 円柱の中心を通って軸に垂直な直線．

解答 (i) 円柱の軸を z 軸とする円柱座標 (r, θ, z) をとる (図 5.13)．円柱の密度を ρ とすれば，z 軸に関する慣性モーメントは

$$I_z = \iiint \rho r^2 dV = \rho \int_0^a r^3 dr \int_0^{2\pi} d\theta \int_0^h dz = \frac{\pi}{2}\rho a^4 h \qquad (1)$$

に等しい．円柱の全質量を M とすれば $M = \pi\rho a^2 h$ であるから，

$$I_z = \frac{1}{2}Ma^2.$$

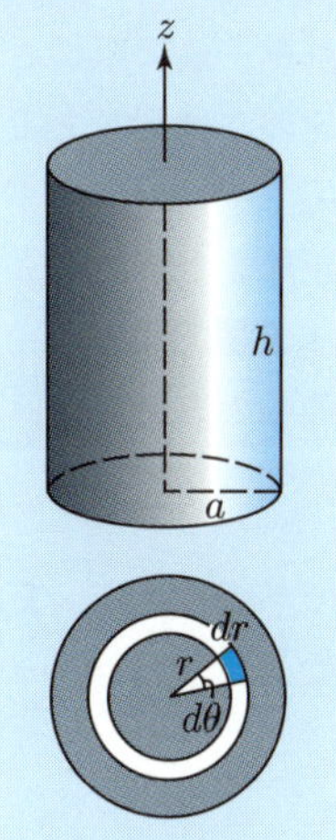

図5.13

(ii) 図 5.14 のように，円柱を厚さ dz の多数の薄い円板に分ける．1 つの円板の z 軸に関する慣性モーメント dI_z は

$$dI_z = \frac{\pi}{2}\rho a^4 dz$$

に等しい (式 (1))．それゆえ，問題 5.1 によって，この円板の ℓ に平行な直径に関する慣性モーメント dI は

$$dI = \frac{1}{2}dI_z = \frac{\pi}{4}\rho a^4 dz$$

である ($I_z \to dI_z$, $I_x \to dI$, $I_y \to dI$ とおけばよい)．

つぎに，例題 5 によれば，この円板の ℓ に関する慣性モーメント dI_ℓ は

$$dI_\ell = dI + \pi\rho a^2 dz \cdot z^2 = \frac{\pi}{4}\rho a^4 dz + \pi\rho a^2 z^2 dz$$

である．これを積分すれば

$$I_\ell = \int dI_\ell = \frac{\pi}{4}\rho a^4 \int_{-h/2}^{h/2} dz + \pi\rho a^2 \int_{-h/2}^{h/2} z^2 dz$$
$$= \frac{1}{4}M\left(a^2 + \frac{1}{3}h^2\right).$$

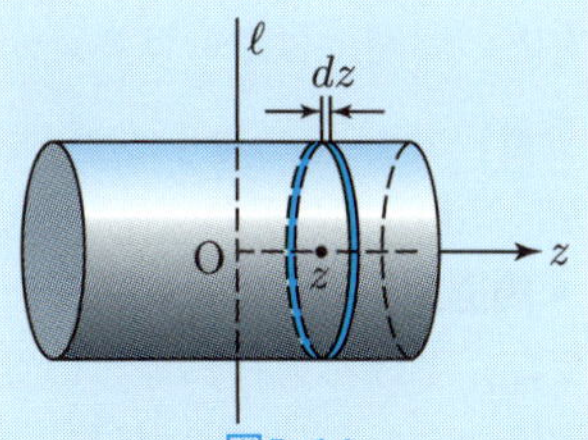

図5.14

問 題

6.1 長さ l，質量 M の一様な細い棒について，つぎの直線に関する慣性モーメントを計算せよ：(i) 棒の中心を通って棒に垂直な直線． (ii) 棒の一端を通って棒に垂直な直線．

6.2 半径 a，質量 M の球の，直径に関する慣性モーメントを計算せよ．

5.3 固定軸まわりの剛体運動

• 自由度 • 剛体に対して固定した軸があって，剛体はそのまわりの回転しか許されていないときには，運動の自由度は1である．つまり，この剛体は1種類の運動しかできない．一般に，1つの自由度について，運動を記述する変数が1つ対応する．それを一般に座標とよぶ．回転運動に対応する座標としては，軸のまわりの回転角を選ぶのが便利である．もし剛体が軸に沿って自由にすべることもできるならば，それに応じて自由度が1つふえる．この自由度に対応する座標としては，軸に沿って動いた距離をとるのがよい．

• 運動方程式 • 固定軸のまわりの慣性モーメントを I，外力のモーメントを N，この軸のまわりの回転角を θ とする．回転の角速度 ω は

$$\omega = \dot{\theta} = \frac{d\theta}{dt}$$

で与えられる．また，回転の角加速度は $\dot{\omega}$ または $\ddot{\theta}$ である．このとき，剛体の角運動量 L と運動エネルギー K は次式で表わされる：

$$L = I\frac{d\theta}{dt} = I\omega, \quad K = \frac{1}{2}I\omega^2. \tag{1}$$

運動方程式は

$$\frac{dL}{dt} = N \tag{2}$$

である．I が時間的に変化しないばあいには，(2) はつぎのように書きかえられる：

$$I\frac{d^2\theta}{dt^2} = N \quad \text{または} \quad I\frac{d\omega}{dt} = N. \tag{3}$$

実際の問題ではこのばあいが多い．

注意 θ と N の符号については注意する必要がある．回転方向の正負は自由に定めてよいが，N の正負はそれに合わせておかなければならない．

• 角運動量の変化と力積モーメント • 質点の運動では，受けた力積に等しい量だけその質点の運動量が増加する．それと同様に，剛体の回転運動でも，これに加わる力のモーメントに時間をかけたもの (これを**力積モーメント**とよぶことにする) に等しい量だけ，剛体の角運動量は増加する．力積モーメントは剛体が受けた力積の回転方向成分 P に，軸からの距離 r をかけたものに等しい (図 5.15)．したがって，

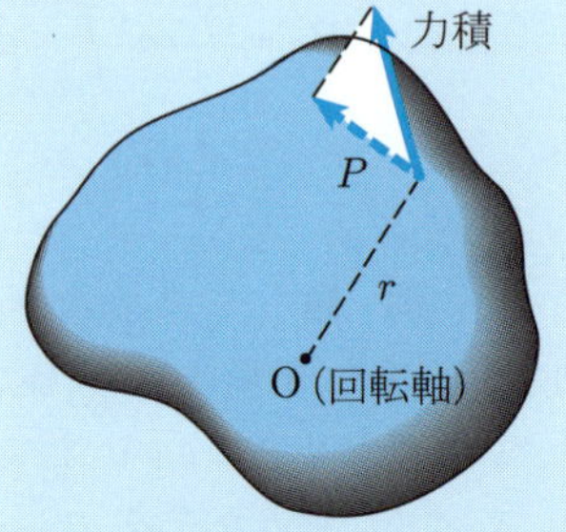

図5.15

力積を受ける前後の角運動量を L_1, L_2 とすると，つぎの関係が成り立つ：

$$L_2 - L_1 = Pr. \tag{4}$$

非常に短い時間に働く大きな力は**撃力**とよばれる．撃力の力積についても (4) はもちろん成立する．

• 重心座標の利用 •　剛体の重心座標を使って剛体の運動をとり扱うと便利なことが多い．このことを，剛体振り子を例にとって説明しよう．一様な重力のモーメントを計算するときには，重力が剛体の重心に集中していると考えることができる (問題 1.1)．

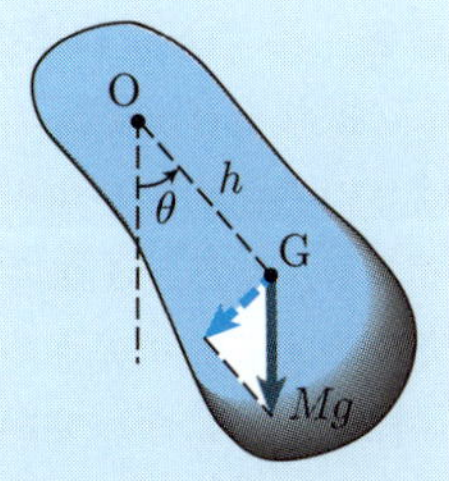

図5.16

振り子の質量を M，振れの角を θ，回転軸と重心 G の間の距離を h とすると，(3) の中の力のモーメント N，および重心が最低になるような姿勢からの位置エネルギーの増加 U は

$$\begin{cases} N = -Mgh\sin\theta, \\ U = Mgh(1-\cos\theta) \end{cases} \tag{5}$$

と書ける (N の式の右辺の負符号は，振り子の振れの向きと力のモーメントの向きとが逆であることを表わしている)．

• 剛体の回転運動と質点の直線運動との対比 •　この 2 つの運動には類似点が多い．それをつぎの表にまとめておこう．

	質点	剛体
座標	x	θ
速度，角速度	$v = \dot{x}$	$w = \dot{\theta}$
質量，慣性モーメント	m	I
運動量，角運動量	$p = mv$	$L = I\omega$
運動エネルギー	$K = \frac{1}{2}mv^2$	$K = \frac{1}{2}I\omega^2$
力，力のモーメント	F	N
運動方程式	$m\dot{v} = F$	$I\dot{\omega} = N$

例題 7　　**回転棒の角速度**

図のように，長さ l の一様な細い棒が，一端を軸として摩擦なしに回転できるようになっている．棒を水平にして静止させ，つぎに手をはなして，重力の作用によって自由に回転させる．鉛直になった瞬間での棒の角速度を求めよ．

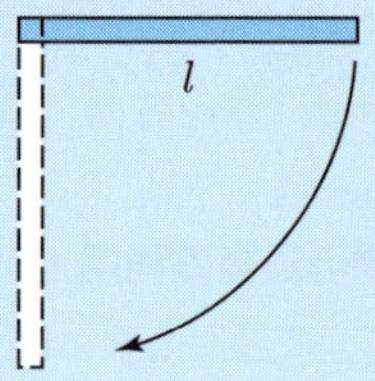

図5. 17

解答　この系には摩擦がないから，力学的エネルギーは保存される．水平の位置から下に振れると，位置エネルギーは減少するが，その分だけ運動エネルギーが増加する．はじめの運動エネルギーは 0 であるから，位置エネルギーの減少分が運動エネルギーである．一方，運動エネルギーは，要項の (1) によって慣性モーメントと角速度によって表わすことができる．

棒が水平になっているときには，鉛直のときに比べて，棒の重心は $l/2$ だけ高い位置にある．したがって，位置エネルギーの差は，

$$Mg \cdot \frac{l}{2} = \frac{1}{2}Mgl$$

である (M は棒の質量)．

一端を通る水平軸に関する棒の慣性モーメントは

$$I = \int_0^l x^2 \frac{M}{l} dx = \frac{1}{3}Ml^2 \tag{1}$$

である．したがって，重心が軸の真下にきたときの角速度を ω とすれば，エネルギー保存則から

$$\frac{1}{2}I\omega^2 = \frac{1}{2}Mgl,$$

$$\therefore \quad \omega = \sqrt{\frac{Mgl}{I}} = \sqrt{\frac{3g}{l}}. \qquad \because \ (1)$$

問　題

7.1　例題と同じ系で，重心を軸の真上にもっていき，そこで角速度 ω_0 を与えたとする．重心が軸の真下にきたときの角速度を求めよ．

7.2　慣性モーメント I，半径 a の滑車に重さの無視できるひもを巻きつけ，その端に質量 m のおもりをつるす．この滑車に，おもりを巻き上げる向きに角速度 ω を与えて放置したとする．おもりはどれだけの距離を上るか．

♣ **オイラー角**　　5.2 節の要項で説明したように，一般の剛体運動は重心の並進運動と重心まわりの回転運動とに分けて解析できる．剛体の自由度は 6 であり（5.1 節参照），重心の並進運動の自由度は 3 であるので，重心まわりの回転運動は 3 個の変数で表現できることになる．したがって，剛体に固定した座標系の並進座標系に対する傾きが 3 個の角によって表わせるであろう．言い換えれば，重心 G を原点とした並進座標系 GXYZ が剛体に固定した座標系 Gxyz へどのように移り変わるかは，これら 3 個の角によって指定できるはずである．実際，つぎのような 3 段階の典型的回転変換が考えられる．

(1)　はじめに，座標軸 XYZ を Z 軸のまわりに角 φ だけ回転し，その結果得られる座標軸を ξ, η, ζ とする．

(2)　次に，座標軸 ξ, η, ζ を ξ 軸のまわりに角 θ だけ回転し，その結果得られる座標軸を ξ', η', ζ' とする．

(3)　最後に，座標軸 ξ', η', ζ' を ζ' 軸のまわりに角 ψ だけ回転して，座標軸 xyz を得る．

以上の操作で定義される反時計まわりの 3 個の回転角 θ, φ, ψ をオイラー角とよぶ．

ちなみに，剛体に固定した座標系のうち，慣性モーメントの表式が簡単になる直交座標系が便利である．このような座標系で書かれた，重心まわりの回転運動に対する方程式を剛体のオイラー方程式とよぶ．

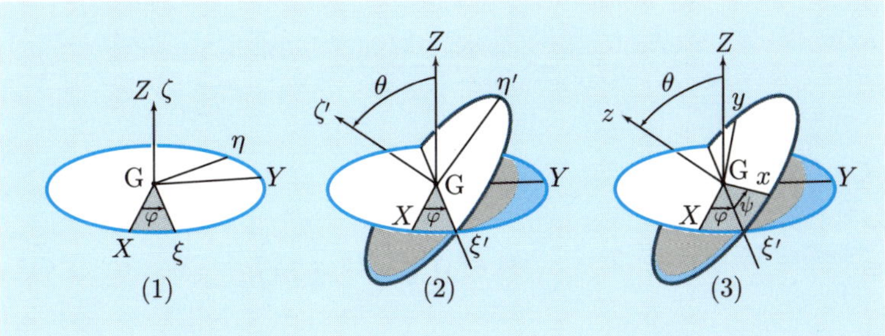

例題 8 **ボルダの振り子**

半径 a，質量 M の一様な球に，重さが無視できる糸をつけて振り子を作る．支点から球の重心までの距離を l とする．この振り子の微小振動の周期を求めよ．

ヒント 慣性モーメントは平行軸の定理によって求めることができ，微小振動であることに注意．

解答 剛体振り子の運動については，要項の (3) と (5) を基礎の式として使えばよい．ただし，その前に慣性モーメント I を求めておかなければならない．I を求めるには，重心を通る直線に関する慣性モーメント I_G と I との関係を与える公式 (例題 5) を使えばよい．すなわち，問題 6.2 によって $I_G = \dfrac{2}{5}Ma^2$ であるから，この振り子の慣性モーメントは

$$I = Ml^2 + \frac{2}{5}Ma^2 \tag{1}$$

である．振り子が受ける力のモーメント N は，要項の (5) によって，振り子が θ だけ振れた位置では

$$N = -Mgl\sin\theta.$$

微小振動を考えているから，$\sin\theta$ を θ とおきかえてよい．上の表式を運動方程式 (要項の (3) の第 1 式) に入れると，

$$M\left(l^2 + \frac{2}{5}a^2\right)\ddot{\theta} = -Mgl\theta.$$

これを整理すれば

$$\ddot{\theta} = -\frac{g}{l}\cdot\frac{1}{1+\dfrac{2}{5}\dfrac{a^2}{l^2}}\theta. \tag{2}$$

これは単振動の方程式であるから，角振動数を ω とすれば

$$\omega^2 = \frac{g}{l}\frac{1}{1+\dfrac{2}{5}\dfrac{a^2}{l^2}} \tag{3}$$

であって，周期 T は

$$T = \frac{2\pi}{\omega} = 2\pi\sqrt{\frac{l}{g}\left(1+\frac{2}{5}\frac{a^2}{l^2}\right)} \tag{4}$$

と表わされる．

注意 1　この振り子は，**ボルダの振り子**とよばれる．通常，支点は，摩擦が生じないようにナイフエッジ (ナイフの刃のようにとがった辺で接しながら支える構造) になっている．これを使うと，周期 T，長さ l，半径 a を測定することにより，重力加速度 g の値を 3 桁ないし 4 桁の精度で求めることができる．

注意 2　$\dfrac{a^2}{l^2} \ll 1$ のときには，(4) の右辺を $\dfrac{a^2}{l^2}$ についてテイラー展開することができる．展開の 2 項目まで残すと，(4) は

$$T = 2\pi\sqrt{\frac{l}{g}}\left(1 + \frac{1}{5}\frac{a^2}{l^2}\right)$$

となる．この式によれば，たとえば $\dfrac{a}{l} = 0.1$ のときには右辺の括弧内は 1.002，$\dfrac{a}{l} = 0.01$ のときには 1.00002 である．このように，球の半径が振り子の長さに比べてはるかに小さいときには，球を質点とみなしたときの周期の公式

$$T = 2\pi\sqrt{\frac{l}{g}}$$

がほぼ正確に成り立つことがわかる．身近な例として，長さ 1 m の糸にりんごをつるして振り子を作ったとき，質点の振り子とのちがいがどの程度になるかを各自見積ってみよ．

問　題

8.1　一様な密度分布をもつ半径 a の円板がある．この円板の中心から h のところに穴をあけて，円板に垂直に軸を通す．この軸を水平に固定して，円板に微小振動を行なわせたとすると，その周期 T は h の関数となる．T を最小にするような h を求めよ．

8.2　図 5.18 のように，ばね定数 k のばね，半径 a，質量 M の円板状の滑車，質量 m のおもり，および質量が無視できるひもから成る系がある．このおもりは，つり合いの位置の上下に振動することができる．その周期を求めよ．ただし，滑車とひもの間にはすべりがないとする．

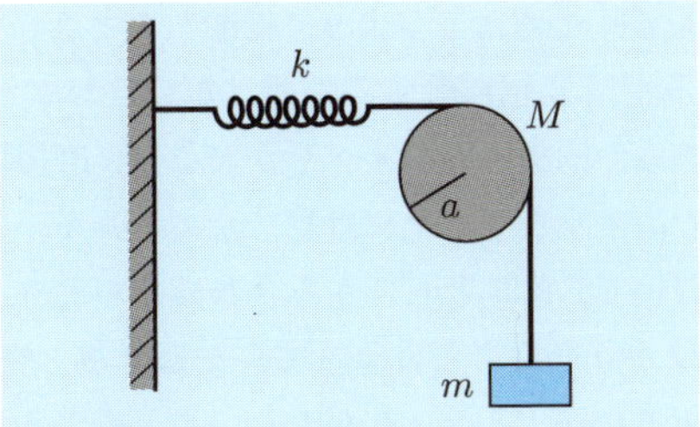

図5.18

例題 9　　**回転円板の接触**

図のように，慣性モーメント I_1, I_2 の円板があって，中心軸が同一直線上に並んでいる．各円板を ω_1, ω_2 の角速度で回転させておいてから両方を接触させて結合する．結合後，両方の円板は互いにすべらずに共通の角速度 ω でまわり続けた．結合によって失われた運動エネルギーを求めよ．それはどんなエネルギーに変換されたか．

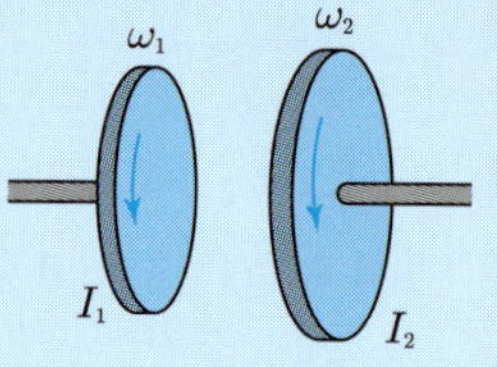

図5. 19

ヒント　各円板は，接触した瞬間に相手の円板から力のモーメントを受ける．両方の円板をいっしょにした系を考えれば，この力は内力（ないりょく）であるから，系全体の角運動量は変化しない．

解答　結合前の円板の角運動量はそれぞれ $I_1\omega_1$, $I_2\omega_2$ である．両方の円板をいっしょにしたものの慣性モーメントは $I_1 + I_2$ であるから，角運動量保存則によって

$$I_1\omega_1 + I_2\omega_2 = (I_1 + I_2)\omega,$$

$$\therefore \quad \omega = \frac{I_1\omega_1 + I_2\omega_2}{I_1 + I_2}. \tag{1}$$

運動エネルギーの増加 ΔK は，要項の (1) 第 2 式を使って

$$\Delta K = \frac{1}{2}(I_1 + I_2)\omega^2 - \left(\frac{1}{2}I_1{\omega_1}^2 + \frac{1}{2}I_2{\omega_2}^2\right). \tag{2}$$

この式に (1) を代入して整理すれば，

$$\Delta K = -\frac{I_1 I_2}{2(I_1 + I_2)}(\omega_1 - \omega_2)^2 \tag{3}$$

が得られる．

この式によれば，運動エネルギーは $\omega_1 = \omega_2$ でない限りかならず減少することがわかる．このことの物理的意味を考えてみよう．接触したときに受けるショックによって円板の角速度が変化するが，変化に要する時間は短いけれども 0 ではない．したがって，わずかな時間ではあるが円板の間にすべりがおこり，摩擦によって熱や音や機械的な振動が発生する．このエネルギーが上に計算したエネルギー損失である．もし，円板の接触面に歯を切っておいて，歯車としてかみ合わせたらどうなるだろうか．そのばあいでも，歯どうしがぶつかり合うことによって，やはり熱，音，振動は生じる．また，結合前の角速度の差が大きいほどショックが大きいことを考えると，ΔK が $(\omega_1 - \omega_2)^2$ に比例することもある程度納得できるだろう．

注意 例題中の $I_1, I_2, \omega_1, \omega_2, \omega$ を m_1, m_2, v_1, v_2, v と書きかえれば，一直線上を速度 v_1, v_2 で走る質量 m_1, m_2 の物体が衝突して一体となり，速度 v で走り続けるという問題になる．

問　題

9.1 2つの円板状の歯車が同一平面上にあって回転している．それぞれの慣性モーメント，半径，角速度を $I_1, I_2, a_1, a_2, \omega_1, \omega_2$ とする．ただし，角速度の符号は反時計まわりを正と決めておく．一方の歯車をずらしていって，2つの歯車をかみ合わせたとすると，それぞれの角速度はどうなるか．また，このときのエネルギー損失を求めよ．

♣ 電気回路の現象とのアナロジー　例題9と同じタイプの現象が他にもある．たとえば，容量 C_1, C_2 のコンデンサーを右図のように接続し，それぞれに電位差 V_1, V_2 を与えて充電する．スイッチKを閉じると，回路に瞬間的に電流が流れたのち，両方のコンデンサーの電位差がともに

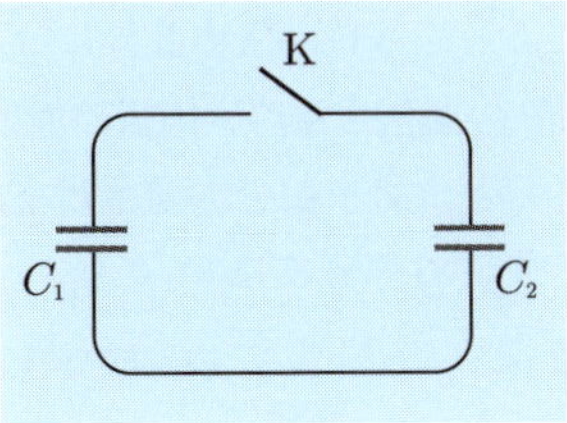

$$V = \frac{C_1V_1 + C_2V_2}{C_1 + C_2}$$

となって落着く．このとき，この系の静電エネルギーは

$$\Delta E = -\frac{C_1C_2}{2(C_1 + C_2)}(V_1 - V_2)^2 < 0$$

だけ変化する．このエネルギーの減少分は，導線の中に発生したジュール熱や，過度期に生じた電気振動に伴って発生した電磁波のエネルギーなどに変わったのである．

コンデンサーの容量を慣性モーメントに，電位差を角速度に読みかえれば，この問題は例題9と完全に同じになる．もっとも，この例1つを見ただけでは，上の類似は偶然的なものと思われるかもしれない．しかし，電気回路の中におこるもっと他の現象と力学系の現象との対比を進めていくと，この類似は実は本質的なものであることがわかってくる．このように，一見まったく異なる現象の間にアナロジーを見つけて現象の本質に迫っていくことは，物理学の醍醐味の一つである．

例題 10　　**回転円板の静止**

質量 M，半径 a の一様な厚さの円板が，水平な床の上で中心軸のまわりに回転している．摩擦のために円板の角速度は減少し，円板はやがて静止する．角速度 ω_0 の状態から静止するまでの時間を求めよ．ただし，円板と床の間の動摩擦係数を μ とする．

ヒント　回転の運動方程式 (要項の (3)) を使う．摩擦力のモーメントは，接触面の微小部分に働く摩擦力のモーメントを加え合わせたものである．

解答　円板の慣性モーメントは $Ma^2/2$ であるから

$$\frac{1}{2}Ma^2\dot{\omega} = N. \tag{1}$$

N は円板が床から受ける力のモーメントである．この N を計算するのが，この例題の主眼である．

さて，運動摩擦力は円板と床が互いに押し合う力に依存するが，すべりの速さには関係しないから，円板の底面には単位面積あたりどこでも等しい大きさの摩擦力が回転方向と逆向きに働いている．

いま，円板の底面を図 5.20 のように同心円と放射線によって多数の微小部分に分ける．各微小部分は $rdrd\theta$ の面積をもつ．円板の面密度を σ $(= M/\pi a^2)$ と書くと，微小部分の質量は $\sigma rdrd\theta$ である．それゆえ，この部分には

$$\mu g\sigma rdrd\theta$$

だけの摩擦力が働いている．この力の，円板の中心のまわりのモーメントは，この力に r をかけて

$$-\mu\sigma gr^2drd\theta$$

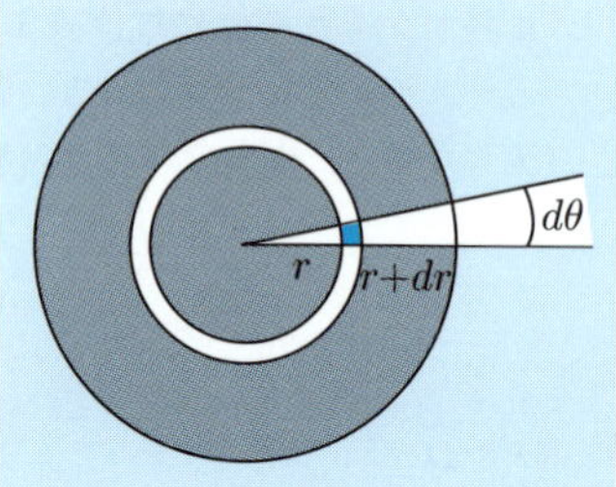

図5.20

である．負の符号は，力のモーメントの向きが角速度の向きと逆であることを表わしている．円板が受ける力のモーメントは，これを円板の全面積にわたって積分したものである．積分領域は $0 \leqq \theta \leqq 2\pi$, $0 \leqq r \leqq a$ であるから

$$N = -\mu\sigma g\int_0^{2\pi}d\theta\int_0^a r^2dr = -\mu\sigma g\frac{2\pi}{3}a^3 = -\frac{2}{3}\mu aMg. \tag{2}$$

したがって，運動方程式は

$$\frac{1}{2}Ma^2\dot{\omega} = -\frac{2}{3}\mu aMg \qquad \therefore \quad \dot{\omega} = -\frac{4}{3}\frac{\mu g}{a}.$$

これを $t=0$ で $\omega=\omega_0$ という初期条件のもとに解けば，

$$\omega = \omega_0 - \frac{4}{3}\frac{\mu g}{a}t. \tag{3}$$

静止するまでの時間 t_0 は，$\omega = 0$ とおいて

$$t_0 = \frac{3a\omega_0}{4\mu g} \tag{4}$$

となる．

注意　(3) は，$t > t_0$ では使うことができない．回転が止まれば運動摩擦力が 0 になって，それ以上の変化はおきないからである．

問　題

10.1　質量 10 kg，半径 10 cm の円柱形の回転砥石が毎秒 150 回転で回っている．円柱の側面に 30 kg 重の力で他の物体を面に垂直に押しつけたとき，砥石が止まるまでの時間を求めよ．ただし動摩擦係数を 0.3 とする．

10.2　回転風力計がある．この風力計は，先端に碗のついた長さ a の腕を 4 本もっている．これを無風状態の中で角速度 ω_0 でまわした．この回転風力計は，碗の空気抵抗だけを受けて減速するものとする．空気抵抗は，碗 1 個につき $-kv$ であると仮定する．ただし v は碗の速さ，k は定数である．この風力計は，止まるまでに何回転するか．また，止まるまでにどれだけ時間がかかるか．

♣ **逆立ちごま**　　こまのような回転する軸対称剛体は，一般の剛体とくらべて対称性があるため方程式が比較的簡単になるが，それでも概して複雑な振る舞いを示す．デンマークから伝来したとされる逆立ちごまはその例である．球の上部をカットした面に垂直な軸を鉛直にもってテーブルの上で速く回転させると，軸は徐々に倒れてついにテーブルに接触し，その後軸を支えにしてすばやく逆立ちする．回転するこま同様，系の重心が上昇していくのであるが，逆立ちという劇的な運動が印象深い．逆立ちするからくりは簡単でなく，多くの物理学者が挑戦したが結局説明できず，長年の謎であった．しかし 1952 年，重心のずれた球形物体の回転運動としてようやく理論的に解明された．逆立ちするためにはこまとテーブルの摩擦が不可欠であり，しかも接触点が滑って力学的エネルギーが減少しなければならないことが明らかになった．そして重心が上昇する振る舞いは，このようにエネルギーが散逸する物理系であるにもかかわらず，ジェレット定数とよばれる保存量（運動定数）が存在するという事実から説明されたのである．

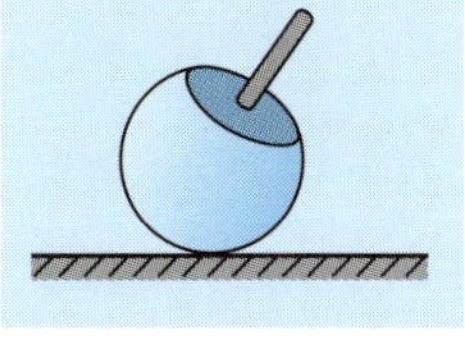

例題 11　　**撃力を受ける回転棒**

図のように，一端 A を通る固定軸のまわりに自由に回転することのできる長さ l，質量 M の一様な棒がある．点 A から距離 x のところで棒に垂直に撃力を与えた．つぎの量を求めよ：

(i)　この瞬間に点 A を通る軸が棒から受ける撃力の力積．

(ii)　その撃力が 0 になるような x の値．

(iii)　撃力を受けた直後の棒の角速度．

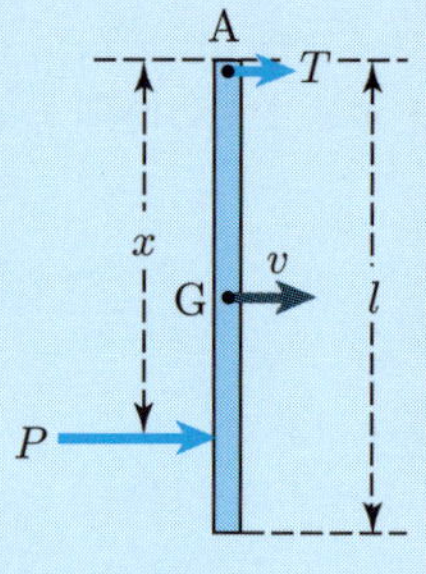

図5.21

ヒント　棒に撃力を加えると棒の運動量は増加する．つまり棒の重心が動き出す．棒は回転をはじめるから，角運動量をもつことになる．この角運動量は，撃力の力積が点 A のまわりにもつモーメントに等しい．棒は撃力を受けた瞬間に軸にショックを与える．その反作用で棒は軸から撃力を受ける．この撃力は点 A のまわりの力積モーメントをもっていないから，A のまわりの角運動量を考察するときには考えに入れなくてよい．

解答　撃力を受けた直後の棒の重心の速度を v とすれば，棒の運動量は Mv である．重心と回転中心との距離は $l/2$ であるから，棒の角速度は

$$\frac{v}{\frac{l}{2}} = \frac{2v}{l}$$

である．A のまわりの棒の慣性モーメントは $Ml^2/3$ であるから，棒の角運動量 L は

$$L = \frac{1}{3}Ml^2 \cdot \frac{2v}{l} = \frac{2}{3}Mlv \qquad (1)$$

となる．点 A から距離 x のところに与えられた撃力の力積を P，棒が軸から受ける撃力の力積を T として，撃力の力積と運動量変化との関係，および，撃力の力積モーメントと角運動量変化との関係を書くと

$$\begin{cases} P + T = Mv, \\ Px = \dfrac{2}{3}Mlv \end{cases} \qquad (2)$$

となる．

(i)　まず (2) の第 2 式から

$$v = \frac{3}{2}\frac{Px}{Ml}. \qquad (3)$$

軸が棒から受ける撃力の力積は $-T$ である．(3) を (2) の第 1 式に代入すれば

$$-T = P\left(1 - \frac{3}{2}\frac{x}{l}\right) \tag{4}$$

である．

(ii) この撃力を 0 とするような位置を $x = x_0$ とすれば，

$$x_0 = \frac{2}{3}l \tag{5}$$

である．$-T/P$ の符号を調べてみるとわかるように，$x < x_0$ のばあい (A に近い点をたたくばあい) には軸は棒をたたいた向きの撃力を受ける．$x > x_0$ のばあい (A から遠い点をたたくばあい) にはそれと逆向きの撃力を受ける．

(iii) 撃力を受けた直後の棒の角速度 ω は

$$\omega = \frac{2v}{l} = \frac{3Px}{Ml^2} \tag{6}$$

である．

注意 1 保存則を適用するとき，回転軸から受ける力のことを忘れがちなので注意を要する．運動量保存則を使うときにはこの力を考慮しなければならない．角運動量保存則を適用するばあいでも，軸以外の点のまわりのモーメントを考察するときには，この力も考えに入れることが必要になってくる．

注意 2 系の力学的エネルギーが保存される衝突が**弾性衝突**，そうでない衝突が**非弾性衝突**である．撃力という言葉が使われるくらい急激な衝突は，物体の変形や発熱を伴うことが多いから，非弾性衝突となるのがふつうである．

問 題

11.1 一端を通る水平軸のまわりに自由に回転できるようにした長さ l，質量 M の一様な棒の振り子がある．この振り子が軸の真下を向いて静止している状態のとき，棒の中点に水平方向の撃力を与えたところ，棒は微小振動をはじめた．撃力の力積を P，撃力を受けた瞬間を時間の原点として，そのあとの振れの角 $\theta = \theta(t)$ を求めよ．

11.2 質量 M，半径 a の円板が，1 つの直径を固定軸として回転できるようになっている．質量 m の物体が速さ v で円板に垂直に飛んできて，円周上の軸から最も遠い点に衝突した．

(i) 衝突後の円板の角速度を求めよ．

(ii) 物体が円板に与えた撃力の力積を求めよ．

ただし，反発係数は 0.5 である．

5.4　剛体の平面運動

• 自由度と運動方程式 •　剛体が，回転軸の方向を一定に保ったまま回転し，同時にその重心が回転軸に垂直な平面内で動くような運動をしているとしよう．このような運動を剛体の**平面運動**とよぶ．便宜上，回転軸の方向に z 軸をとることにすると，重心の位置は 2 次元座標 (x, y) で表わされる．これに回転の角度 θ を加えた 3 つの変数によって，剛体の平面運動は完全に決定される．つまり，この運動の自由度は 3 である．

時刻 t における各自由度に対応する座標 $x(t), y(t), \theta(t)$ に対して，それぞれ運動方程式が成り立つ．剛体の質量を M，その重心を通って z 軸に平行な直線のまわりの慣性モーメントを I，剛体が受ける力を (F_x, F_y)，重心のまわりの力のモーメントを N とすると，運動方程式は

$$M\ddot{x} = F_x, \quad M\ddot{y} = F_y, \tag{1}$$

$$I\ddot{\theta} = N \tag{2}$$

という形に書き表わされる．ただし，実際に問題を解くときには，これらの式を直接使うよりも，以下に述べるような他のいろいろな関係式を使う方が便利なばあいもある．

• エネルギー保存則 •　剛体の位置エネルギーは，一般に重心の位置と回転角の関数である．いまそれが既知であるとして，$U(x, y, \theta)$ と表わしておこう．運動エネルギーは

$$K = \frac{1}{2}M(\dot{x}^2 + \dot{y}^2) + \frac{1}{2}I\dot{\theta}^2 \tag{3}$$

という形に書き表わされるから，エネルギー保存則は

$$K + U = \text{const} \tag{4}$$

となる．剛体が外部から仕事 W をされたばあいには，(4) の代わりに

$$\Delta(K + U) = W \tag{5}$$

を使わなければならない．ただし，Δ は仕事をされた後の値から前の値を引くことを意味する．

運動方程式 (1), (2) の代わりに，(4) または (5) を使うと簡単に問題が解けるばあいがある．

• 剛体が壁や床と接触しながら運動するばあい •　剛体が床や壁と接触しながら運動し，しかもそれらの間に摩擦力が働くものとしよう．もし，それらの間にすべりがあれば，運動摩擦力が問題になる．これは動摩擦係数を使って簡単に書き表わされるか

ら，方程式 (1) と (2) をそのまま使って問題を解析することができる．ところが，すべりがないばあいには静止摩擦力が現われる．その大きさは，多くのばあい他の量を使って簡単に表わすことができない．

一方，剛体がすべらずに運動するときには，重心の運動と回転運動との間にはある幾何学的な関係が生じるから，この 2 つの運動は互いに独立でなくなる．この関係を式に表わして運動方程式と組み合わせれば，未知の静止摩擦力を消去することも，求めることもできる (例題 12).

• 力積による運動量と角運動量の変化 •　剛体の運動が固定軸のまわりの回転に限られているばあいには (5.3 節)，剛体に力積が加えられると，それの固定軸のまわりのモーメントが角運動量の変化に等しいという関係だけを使って問題を解くことができた．ところが，剛体が平面運動を行なうばあいには，回転軸が固定されていないから，角運動量の変化だけでなく重心の運動量の変化も考慮しなければならない．

いま，剛体が力積 $\boldsymbol{P} = (P_x, P_y)$ を受けたとする．重心のまわりのこの力積モーメントが Pr であるとしよう．そうすると，剛体の重心の運動量 $\boldsymbol{p} = (p_x, p_y)$ の変化と重心のまわりの角運動量 L の変化は

$$\varDelta p_x = P_x, \quad \varDelta p_y = P_y, \quad \varDelta L = Pr$$

と表わすことができる．剛体が撃力の力積を受けるばあいにも同じ式が成り立つ．

♣ **走り高跳びと重心の運動**　水平に張ったバーを跳び越えるとき，体の重心はどんな運動をするだろうか．空気の抵抗が無視できるならば，地面を蹴ったあとの重心の軌道はもちろん放物線である．ところでこの放物線は，体の各部分の運動経路と同様にバーの上を越えて通らなくてはならないだろうか．実はかならずしもそうではない．体の形を変えれば重心の位置も変わるし，重心の位置を体の占めていない点にもっていくこともできるから，たとえば体をバーに巻きつけるような姿勢で跳ぶと，体はバーの上を跳び越えながら重心はバーの下を通過する，ということが可能である．重心の位置はなるべく低い方が，エネルギーの点で都合がよい．走り高跳びの選手はこのコツをよく心得ている．

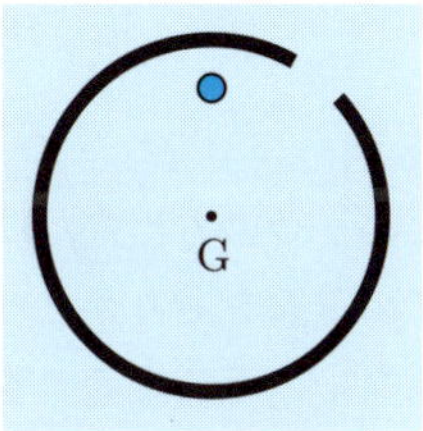

こういうことが可能であることを，円形の輪の一部を切り落とした物体 (上図) について確かめてみよ．また，へびのように，しなやかに体を曲げることができるものは，どれだけ跳び上ればバーが越えられるかを考えてみよ．

例題 12　　**斜面をころがる円柱**

水平から角 α だけ傾いた斜面に円柱をおき，静かにはなす．そのときを時刻 t の原点に選び，その位置から斜面に沿って下向きに測った距離を x とする．x と t の関係を求めよ．ただし，円柱はすべらずにころがり落ちるものとする．

ヒント　円柱の重心の運動も，重心のまわりの回転もともに加速されていく．したがって，重心の運動と回転運動の両方の運動方程式を立てなければならない．

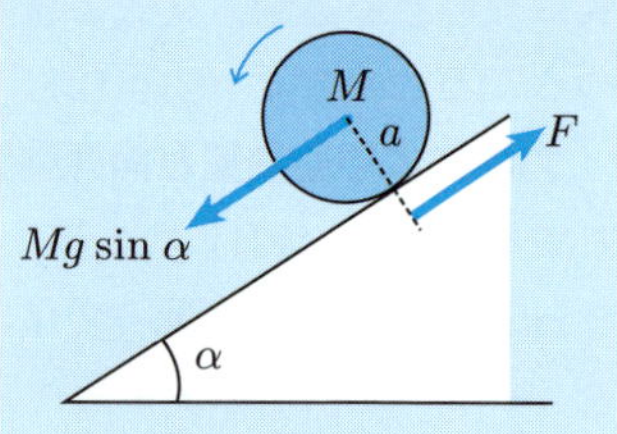

図5.22

解答　円柱の半径を a，質量を M とする．円柱の重心には下向きに重力 Mg が働いている．この重力を斜面に垂直な力と平行な力とに分けると，前者は斜面からの抗力とつり合っている．円柱を加速させるのは後者で，その大きさは $Mg\sin\alpha$ である．

円柱はすべらずにころがるから，円柱と斜面の接点には静止摩擦力 F が働いている．円柱が受ける摩擦力は，大きさも向きも，問題が解けたときはじめてわかるはずのものであるが，図に示したように一応上向きに F であるとしておく（注意 1）．

さて，円柱の回転角を $\theta = \theta(t)$ とし，図で反時計まわりを正の回転方向と定め，$x = 0$ のとき $\theta = 0$ となるように θ の原点を決めておこう．円柱の重心の運動には上に述べた 2 つの力が関係する．重心のまわりの回転運動には，摩擦力のモーメントだけが寄与する (重力は重心のまわりのモーメントをもたない)．

中心軸に関する円柱の慣性モーメントは $Ma^2/2$ であるから，以上のことをまとめると，重心の運動と回転運動の方程式は，

$$\begin{cases} M\ddot{x} = Mg\sin\alpha - F, & (1) \\ \dfrac{1}{2}Ma^2\ddot{\theta} = aF & (2) \end{cases}$$

となる．

この 2 つの方程式だけでは，3 個の未知量 x, θ, F を決定することはできない．これまでの議論をふりかえってみると，円柱がすべらずにころがるという条件はまだ使っていない．そこでこれを式で表わしてみよう．$x = 0$ で $\theta = 0$ になるように原点を決めているから，この条件は

$$x = a\theta \tag{3}$$

であることが容易にわかる．以上の 3 つの式から F と θ を消去すれば，x についての

微分方程式になるから，それを解けば x と t の関係が得られるのである．

まず，(1) と (2) から F を消去すると，

$$M\ddot{x} + \frac{1}{2}Ma\ddot{\theta} = Mg\sin\alpha. \tag{4}$$

つぎに，(3) の両辺を t で 2 回微分すると $\ddot{x} = a\ddot{\theta}$ となるから，これと (4) とから θ を消去すると，

$$\ddot{x} = \frac{2}{3}g\sin\alpha. \tag{5}$$

この方程式を $t=0$ で $x=0$, $\dot{x}=0$ (静止) という初期条件のもとに解けばよい．すなわち，t について 2 回積分して

$$x = \frac{1}{3}g\sin\alpha\cdot t^2. \tag{6}$$

上の結果から，重心の加速度は，斜面がなめらかであって，かつ円柱が回転しないばあいの 2/3 であることがわかる．

注意 1　円柱に働く摩擦力を上向きであると想定して方程式を立てたが，そのとき，もしかすると下向きかもしれないという不安があった．(2) から実際に摩擦力を求めてみると $F = (1/3)Mg\sin\alpha > 0$ となるから，上向きという予想は正しかったことになる．しかし，実はこのようなことを気にする必要はまったくない．もし摩擦力が下向きに F であるとして問題を解いたとすれば，方程式 (1) と (2) の中の F が $-F$ に変わるだけで，(5) や (6) の結果は変わらない．F を求めれば今度は $F<0$ と出るが，これは "下向きに負" すなわち "上向き" と解釈すればよいのである．

注意 2　なめらかな面をころがらずにすべり落ちるばあいよりも加速度が小さくなることは，つぎのように考えれば納得できる：斜面は円柱に摩擦力を及ぼしているが，接触点がすべらないから，摩擦力は仕事をしない．したがって，円柱の力学的エネルギーは保存される．一方，この円柱の運動エネルギーは重心の運動エネルギーと回転の運動エネルギーとの和である．それゆえ，ある高さをころがり落ちることによって得た運動エネルギーは，重心の運動と回転運動の両方に分配される．したがって，ころがらずに落ちるばあいにくらべて，同じ高さだけ落ちたときの重心の運動エネルギーのふえかたは少ない．その結果，速度があまりふえないために加速度が小さくなる．

問　題

12.1　等しい質量をもつ 2 つの球がある．一方は中まで一様に質量が分布している．他方は中空の球殻である．斜面の上におくと，どちらが速くころがるか．

12.2　水平な床に敷いたじゅうたんの上に質量 M，半径 a の球をおく．ある瞬間から一定の加速度 α でじゅうたんを横に引張った．その後の球の重心の位置 x と時間 t との関係を求めよ．

例題 13 **ヨーヨーの加速度**

図のように，ヨーヨーの軸に軽い糸を巻きつけて静止状態から自由に落下させる．ヨーヨーの重心の加速度を求めよ．ただし，ヨーヨーの質量を M，重心のまわりの慣性モーメントを I とし，軸の半径を a とする．

(i) 運動方程式を使う方法，

(ii) エネルギー保存則を使う方法，

の両方を試してみよ．

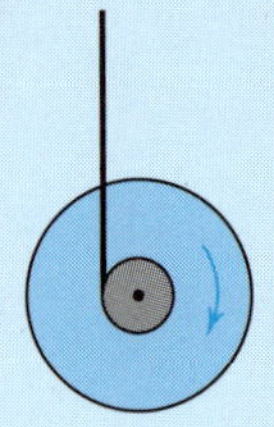
図5.23

ヒント (i) ヨーヨーに働いている力は，下向きの重力 Mg と，巻きつけた糸からの力である．糸からの力は抗力と摩擦力との合力であるが，それはけっきょくは糸の鉛直部分の張力 T に等しい．この力はヨーヨーの重心のまわりにモーメント aT をもっている．

(ii) 糸とヨーヨーを合わせた系を考えると，糸とヨーヨーの軸との接触部分はすべらないから，摩擦力は働いていてもエネルギーの損失はおこらない．したがって力学的エネルギーが保存される．

解答 重心の位置を x で表わし，下向きを正の方向にとる．ヨーヨーの回転角を θ とし，図で時計まわりを正の回転方向とする．軸の半径が a であるから，x と θ の間にはつぎの関係がある：

$$x = a\theta. \tag{1}$$

ただし，$x=0$ で $\theta=0$ となるように x と θ の原点を選んだ．

(i) 運動方程式は

$$\begin{cases} M\ddot{x} = Mg - T, & (2) \\ I\ddot{\theta} = aT & (3) \end{cases}$$

である．(2) と (3) から T を消去すれば

$$M\ddot{x} + \frac{I}{a}\ddot{\theta} = Mg.$$

(1) を t で 2 回微分した式 $\ddot{x} = a\ddot{\theta}$ をこれに代入すると，重心の加速度 $\ddot{x}$ が求められる：

$$\ddot{x} = \frac{Mg}{M + \dfrac{I}{a^2}}.$$

この式からわかるように，軸の半径 a が小さいほど $\ddot{x}$ は小さくなる．ヨーヨーを作って遊んだことのある人は，このことを感覚的に知っているであろう．

(ii) つぎにエネルギー保存則を使う方法で解こう．ヨーヨーが落下すると重力の

位置エネルギーは減少する．この減少分は重心の落下運動の運動エネルギーと，回転の運動エネルギーの両方に移ったことになる．これらの運動エネルギーの和 K がヨーヨーの全運動エネルギーである：

$$K = \frac{1}{2}M\dot{x}^2 + \frac{1}{2}I\dot{\theta}^2. \tag{4}$$

(1) を t で 1 回微分した式 $\dot{x} = a\dot{\theta}$ を使って (4) の中の $\dot{\theta}$ を $\dot{x}$ に書きかえれば

$$K = \frac{1}{2}\left(M + \frac{I}{a^2}\right)\dot{x}^2$$

となる．これが位置エネルギーの減少 Mgx に等しいのであるから

$$\frac{1}{2}\left(M + \frac{I}{a^2}\right)\dot{x}^2 = Mgx.$$

この式を整理して

$$\dot{x}^2 = Ax, \quad A = \frac{2Mg}{M + \dfrac{I}{a^2}} \tag{5}$$

と書いておこう．これを解いて $\ddot{x}$ を求めればよい．(5) の第 1 式の両辺の平方根をとると

$$\dot{x} = \sqrt{Ax} \qquad \therefore \quad \frac{dx}{\sqrt{x}} = \sqrt{A}\,dt.$$

両辺を 1 回積分すると

$$2\sqrt{x} = \sqrt{A}\,t$$

が得られる．ただし，$t = 0$ で $x = 0$ となるように時間の原点を選んだ．これから x がすぐ求められる．それを 2 回微分すれば加速度が得られる：

$$x = \frac{1}{4}At^2, \quad \ddot{x} = \frac{1}{2}A = \frac{Mg}{M + \dfrac{I}{a^2}}. \tag{6}$$

注意 微分方程式 (5) は実はもっと簡単に解くことができる．(5) の両辺を 1 回微分すると $2\dot{x}\ddot{x} = A\dot{x}$ となる．これからただちに (6) が得られる．

問 題

13.1 糸を巻いたヨーヨーをつるして，糸を絶えず上に引張り上げながら，ヨーヨーが一定の高さを保つようにしたい．そのためには糸をどんな速さで引かなければならないか．運動方程式とエネルギー保存則の両方の方法を使って考えよ．

13.2 図 5.24 のように，斜面に円柱をおき，巻きつけた糸を斜面の上方向に力 T で引張る．すべりがおこらないために T が満たすべき条件を求めよ．ただし，斜面と円柱の間の静止摩擦係数を μ_s とする．

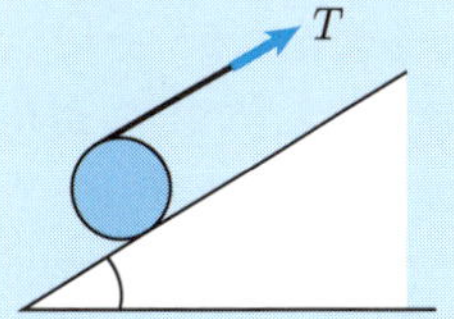

図5.24

例題 14 **玉突き**

質量 M，半径 a の玉突きの球を水平な床の上に静止させておき，中心から h だけ上の点に撃力を水平に加える．そのあとの球の重心の移動速度 $u(t)$，および回転角速度 $\omega(t)$ を求めよ．ただし，撃力の力積を P，球と床の間の動摩擦係数を μ とする．

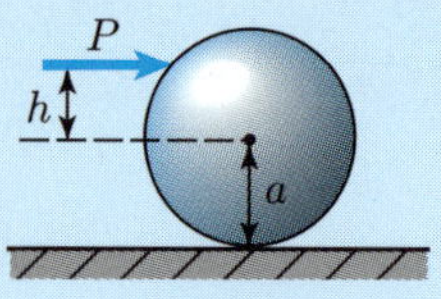

図5.25

ヒント 撃力の力積 P によって球が受けとる運動量と角運動量について考える．球は，撃力を受けた瞬間に床から摩擦力の力積も受けるように思えるが，実はそれは無視することができる．なぜなら，静止摩擦力はある値を越えることはなく，運動摩擦力はそれよりもさらに小さいためその力と短い時間の積である力積は，非常に小さな値しかもたないからである．

解答 撃力の力積 P を受けたために，球は速度 u_0 で動き出し，角速度 ω_0 で回転しはじめたとする (時計まわりを正とする)．重心を通る軸に関する球の慣性モーメントを I とすると $(I=(2/5)Ma^2)$，つぎの方程式が成り立つ：

$$Mu_0 = P, \quad I\omega_0 = Ph. \tag{1}$$

動き出した直後に床に接していた球上の点がもつ速度を v_0 とすると，つぎの式が成り立つ：

$$v_0 = u_0 - a\omega_0.$$

(1) から求めた u_0 と ω_0 をこれに代入すると

$$v_0 = \frac{P}{M} - \frac{Pha}{I} = \frac{P}{M}\left(1 - \frac{ha}{\frac{2}{5}a^2}\right) = \frac{P}{M}\left(1 - \frac{5h}{2a}\right).$$

すなわち，$h > 0.4a$ なら球の接地点は後方に動き，$h < 0.4a$ なら前方に動く．したがって，球が動きはじめたあとは，それぞれ前向き，後向きに摩擦力を受ける．摩擦力の大きさは，どちらのばあいも μMg である．また $h = 0.4a$ のときは，最初からすべりがなく，球は (1) から求まる一定の速さでそのままころがっていく．

すべりがあるばあいは，球は運動摩擦力を受けるから，重心の速度 u も回転角速度 ω も変化する．そして，接地点の速度 $v = u - a\omega$ が 0 になる瞬間があれば，そのあとはすべらずにころがり続ける．この変化を $h > 0.4a$ と $h < 0.4a$ の 2 つのばあいに分けて考察しよう．

（i） $h > 0.4a$ のばあいには，床からの摩擦力は前向きに働くから，運動方程式は

$$M\dot{u} = \mu M g, \quad I\dot{\omega} = -\mu M g a,$$
$$\therefore \quad u = \mu g t + u_0, \quad \omega = -\frac{\mu M g a}{I} t + \omega_0. \tag{2}$$

床に接している球上の点の速度は

$$\begin{aligned} v &= u - a\omega = \mu g \left(1 + \frac{Ma^2}{I}\right) t + u_0 - a\omega_0 \\ &= \frac{7}{2}\mu g t + \frac{P}{M}\left(1 - \frac{5h}{2a}\right). \end{aligned}$$

v は，時間がたつにつれて負の値から増加して 0 になる．その時刻 t_0 は

$$t_0 = \frac{2}{7}\frac{P}{\mu M g}\left(\frac{5h}{2a} - 1\right) > 0 \tag{3}$$

で与えられる．この時刻のあとの球の速度と角速度を求めるには，(2) の中の t を t_0 でおきかえればよい．すなわち，$t \geqq t_0$ では

$$\begin{cases} u = \dfrac{2}{7}\dfrac{P}{M}\left(\dfrac{5h}{2a} - 1\right) + \dfrac{P}{M} = \dfrac{5}{7}\dfrac{P}{M}\left(1 + \dfrac{h}{a}\right), \\ \omega = \dfrac{u}{a} = \dfrac{5}{7}\dfrac{P}{Ma}\left(1 + \dfrac{h}{a}\right). \end{cases} \tag{4}$$

(ii)　$h < 0.4a$ のばあいには，床からの摩擦力は後向きで $-\mu M g$ である．(i) のばあいと同様にして，

$$M\dot{u} = -\mu M g, \quad I\dot{\omega} = \mu M g a,$$
$$\therefore \quad u = -\mu g t + u_0, \quad \omega = \frac{\mu M g a}{I} t + \omega_0.$$

接地点の速度は

$$v = -\frac{7}{2}\mu g t + \frac{P}{M}\left(1 - \frac{5h}{2a}\right). \tag{5}$$

$v = 0$ から

$$t_0 = \frac{2}{7}\frac{P}{\mu M g}\left(1 - \frac{5h}{2a}\right) > 0. \tag{6}$$

この時刻のあとは，球はすべらずにころがっていく．その速度と角速度はやはり (4) で表わされる．

問題

14.1 質量 M，長さ $2l$ の一様な棒がある．中点から距離 h の点で棒に垂直に撃力を与えた．棒の上の点で，撃力を受けた直後に速度が 0 であるような点はどこか．ただし，重力の効果は考えない．

14.2 水平軸のまわりに角速度 ω_0 で回転している一様な球を，なめらかでない水平な床の上においた．球がすべらずにころがるようになるまで，球はどれだけの距離を移動するか．

♣ **回転ゆで卵の運動**　5.3節のうめくさで紹介された「逆立ちごま」のように，高速で回転すると重心が上昇する物体は様々あって，碁石やゆで卵もその例である．ゆで卵のばあい，その対称軸を水平にしてテーブルの上で速く回すと，その軸が徐々に鉛直方向に傾いていき，ついに卵が直立するのである．しかし，この現象は「逆立ちごま」の理論では説明できない．というのは，物体の形が球形ではないため，もはや保存量が存在しないからである．実は，この現象の理論的説明がなされたのは 2002 年である．高速で回転するばあい，任意の軸対称剛体に対して近似的にジェレット定数が保存量となることがわかり，回転ゆで卵が立ち上がる様子を表わす近似解析解が得られたのである．

さらに 2005 年，回転ゆで卵は立ち上がる途中で信じがたい運動をすることが理論的に予測された．卵がひとりでにテーブルとの接触を失い，微小なジャンプをするのである．この飛び跳ね現象は，上昇中のエレベーターが急に止まったとき体重が軽くなるのと同様の原理で起きるのであるが，2006 年実験的にも検証され，理論の予測どおり写真にあるような微小なジャンプがいくつも確認された．

解明されていない身近な力学現象はまだまだ多い．

6 解析力学

● 解析力学の意義 ●　解析力学はニュートンの運動方程式とは別の原理を適用して力学の諸現象を研究する分野である．ただし，その原理はニュートンの力学と同等であって，片方から他方を導き出すことができる．解析力学を学習する意義はつぎのように要約できる：

(i) ニュートンの運動方程式を使う方法の他に，解析力学を使う方法を知ることによって，力学の体系についての広い視野をもつことができる．

(ii) ニュートンの運動方程式を使うよりも，解析力学を使う方が問題が解きやすいことがある．とくに，多くの物体が集合した系や，複雑な束縛条件がついている系ではそれがいちじるしい．

(iii) 原子や分子の世界は，ニュートン力学とはまったく別の法則にしたがう．それは量子力学とよばれ，形式の上で解析力学と似ている点がある．したがって，解析力学を知っておくと量子力学を学ぶときにも役立つ．しかしこの点に関しては，本書の範囲をこえるので以後はふれないことにする．

解析力学では，ラグランジュ関数やハミルトン関数とよばれる新しい関数を導入して運動方程式を書きかえる．ここではその要点のみを記すことにする．

● ラグランジュ関数とラグランジュの方程式 ●　ポテンシャルエネルギー U の力の場の中を運動する質量 m の質点の運動方程式は，直角座標 (x_1, x_2, x_3) を使うと

$$m\frac{d^2x_i}{dt^2} = -\frac{\partial U}{\partial x_i} \quad (i = 1, 2, 3) \tag{1}$$

と書くことができる．運動エネルギー K を用いて左辺を次のように書き直そう：

$$m\frac{d^2x_i}{dt^2} = \frac{d}{dt}(m\dot{x}_i) = \frac{d}{dt}\left(\frac{\partial K}{\partial \dot{x}_i}\right), \quad K = \frac{1}{2}m\sum_{i=1}^{3}\dot{x}_i{}^2 \tag{2}$$

K が x_i に，U が $\dot{x}_i$ に依存しないことに注意すると，(1) と (2) から（注意 **1** 参照）

$$\frac{d}{dt}\left(\frac{\partial L}{\partial \dot{x}_i}\right) - \frac{\partial L}{\partial x_i} = 0, \quad L = K - U. \tag{3}$$

L は運動エネルギーとポテンシャルエネルギーの差で，**ラグランジュ関数** (または

ラグランジアン) とよばれ，x_i と $\dot{x}_i$ の関数である．L を支配する方程式 (3) は**ラグランジュの方程式**と名づけられている．

• **一般座標** • 上のラグランジュ関数 L は直角座標で書いた K と U をもとにしているが，本来 K と U はスカラー量で座標のとりかたによらない．また，運動の自由度に対応して座標を適当に選べば，質点系や剛体の運動もラグランジュの方程式で記述できる．このような座標を**一般座標**とよび，$q_i(t)$ $(i = 1, 2, \cdots, N)$ で表わすと (N は自由度の数)，ラグランジュ関数は

$$L = K - U = L(\dot{q}_1, \dot{q}_2, \cdots, q_1, q_2, \cdots) \tag{4}$$

ラグランジュの方程式は

$$\frac{d}{dt}\left(\frac{\partial L}{\partial \dot{q}_i}\right) - \frac{\partial L}{\partial q_i} = 0 \quad (i = 1, 2, \cdots, N) \tag{5}$$

と書き表わされる．

• **正準方程式** • 一般座標 q_i に対して，それに**共役な運動量** p_i を次式で定義する：

$$p_i = \frac{\partial L}{\partial \dot{q}_i}. \tag{6}$$

右辺は q_i と $\dot{q}_i$ の関数であるから，この式から $\dot{q}_i$ を p_i と q_i で表わすことができる．そこで，p_i と q_i の関数

$$H = \sum_{i=1}^{N} p_i \dot{q}_i - L = H(p_1, p_2, \cdots, q_1, q_2, \cdots) \tag{7}$$

を定義する．これを**ハミルトン関数** (または**ハミルトニアン**) という．ハミルトン関数は，一般座標と運動量の関数である．H を p_i, q_i で微分し，p_i と q_i が独立であること，および (5), (6) を用いると

$$\frac{\partial H}{\partial p_i} = \dot{q}_i + \sum_{k=1}^{N} p_k \frac{\partial \dot{q}_k}{\partial p_i} - \sum_{k=1}^{N} \frac{\partial L}{\partial \dot{q}_k}\frac{\partial \dot{q}_k}{\partial p_i} = \dot{q}_i \quad ((6)\text{ を使った}), \tag{8}$$

$$\begin{aligned}\frac{\partial H}{\partial q_i} &= \sum_{k=1}^{N} p_k \frac{\partial \dot{q}_k}{\partial q_i} - \sum_{k=1}^{N}\left(\frac{\partial L}{\partial \dot{q}_k}\frac{\partial \dot{q}_k}{\partial q_i} + \frac{\partial L}{\partial q_k}\frac{\partial q_k}{\partial q_i}\right) \\ &= -\frac{\partial L}{\partial q_i} = -\frac{d}{dt}\left(\frac{\partial L}{\partial \dot{q}_i}\right) = -\dot{p}_i \quad ((5)\text{ と }(6)\text{ を使った}).\end{aligned} \tag{9}$$

(8) と (9) をまとめると，**正準方程式**とよばれる次式を得る：

$$\dot{q}_i = \frac{\partial H}{\partial p_i}, \quad \dot{p}_i = -\frac{\partial H}{\partial q_i} \quad (i = 1, 2, \cdots, N). \tag{10}$$

ハミルトン関数 H は時間的に不変である：

$$\frac{dH}{dt}=\sum_{i=1}^{N}\left(\frac{\partial H}{\partial p_i}\dot{p}_i+\frac{\partial H}{\partial q_i}\dot{q}_i\right)=\sum_{i=1}^{N}\left(-\frac{\partial H}{\partial p_i}\frac{\partial H}{\partial q_i}+\frac{\partial H}{\partial q_i}\frac{\partial H}{\partial p_i}\right)=0. \tag{11}$$

多くのばあい (運動エネルギーが一般座標の時間微分の 2 次の項だけで表わされるとき) には，H は全エネルギーに他ならないことが示される．

• 束縛運動 •　質点や剛体が束縛条件を満たしながら運動するとき，一般座標としては自由に動ける方向の座標を選ぶのがよい．

たとえば，質点が図 6.1 のように半径 l の円周上に束縛されているときは，ある直線 OA から測った角度 φ を一般座標にとるのがよい．ラグランジュ関数は $L(\varphi,\dot{\varphi})=\frac{1}{2}ml^2\dot{\varphi}^2-U(\varphi)$ と表わされる．ラグランジュの方程式は，

$$\frac{\partial}{\partial t}\left(\frac{\partial L}{\partial\dot{\varphi}}\right)-\frac{\partial L}{\partial\varphi}=0.$$

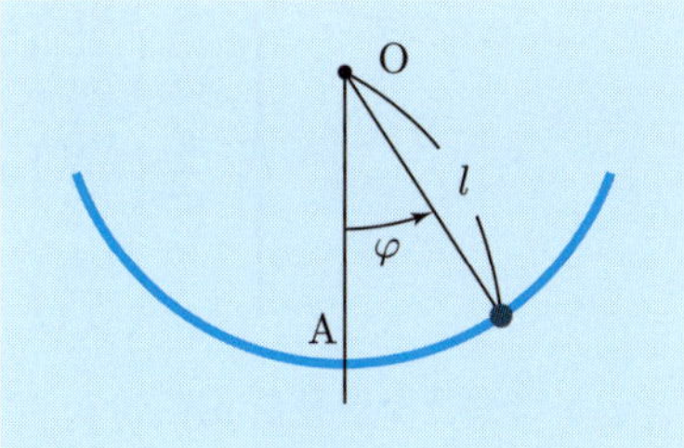

図6.1

$p_\varphi=\dfrac{\partial L}{\partial\varphi}$ によって φ に共役な運動量を定義すると，ハミルトン関数は

$$H(\varphi,p_\varphi)=p_\varphi\cdot\dot{\varphi}-L$$

と表わされる．正準方程式は

$$\dot{\varphi}=\frac{\partial H}{\partial p_\varphi},\quad \dot{p}_\varphi=-\frac{\partial H}{\partial\varphi}.$$

注意 1　(1), (2) から (3) を導くには，つぎのようにすればよい：
U は x_i だけの関数なので，

$$\frac{\partial}{\partial t}\left(\frac{\partial L}{\partial\dot{x}_i}\right)=\frac{\partial}{\partial t}\left(\frac{\partial K}{\partial\dot{x}_i}\right)=m\frac{d^2x_i}{dt^2}\quad ((2)\text{ より}),$$

K は $\dot{x}_i$ だけの関数なので，

$$\frac{\partial L}{\partial x_i}=-\frac{\partial U}{\partial x_i}.$$

したがって，

$$\frac{\partial}{\partial t}\left(\frac{\partial L}{\partial\dot{x}_i}\right)-\frac{\partial L}{\partial x_i}=m\frac{d^2x_i}{dt^2}+\frac{\partial U}{\partial x_i}=0\quad ((1)\text{ より}).$$

注意 2　回転している曲線や曲面の上に束縛されているばあいなどでは，ハミルトン関数がエネルギーを表わさず，エネルギーが保存されないことがある．これは束縛力が仕事をするからである (問題 1.3)

例題 1 ——— **基本的運動への応用**

下記の質点の運動について，ラグランジュ関数を作り，ラグランジュの方程式から運動方程式を導け．つぎにハミルトン関数を作り，正準方程式からやはり運動方程式を導け：

（i） 重力場での放物運動，　（ii） 単振り子，

（iii） 万有引力のもとでの運動．

解答 （i） 鉛直上方に z 軸，水平面内に x, y 軸をとる．質点の質量を m とすると，位置エネルギー $U = mgz$，運動エネルギー $K = (1/2)m(\dot{x}^2 + \dot{y}^2 + \dot{z}^2)$ から，ラグランジュ関数 L は

$$L = K - U = \frac{1}{2}m(\dot{x}^2 + \dot{y}^2 + \dot{z}^2) - mgz.$$

これをラグランジュの方程式 (要項の (3)) に代入すると，運動方程式が得られる：

$$\begin{cases} \dfrac{d}{dt}\left(\dfrac{\partial L}{\partial \dot{x}}\right) - \dfrac{\partial L}{\partial x} = \dfrac{d}{dt}(m\dot{x}) = 0, \\ \dfrac{d}{dt}\left(\dfrac{\partial L}{\partial \dot{y}}\right) - \dfrac{\partial L}{\partial y} = \dfrac{d}{dt}(m\dot{y}) = 0, \\ \dfrac{d}{dt}\left(\dfrac{\partial L}{\partial \dot{z}}\right) - \dfrac{\partial L}{\partial z} = \dfrac{d}{dt}(m\dot{z}) + mg = 0. \end{cases}$$

x, y, z に共役な運動量 p_x, p_y, p_z は $p_x = \partial L/\partial \dot{x} = m\dot{x}$ などのように求められる．したがって，ハミルトン関数と正準方程式は

$$H = p_x\dot{x} + p_y\dot{y} + p_z\dot{z} - L = \frac{1}{2m}({p_x}^2 + {p_y}^2 + {p_z}^2) + mgz,$$

$$\begin{cases} \dfrac{dx}{dt} = \dfrac{\partial H}{\partial p_x} = \dfrac{p_x}{m}, \quad \dfrac{dy}{dt} = \dfrac{\partial H}{\partial p_y} = \dfrac{p_y}{m}, \quad \dfrac{dz}{dt} = \dfrac{\partial H}{\partial p_z} = \dfrac{p_z}{m}, \\ \dfrac{dp_x}{dt} = -\dfrac{\partial H}{\partial x} = 0, \quad \dfrac{dp_y}{dt} = -\dfrac{\partial H}{\partial y} = 0, \quad \dfrac{dp_z}{dt} = -\dfrac{\partial H}{\partial z} = -mg. \end{cases}$$

ラグランジュ方程式と正準方程式から，同じ運動方程式が導かれることに注意されたい．

（ii） 独立変数 (一般座標) として振れの角 φ をとる．おもりの質量を m，振り子の長さを l とする．$K = (1/2)m(l\dot{\varphi})^2$, $U = mgl(1 - \cos\varphi)$ であるから，ラグランジュ関数とラグランジュの方程式は，

$$L = \frac{1}{2}ml^2\dot{\varphi}^2 - mgl(1 - \cos\varphi),$$

$$\frac{d}{dt}\left(\frac{\partial L}{\partial \dot{\varphi}}\right) - \frac{\partial L}{\partial \varphi} = \frac{d}{dt}(ml^2\dot{\varphi}) + mgl\sin\varphi = 0 \qquad \therefore \quad \ddot{\varphi} + \frac{g}{l}\sin\varphi = 0.$$

φ に共役な運動量は $p_\varphi = \partial L/\partial \dot{\varphi} = ml^2\dot{\varphi}$ であるから (p_φ は角運動量である)，ハミル

トン関数と正準方程式は

$$H = p_\varphi \dot{\varphi} - L = \frac{1}{2}ml^2\dot{\varphi}^2 + mgl(1-\cos\varphi) = \frac{{p_\varphi}^2}{2ml^2} + mgl(1-\cos\varphi),$$

$$\frac{d\varphi}{dt} = \frac{\partial H}{\partial p_\varphi} = \frac{p_\varphi}{ml^2}, \quad \frac{dp_\varphi}{dt} = -\frac{\partial H}{\partial \varphi} = -mgl\sin\varphi.$$

(iii) 万有引力は中心力であるから質点は一平面上で運動する．質点の位置をその平面上で定義される極座標 (r, φ) で表わせば，極座標を用いた運動エネルギーの式と万有引力の法則から

$$L = K - U = \frac{1}{2}m(\dot{r}^2 + r^2\dot{\varphi}^2) + \frac{GMm}{r}.$$

ただし m は質点の質量，M は万有引力のもとになっている物体の質量，G は万有引力定数である．ラグランジュの方程式を書けば，

$$\frac{d}{dt}\left(\frac{\partial L}{\partial \dot{r}}\right) - \frac{\partial L}{\partial r} = \frac{d}{dt}(m\dot{r}) - mr\dot{\varphi}^2 + \frac{GMm}{r^2} = 0,$$

$$\frac{d}{dt}\left(\frac{\partial L}{\partial \dot{\varphi}}\right) - \frac{\partial L}{\partial \varphi} = \frac{d}{dt}(mr^2\dot{\varphi}) = 0.$$

第 1 式は r 方向の運動方程式である．第 2 式は角運動量保存則を表わしている．これらは，第 3 章例題 18 (p.50) の (1), (2) で $f(r) = -GM/r^2$ とおいたものに一致する．

r, φ に共役な運動量は

$$p_r = \frac{\partial L}{\partial \dot{r}} = m\dot{r}, \quad p_\varphi = \frac{\partial L}{\partial \dot{\varphi}} = mr^2\dot{\varphi}$$

であるから，ハミルトン関数と正準方程式は

$$H = p_r\dot{r} + p_\varphi\dot{\varphi} - L = \frac{m}{2}(\dot{r}^2 + r^2\dot{\varphi}^2) - \frac{GMm}{r} = \frac{1}{2m}\left({p_r}^2 + \frac{{p_\varphi}^2}{r^2}\right) - \frac{GMm}{r},$$

$$\frac{dr}{dt} = \frac{\partial H}{\partial p_r} = \frac{p_r}{m}, \qquad \frac{d\varphi}{dt} = \frac{\partial H}{\partial p_\varphi} = \frac{p_\varphi}{mr^2},$$

$$\frac{dp_r}{dt} = -\frac{\partial H}{\partial r} = \frac{{p_\varphi}^2}{mr^3} - \frac{GMm}{r^2}, \qquad \frac{dp_\varphi}{dt} = -\frac{\partial H}{\partial \varphi} = 0.$$

問題

1.1 力を受けず，一定の速度 $(\dot{x}, \dot{y}, \dot{z})$ で動く質量 m の質点について，ラグランジュ関数，ハミルトン関数を求めよ．それから，運動方程式を導け．

1.2 ばね定数 k のばねでつながれた等しい質量 m の 2 個の物体の運動について，ラグランジュ関数，ラグランジュの方程式，ハミルトン関数，正準方程式を導け．

1.3 一定の角速度 ω で回転するなめらかな直線上に束縛された質点の運動について，問題 1.2 と同じものを導け．

例題 2 **多数の質点の運動**

2 つの滑車と 3 個のおもりから成る図 6.1 のような系がある．この系のラグランジュ関数を求め，静止からはじまるおもりの運動を調べよ．ただし，滑車の慣性モーメントは無視できるとする．

ヒント 一般座標として，$t=0$ での位置から測った上のおもりの上昇距離 x，下の滑車から見た下左側のおもりの上昇距離 y をとる．上のおもりが x だけ上がると，下の左右のおもりはそれぞれ $y-x$, $-y-x$ だけ上がる．この系のラグランジュ関数は，3 個のおもりについてのラグランジュ関数の和である．

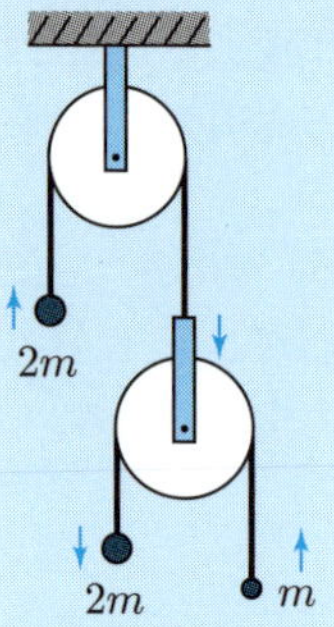

図6.2

解答 系のラグランジュ関数を L とすれば

$$\begin{aligned} L =& \frac{1}{2}\{2m\dot{x}^2 + 2m(\dot{y}-\dot{x})^2 + m(-\dot{y}-\dot{x})^2\} \\ & - g\{2mx + 2m(y-x) + m(-y-x)\} \\ =& \frac{m}{2}(5\dot{x}^2 - 2\dot{x}\dot{y} + 3\dot{y}^2) - mg(-x+y). \end{aligned} \tag{1}$$

これからラグランジュの方程式を作ると

$$\frac{d}{dt}\left(\frac{\partial L}{\partial \dot{x}}\right) - \frac{\partial L}{\partial x} = m(5\ddot{x} - \ddot{y} - g) = 0, \tag{2}$$

$$\frac{d}{dt}\left(\frac{\partial L}{\partial \dot{y}}\right) - \frac{\partial L}{\partial y} = m(-\ddot{x} + 3\ddot{y} + g) = 0. \tag{3}$$

この方程式から x と y を求めればよい．$\ddot{y}$ を消去すれば

$$7\ddot{x} - g = 0.$$

この方程式を $t=0$ で $x=0$, $\dot{x}=0$ という初期条件のもとに解けば

$$x = \frac{1}{14}gt^2$$

が得られる．同様に，(2) と (3) から $\ddot{x}$ を消去し，初期条件 $y=0$, $\dot{y}=0$ のもとに解けば，

$$7\ddot{y} + 2g = 0 \qquad \therefore \quad y = -\frac{1}{7}gt^2.$$

問題

2.1 例題2で，滑車が円板で，その質量，半径がどちらも M, a のばあいにはどうなるか．

2.2 図6.3のように，鉛直方向からの傾角が α のなめらかな斜面の頂上に，なめらかで質量の無視できる滑車があって，質量 m の2つのおもりがかかっている．おもりの運動を調べよ．

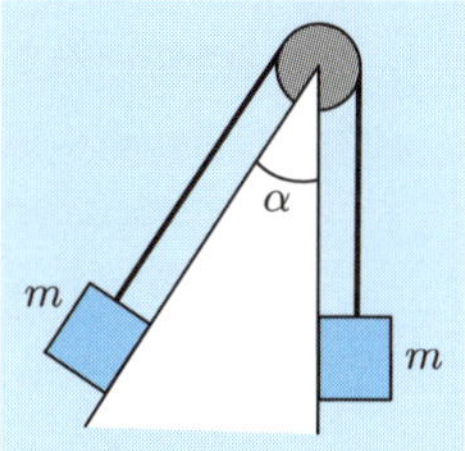

図6.3

♣ **摩擦力がこまを立ち上がらせる**　回転しているこまを，軸を傾けて床の上におくと，こまはすぐ立ち直って，軸を鉛直に保った状態で回転し続ける．軸と床の間に摩擦がなければこまは歳差運動をするはずであるから (第5章の問題4.1)，この現象には摩擦力が関与しているにちがいない．

いま，こまの軸の下端は床の定位置に接していると仮定する．軸の先端は丸味をおびているから，軸が少しでも傾いていると接触点ですべりがおこって，軸には運動摩擦力が働く (図(a))．こまは角運動量が上向きとなるように回転しているとすれば，この摩擦力は紙面に垂直で手前の方を向く．実はこの力 $\boldsymbol{F}_1$ がこまの軸を鉛直に立てるのである．

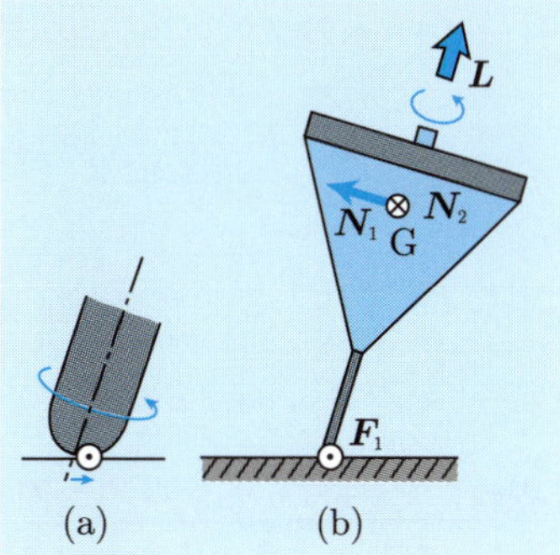

力 $\boldsymbol{F}_1$ はこまの重心Gのまわりに $\boldsymbol{N}_1$ というモーメントをもっている (図(b))．一方，このモーメントは，こまの角運動量 $\boldsymbol{L}$ を運動方程式

$$\frac{d\boldsymbol{L}}{dt} = \boldsymbol{N}_1$$

にしたがって変えようとする．したがって，$\boldsymbol{L}$ はしだいに鉛直方向を向いていくのである．また，もし何かのはずみにこまの軸がわずかに傾くようなことがあっても，この力がすぐに軸の向きをもとへもどしてくれる．こまが直立したまま安定にまわっていられるのは，運動摩擦力 $\boldsymbol{F}_1$ のこのような働きによるのである，もっとも，この力は，同時に軸の回転を弱めていくから，いずれはこまを止めてしまうことになる．

なお，こまには床の垂直抗力も働いている (図には描いてない)．これが，こまに歳差運動をさせる原因となっている．

例題 3 **二重振り子の問題**

図のように，長さ l の 2 本の糸に質量 m の 2 個のおもりをつけて，微小振動をさせる．

(i) 糸の振れの角 φ_1, φ_2 を一般座標とするとき，$\varphi_1(t)$ と $\varphi_2(t)$ が満たすべき微分方程式を求めよ．

(ii) 2 つのおもりが等しい振動数と位相で振動していると仮定して，その振動数を求めよ．

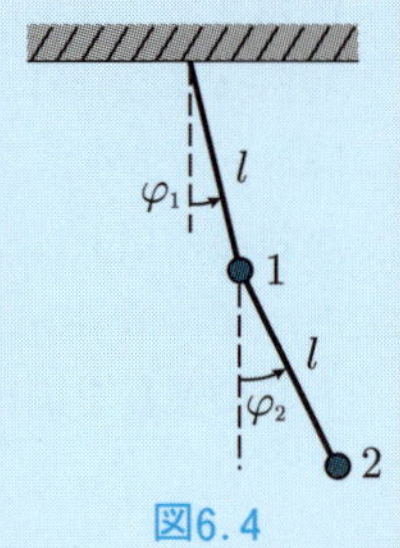

図6.4

ヒント 水平方向を x，鉛直上向きの方向を y とする．振り子を静止させたときの各おもりの位置をそれぞれ原点として，おもりの位置座標 (x_1, y_1), (x_2, y_2) を定義する．これらの位置座標は一般座標 φ_1, φ_2 を使ってつぎのように表わすことができる：

$$\begin{aligned} x_1 &= l\sin\varphi_1, & y_1 &= l(1-\cos\varphi_1), \\ x_2 &= l\sin\varphi_1 + l\sin\varphi_2, & y_2 &= l(1-\cos\varphi_1) + l(1-\cos\varphi_2). \end{aligned} \tag{1}$$

解答 (i) 系のラグランジュ関数は

$$L = K - U = \frac{1}{2}m(\dot{x}_1{}^2 + \dot{y}_1{}^2 + \dot{x}_2{}^2 + \dot{y}_2{}^2) - mg(y_1 + y_2)$$

である．

これに (1) を代入し，$\dot{x}_1 = l\cos\varphi_1 \cdot \dot{\varphi}_1$ などを使って整理すると

$$L = \frac{1}{2}ml^2(2\dot{\varphi}_1{}^2 + 2\cos(\varphi_1 - \varphi_2)\cdot\dot{\varphi}_1\dot{\varphi}_2 + \dot{\varphi}_2{}^2) - mgl(3 - 2\cos\varphi_1 - \cos\varphi_2).$$

微小振動を仮定しているから，1.2 節で説明した近似式を利用して，$\cos\varphi_1$, $\cos\varphi_2$, $\cos(\varphi_1 - \varphi_2)$ を，変数の 2 次の項までの多項式で表わす．さらに，$\varphi_1, \varphi_2, \dot{\varphi}_1, \dot{\varphi}_2$ の 3 次以上の項を省略すると，

$$L = \frac{1}{2}ml^2(2\dot{\varphi}_1{}^2 + 2\dot{\varphi}_1\dot{\varphi}_2 + \dot{\varphi}_2{}^2) - mgl\left(\varphi_1{}^2 + \frac{1}{2}\varphi_2{}^2\right). \tag{2}$$

これからラグランジュの方程式を作ると，

$$\frac{d}{dt}\left(\frac{\partial L}{\partial\dot{\varphi}_1}\right) - \frac{\partial L}{\partial\varphi_1} = ml^2(2\ddot{\varphi}_1 + \ddot{\varphi}_2) + 2mgl\varphi_1 = 0,$$

$$\frac{d}{dt}\left(\frac{\partial L}{\partial\dot{\varphi}_2}\right) - \frac{\partial L}{\partial\varphi_2} = ml^2(\ddot{\varphi}_1 + \ddot{\varphi}_2) + mgl\varphi_2 = 0,$$

すなわち，求める微分方程式はつぎのようになる：

$$\begin{cases} 2\ddot{\varphi}_1 + \ddot{\varphi}_2 + \dfrac{2g}{l}\varphi_1 = 0, \\ \ddot{\varphi}_1 + \ddot{\varphi}_2 + \dfrac{g}{l}\varphi_2 = 0. \end{cases} \tag{3}$$

(ii) 2つのおもりがどちらも角振動数ω，初期位相αで振動していると仮定しよう：

$$\varphi_1 = a_1 \cos(\omega t + \alpha), \quad \varphi_2 = a_2 \cos(\omega t + \alpha). \tag{4}$$

これを上の微分方程式に代入すると，

$$\left(-2a_1\omega^2 - a_2\omega^2 + \frac{2g}{l}a_1\right)\cos(\omega t + \alpha) = 0,$$

$$\left(-a_1\omega^2 - a_2\omega^2 + \frac{g}{l}a_2\right)\cos(\omega t + \alpha) = 0.$$

これがすべての時刻で成り立つためには，$\cos(\omega t + \alpha)$ にかかる係数が 0 でなければならない．この条件から ω^2 と a_1/a_2 が 2 通り定まる (第 4 章の例題 6 参照)：

$$\begin{cases} \mathrm{A}: \quad \omega^2 = {\omega_\mathrm{A}}^2 = \left(2 - \sqrt{2}\right)\dfrac{g}{l}, \quad \dfrac{a_1}{a_2} = \dfrac{1}{\sqrt{2}}, \\ \mathrm{B}: \quad \omega^2 = {\omega_\mathrm{B}}^2 = \left(2 + \sqrt{2}\right)\dfrac{g}{l}, \quad \dfrac{a_1}{a_2} = -\dfrac{1}{\sqrt{2}}. \end{cases} \tag{5}$$

注意 1 A, B は図 6.5 に示したような振動で，この系の基準振動である．

注意 2 この系の運動には 2 つの自由度があるから，一般座標としては 2 つあればよい．それゆえ独立な一般座標としてたとえば x_1 と x_2 を採用してもよい．しかし，上のように φ_1, φ_2 を採用する方が計算が簡単である．x_1, y_1, x_2, y_2 を全部独立変数として扱っては間違いである．

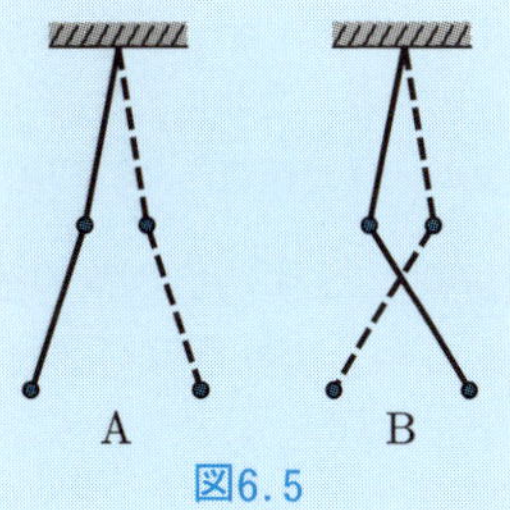

図6.5

問題

3.1 質量 m の 2 つの質点が，図 6.6 のようにばね定数 k の 2 つのばねで壁につながれている．つり合いの位置からのずれ x_1, x_2 を一般座標として，この系の運動方程式を導け．

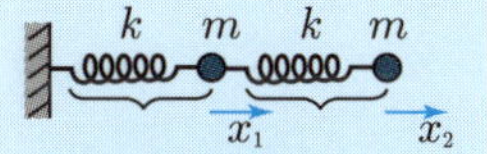

図6.6

3.2 質量 m と M の原子が一直線上に並んだ 3 原子分子がある．これが図 6.7 のように微小角 θ だけ折れまがったとき，弾性の位置エネルギーが $(1/2)\kappa\theta^2$ になるものとする (κ は定数)．この系の運動方程式を導き，角振動数 ω を求めよ．ただし，重心は動かないものとし，一般座標として，θ を採用せよ．また，結合の腕の長さを l とせよ．

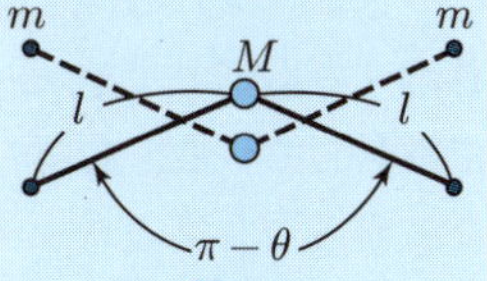

図6.7

7 総合問題

例題 1 　　**非弾性衝突のモデル**

図 7.1 のように，ばね定数 k の軽いばねでつないだ質量 m の 2 つの球 (球 m とよぶ) に，質量 M の別の球 (球 M) がばねの延長線上から速さ V で飛んできて衝突する．球どうしは瞬間的に弾性衝突をする．衝突後，それぞれはどのような運動をするか．2 つの球 m を 1 つの物体とみなしたとき，それと球 M との間の反発係数 e を求めよ．

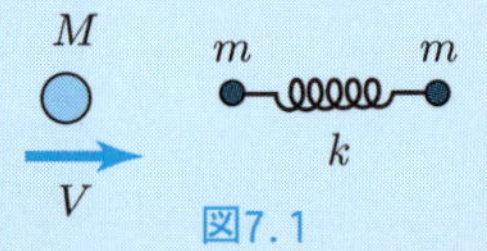

図7.1

ヒント 　球 M と左の球 m の衝突は弾性的である．2 つの球 m はばねでつながっているが，衝突の瞬間にはばねはまだ縮んでいないから，右の球 m の速度は 0 である．このことから衝突直後のそれぞれの速度が決まる．そのあとの 2 つの球 m の系の運動量は，衝突直後に左の球がもっていた運動量に等しい (運動量保存則)．さらに，縮んだばねは復元力によってもとにもどろうとするから，球 m の系は，ばねが伸びたり縮んだりする振動を伴いながら右方へ運動する．この振動を調べるには，球 m の運動を，2 球の重心とともに動く座標系で見ればよい．反発係数 e は，重心の速度を使って計算できる．

解答 　まず衝突直後の運動を調べよう．球 M と左の球 m の速度をそれぞれ V', v' とすると，運動量保存則および反発係数が 1 であることから

$$MV = MV' + mv', \quad \frac{v' - V'}{V} = 1.$$

これから

$$V' = \frac{M - m}{M + m}V, \quad v' = \frac{2M}{M + m}V. \tag{1}$$

2 つの球 m の重心の速度を v_{G} とすると，重心の定義によって

$$2mv_{\mathrm{G}} = mv' \qquad \therefore \quad v_{\mathrm{G}} = \frac{1}{2}v'. \tag{2}$$

運動量保存則によって，衝突ののち重心の速度はこの値を保ち続ける．

つぎに，ばねの伸び縮みの振動について調べよう．そのために，重心とともに右へ移動する座標系で球 m の運動を見ることにする．2 つの球 m は静止した重心の両側で振動している．右側の球 m の変位を x と書くと，ばねは $2x$ だけ伸びていることになるから，右側の球 m の運動方程式は

$$m\ddot{x} = -2kx \tag{3}$$

となる．衝突の直後 ($t=0$ とする) には，ばねは自然長であるから，$x=0$ である．したがって，(3) の解は $x=a\sin\omega t$ (a と ω は定数) である．ただし，角振動数 ω は

$$\omega=\sqrt{\frac{2k}{m}} \tag{4}$$

で与えられる．定数 a はつぎのようにして求められる．静止系で見たとき，右の球 m の速度を $v_{\rm R}$ とすれば，

$$v_{\rm R}=v_{\rm G}+\dot{x}=v_{\rm G}+\omega a\cos\omega t.$$

$t=0$ では $v_{\rm R}=0$ であるから，この式と (2) から

$$a=-\frac{v_{\rm G}}{\omega}=-\frac{v'}{2\omega}. \tag{5}$$

以上まとめるとつぎのようになる．衝突後，球 M は (1) で与えられる速度 V' で運動し，2 つの球 m については，その重心は $v_{\rm G}=v'/2$ で動き，各球は角振動数が (4)，振幅が (5) であるような単振動をする．

2 つの球 m をひとかたまりの物体とみなしたときの球 M との間の反発係数は，このかたまりが速度 $v_{\rm G}$ で運動するものと考えて，つぎの式で与えられる：

$$e=\frac{v_{\rm G}-V'}{V}=\frac{\frac{v'}{2}-V'}{V}=\frac{M}{M+m}-\frac{M-m}{M+m}=\frac{m}{M+m} \tag{6}$$

注意 一般に，反発係数が 1 より小さいときには，衝突に際して運動エネルギーが減少する．この例題では，2 つの球 m の系は，重心の移動という全体的な運動の他に，ばねの伸び縮みの運動をはじめるから，振動のエネルギーをもつようになる．すなわち，球 M がもっていた運動エネルギーの一部が，2 つの球 m の系の振動のエネルギーに変換されたわけである．並進運動のエネルギーが振動のエネルギーだけでなく，回転のエネルギーに変換されるばあいもある．下の問題 1.1 はその例である．

問　題

1.1 質量 m の球から成る長さ l の 2 組の亜鈴が衝突する．衝突前は右の亜鈴は静止している．左の亜鈴は回転せずに重心が速度 V で近づく．そして左側の 1 つの球が右側の 1 つの球に弾性衝突する．また，両方の亜鈴はどちらも速度の方向に垂直であったとする．衝突後の両方の亜鈴の重心の速度と，回転角速度を求めよ．さらに，各亜鈴を 1 つの物体とみなしたときの反発係数を求めよ．

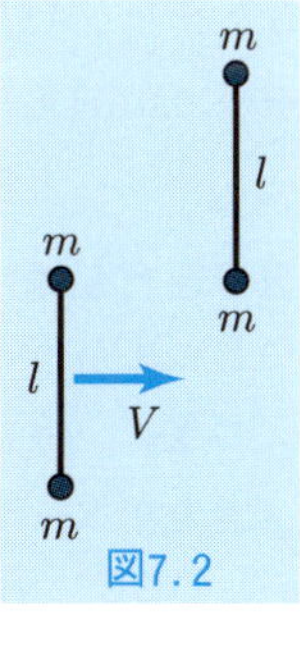

図7.2

例題 2　　**摩擦力による仕事**

質量 10 g の弾丸を速さ $20\,\mathrm{m\cdot s^{-1}}$ で固定した木材に打ち込んだところ，10 cm もぐって止まった (第 1 の実験)．同じ木材で質量 10 kg，厚さ 5.0 mm の板を作って空中につるし，同じ弾丸を垂直に $100\,\mathrm{m\cdot s^{-1}}$ で打ったところ，わずかに減速しただけで貫通して飛び続けた．一方，板はゆっくり動きはじめた (第 2 の実験)．貫通直後の板の速さと弾丸の速さの減少量を求めよ．ただし，木材が弾丸に及ぼす抵抗はつねに一定の大きさであるとする．

ヒント　木材が弾丸に及ぼす抵抗の大きさを F とすれば，第 1 の実験から F がわかる．第 2 の実験については，つぎのようにおいて，運動量に関する式をたてよ：

弾丸：質量 m，　初速 v_0，　貫通直後の速さ v_1，　貫通に要した時間 t_1

板　：質量 M，　厚さ d，　貫通直後の速さ V_1

解答　第 1 の実験では，弾丸がもっていた運動エネルギーが，木材の抵抗にさからって運動することによって完全に失われたのであるから，止まるまでの距離を l とすれば

$$\frac{1}{2}m{v_0}^2 = Fl.$$

$m = 0.010\,\mathrm{kg}$，$v_0 = 20\,\mathrm{m\cdot s^{-1}}$，$l = 0.10\,\mathrm{m}$ を入れると，$F = m{v_0}^2/2l = 20\,\mathrm{N}$.

第 2 の実験では，弾丸と板を合わせた系の運動量は保存される：

$$mv_0 = mv_1 + MV_1. \tag{1}$$

板が得た運動量は弾丸から受けた力積に等しいから

$$MV_1 = Ft_1. \tag{2}$$

弾丸の減速がわずかであることと，板の得た速度が小さいことから，t_1 はほぼ d/v_0 に等しいと考えることができる．これを (2) に入れれば

$$MV_1 = F\frac{d}{v_0} \qquad \therefore \quad V_1 = \frac{Fd}{Mv_0},$$

したがって (1) から $v_1 = v_0 - \dfrac{Fd}{mv_0}$ が得られる．

$m = 0.010\,\mathrm{kg}$，$M = 10\,\mathrm{kg}$，$d = 5.0\times10^{-3}\,\mathrm{m}$，$v_0 = 100\,\mathrm{m\cdot s^{-1}}$，$F = 20\,\mathrm{N}$ を入れると，

$$V_1 = 1.0\times10^{-4}\,\mathrm{m\cdot s^{-1}}, \quad v_0 - v_1 = 0.10\,\mathrm{m\cdot s^{-1}}.$$

板の速度も弾丸の減速の程度も，弾丸の速さに比べて非常に小さいから，上の議論はつじつまが合っている．

つぎに，弾丸が板を通り抜ける途中の経過を調べてみよう．

弾丸が板にあたった瞬間を時刻 t の原点にとる．そこからの移動距離を x，速度を v とすると，弾丸の運動方程式 $m\dot{v} = -F$ から

$$v = v_0 - \frac{F}{m}t, \quad x = v_0 t - \frac{F}{2m}t^2. \tag{3}$$

板の速度を V，弾丸があたった面の移動距離を X とすると，板の運動方程式 $M\dot{V} = F$ から

$$V = \frac{F}{M}t, \quad X = \frac{F}{2M}t^2. \tag{4}$$

$t = t_1$ で弾丸が板からはなれたのであるから $x(t_1) = X(t_1) + d$ が成り立つ．(3) と (4) を使って書き直せば，これは t_1 の 2 次方程式となる：

$$\frac{1}{\mu}F{t_1}^2 - 2v_0 t_1 + 2d = 0, \quad \frac{1}{\mu} = \frac{1}{m} + \frac{1}{M}.$$

これの 2 根のうち，$d \to 0$ のとき 0 に近づく方の根が求めるものである．すなわち

$$t_1 = \frac{v_0 - \sqrt{{v_0}^2 - \dfrac{2Fd}{\mu}}}{\dfrac{F}{\mu}} = \frac{\mu v_0}{F}\left(1 - \sqrt{1 - \frac{2Fd}{\mu {v_0}^2}}\right). \tag{5}$$

これを (2) の右辺に入れて解けば厳密な答が得られることになる．

とくに，ここでつぎの仮定を行なってみよう：

$$\frac{2Fd}{\mu {v_0}^2} \ll 1. \tag{6}$$

近似公式 $\sqrt{1-\varepsilon} \fallingdotseq 1 - (1/2)\varepsilon$ $(\varepsilon \ll 1)$ を使って (5) の右辺を書き直すと $t_1 \fallingdotseq \dfrac{\mu v_0}{F}\dfrac{Fd}{\mu {v_0}^2} = \dfrac{d}{v_0}$ となる．これは，はじめの計算で使った t_1 の表式に他ならない．つまり，そのときの簡略な計算がゆるされるための条件は不等式 (6) である．これは，F と d が小さいことと，μ と v_0 が大きいことが同等であることを示している．こころみにこの実験での数値を入れてみると，$2Fd/\mu {v_0}^2 \fallingdotseq 2 \times 10^{-3} \ll 1$ となって，(6) は確かに満たされていることがわかる．

問　題

2.1 例題 2 の第 1 の実験で，木材の質量が 990 g であり，空中にほおり投げて静止した瞬間に弾丸を打ち込んだとする．弾丸と木材の摩擦が 20 N としたとき，弾丸は何 cm もぐるか．

2.2 例題 2 と同じ木材で，図のような，厚さ 1.0 cm の長方形の板の一辺を回転軸とする質量 4.0 kg の振り子を作る．これを静止させて，板の中央に例題 2 と同じ弾丸を 100 m・s^{-1} で打ち込む．弾丸が貫通したあと板は微小振動をはじめた．この振動の振幅と角振動数を求めよ．

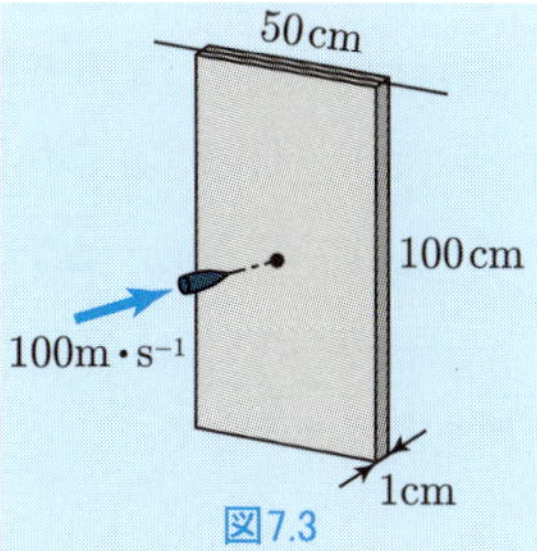

図7.3

例題 3　　　　**一列につながったばねと質点**

図のように，質量 m の多数の物体がばね定数 k のばねで一列につながれている．

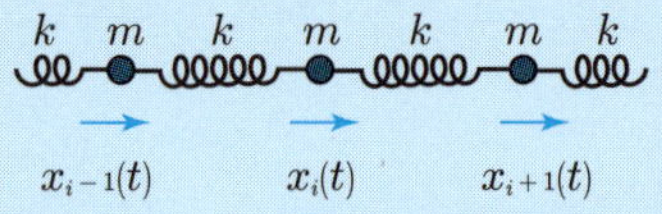

図7.4

(i)　左から i 番目の物体の変位を x_i とするとき，x_i が満たすべき方程式を求めよ．直接ニュートンの法則を適用する方法と，ラグランジュ関数を使う方法の両方を試してみよ．

(ii)　つぎに，物体が両側にどこまでもつながっているばあいには，

$$x_i = a\cos(\lambda i - \omega t) \tag{1}$$

という形の解があることを示せ．ただし a, λ, ω は定数で，λ と ω はある条件で結ばれている．

解答　(i)　まず，ニュートンの法則にしたがって i 番目の物体の運動方程式を導いてみよう．右向きを正方向にとる．i 番目の物体は，両側のばねの伸び縮みによる復元力を受ける．左側のばねは $x_i - x_{i-1}$ だけ伸び，それが物体に左向きの力を及ぼす．右側のばねは $x_{i+1} - x_i$ だけ伸び，物体に右向きの力を及ぼす．したがって，運動方程式はつぎのようになる：

$$m\ddot{x}_i = -k(x_i - x_{i-1}) + k(x_{i+1} - x_i) = k(x_{i+1} - 2x_i + x_{i-1}). \tag{2}$$

つぎにラグランジュ関数を使って導いてみよう．i 番目の物体の運動エネルギーは $\frac{1}{2}m\dot{x}_i{}^2$，その右側のばねの弾性エネルギーは $\frac{1}{2}k(x_{i+1} - x_i)^2$ であるから，全系のラグランジュ関数は

$$L = \sum_i \left\{\frac{1}{2}m\dot{x}_i{}^2 - \frac{1}{2}k(x_{i+1} - x_i)^2\right\} \tag{3}$$

で与えられる．これからラグランジュの方程式を作ると，

$$\begin{aligned}\frac{d}{dt}\left(\frac{\partial L}{\partial \dot{x}_i}\right) - \frac{\partial L}{\partial x_i} &= m\ddot{x}_i - k(x_{i+1} - x_i) + k(x_i - x_{i-1}) \\ &= m\ddot{x}_i - k(x_{i+1} - 2x_i + x_{i-1}) = 0.\end{aligned} \tag{4}$$

これは (2) と同じものである．

(ii)　(1) を (2) に代入すると，

$$\text{左辺} = -ma\omega^2\cos(\lambda i - \omega t),$$

$$\text{右辺} = ka\Big[\cos\{\lambda(i+1) - \omega t\} - 2\cos(\lambda i - \omega t) + \cos\{\lambda(i-1) - \omega t\}\Big]. \tag{5}$$

加法定理によって

$$\cos\{\lambda(i+1) - \omega t\} + \cos\{\lambda(i-1) - \omega t\} = 2\cos\lambda\cos(\lambda i - \omega t)$$

と書けるから，(5) の第 2 式は

$$右辺 = ka\Big[2\cos\lambda\cos(\lambda i - \omega t) - 2\cos(\lambda i - \omega t)\Big] = 2ka(\cos\lambda - 1)\cos(\lambda i - \omega t)$$

と書き直すことができる．(1) が (2) の解であるためには，すべての i と t について左辺と右辺が等しくなければならない．したがって

$$-ma\omega^2 = 2ka(\cos\lambda - 1) \qquad \therefore \quad \omega^2 = \frac{2k}{m}(1 - \cos\lambda) \tag{6}$$

でなければならない．逆に，(6) が満たされていれば (1) は確かに (2) の解になっている．(6) が例題の中で述べた条件である．

注意 1 (1) の形を見るとわかるように，$x_i(t)$ は時間的には単振動をしている．また，t を固定して i を変えていくと，やはり正弦的に変化する．つまり，この運動は空間的にも振動的な形をしている．なお，i 番目と $(i+1)$ 番目の物体では，時間的な振動の位相が λ だけずれている．ところが，i を $i+1$ に変えるのと同時に t を $t+\lambda/\omega$ に変えたとすると，

$$\lambda(i+1) - \omega\left(t + \frac{\lambda}{\omega}\right) = \lambda i - \omega t$$

となるから，位相は変わらない．つまり，右の方の物体ほどあとの時刻に同じ位相が実現される．このような運動は**波動**とよばれる．空気中を伝わる音波も，原理的にはこの例題の系とよく似ているのである．また，この運動は**基準振動**でもある．

注意 2 ラグランジュ関数の表式 (3) には，i についての和の上限と下限を明記しなかった．これは問題中に物体の列の両端の条件が指定されていないからである．端が固定壁につながっているばあい，どこにもつながっていないばあい，あるいはもっと別の条件がついているばあいなどでは，それぞれに応じて，端の物体に関する変数を含む項を適当な形に直しておかなければならない．そのばあいには，(1) の形の解は一般には存在しない．しかし，ここでは物体が左右にどこまでもつながっているとしているので，両端の条件にはふれないですんだのである．

問 題

3.1 (2) の運動方程式には，(1) の他に

$$x_i = a\cos(\lambda i + \omega t) \tag{7}$$

の形の解，および (1) と (7) を重ね合わせた形の解があることを示せ．これらの解が表わす波動は，(1) のばあいとどのように異なるか．

3.2 周の長さが $3l$ のなめらかな輪に，質量 m の 3 つの小さい物体が束縛されている．隣りどうしの物体は，この輪に沿って置かれた自然長 l，ばね定数 k のばねでつながれている．物体に 1, 2, 3 と番号をつけよう．i 番目の物体が輪に沿って移動する距離を x_i とするとき，x_1, x_2, x_3 が満たすべき運動方程式を導け．またこの方程式を解いて，その結果の物理的な意味を考えてみよ．

例題 4　　**四つ足問題**

図のような剛体の四脚机がある．机の面は一辺が a の正方形で，質量は M とする．正方形の頂点 A, B, C, D についている 4 本の脚にかかる荷重をそれぞれ決定しようとすると，剛体という仮定をおく限り不可能である．それはなぜか．つぎに剛体の仮定をとり除いて，脚を上下方向に伸び縮みする軽いばねでおきかえたばあいには，4 つのばねにかかる荷重が決定できるかどうかを考察せよ．

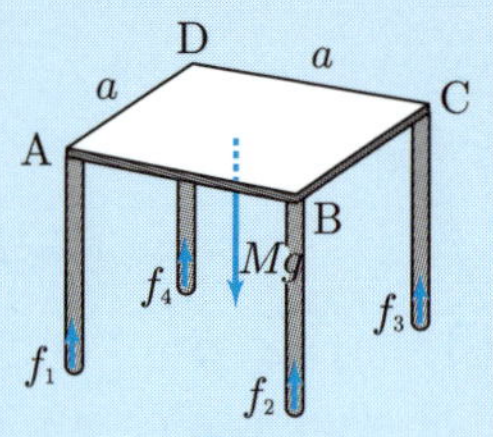

図7.5

ヒント　4 脚にかかる荷重をそれぞれ f_1, f_2, f_3, f_4 とする．机の重心が机の面の中心にあると仮定して，上下方向の力のつり合い条件と，水平軸のまわりの力のモーメントのつり合い条件をすべて書いてみよ．

解答　上下方向の力のつり合いは

$$f_1 + f_2 + f_3 + f_4 = Mg. \tag{1}$$

水平軸のまわりの力のモーメントのつり合いとしては，辺 AB と辺 AD のまわりのモーメントを考えることにすると，

$$\mathrm{AB:}\quad a(f_3 + f_4) = \frac{1}{2}aMg, \tag{2}$$

$$\mathrm{AD:}\quad a(f_2 + f_3) = \frac{1}{2}aMg. \tag{3}$$

これでは 4 個の未知量 f_1, f_2, f_3, f_4 に対して方程式が 3 つしかないので，荷重は決定できない．

もっとも，辺 BC，辺 CD のまわりの力のモーメントのつり合いを考えていないから，これも加えるべきだったかもしれない．ところが，それでもうまくいかない．なぜなら，まず辺 BC のまわりの力のモーメントのつり合いは

$$a(f_1 + f_4) = \frac{1}{2}aMg \tag{4}$$

であるが，この式は (1) と (3) から出てくる．したがって独立な方程式ではない．同様に，辺 CD のまわりの力のモーメントのつり合いも独立な条件にはならない．

それでは，対角線 BD のまわりの力のモーメントはどうだろうか．つり合い条件は $\dfrac{a}{\sqrt{2}}f_1 = \dfrac{a}{\sqrt{2}}f_3$ である．しかし，この条件は (2) と (4) の引き算で出る．同様に，(2) と (3) からは対角線 AC のまわりの力のモーメントのつり合い条件が出る．けっきょく，どう考えても f_1, f_2, f_3, f_4 は決定できないのである．

つぎに，机の面は剛体であるとして，脚をばね定数 k のばねでおきかえてみよう．それぞれのばねの縮みを x_1, x_2, x_3, x_4 とすると，前の (1), (2), (3) に対応するつり合い条件は，今度のばあい

$$\begin{cases} k(x_1+x_2+x_3+x_4)=Mg, \\ ak(x_3+x_4)=\dfrac{1}{2}aMg, \\ ak(x_2+x_3)=\dfrac{1}{2}aMg \end{cases} \tag{5}$$

となる (辺 BC, CD，対角線 AC, BD のまわりのモーメントについては，前と同じ理由によって考える必要はない)．ところで，ばねにしたばあいは机が傾く可能性がある．それに応じて x_1, x_2, x_3, x_4 の値が等しくなくなる可能性が出てくる．ところが机の面は剛体であると仮定しているから，それによって $x_1 \sim x_4$ に 1 つの制限が加わる．それを式に表わすには，ばねの縮みによって机の中心が下降した距離が，A と C の下降距離の平均，および，D と B の下降距離の平均に等しいということを書けばよい．すなわち

$$\frac{1}{4}(x_1+x_2+x_3+x_4)=\frac{1}{2}(x_1+x_3)=\frac{1}{2}(x_2+x_4). \tag{6}$$

(6) の左右の等号のどちらをとっても，つぎの式が得られる：

$$x_1+x_3=x_2+x_4. \tag{7}$$

(7) は (5) のどれとも独立である．けっきょく，4 個の未知量 $x_1 \sim x_4$ に対して 4 つの独立な条件式が得られたので，これらは一意的に決定できる．その結果は

$$kx_1=kx_2=kx_3=kx_4=\frac{1}{4}Mg.$$

注意 このように，剛体の仮定をやめて弾性体の概念をもち込めば，各脚の荷重が決定できるのである．脚をばねにする代わりに，机の面を弾性体の板と考えることにしても，むずかしくはなるがやはり荷重は決定できる．

問題

4.1 一列に並んだ 3 本の脚をもつ机がある．ただし，机は倒れないように横から支えておくとする．机を剛体と仮定すると，脚にかかる荷重が決定できないことを示せ．また，脚をばねでおきかえたときにはどうか．

4.2 等しい質量の 2 個の球をみぞの中に接触させておき，それに第 3 の同じ質量の球を衝突させると，はじめの 2 個の球がいっしょに動き出すことはない．むしろ先頭の球だけが，衝突してきた球と同じ速さで動きはじめ，他の 2 個の球は静止する．なぜ真中の球も動き出さないのかという問題は，球を剛体と考える限り，エネルギーや運動量の保存則を使っても解決できない．球を弾性体と考えることによってこの現象を定性的に説明せよ．

例題 5　　**回転ノズルと角運動量**

図のようなT字型のパイプを角速度 ω でまわすと同時に，下から単位時間あたりに質量 M の水を送り込んで横に噴き出させる．角速度を一定値 ω に保つためには，たえずパイプに力のモーメントを加えていかなければならない．それはなぜか．パイプの片方の腕の長さを R として，このモーメントの大きさを求めよ．

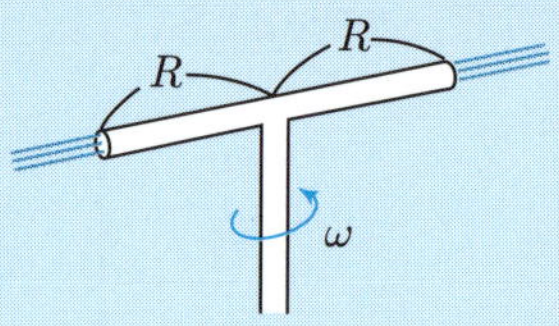

図7.6

解答　角速度 ω でまわるパイプから水が噴き出すとき，水も回転軸のまわりに角速度 ω でまわっている．すなわち，噴き出す水は角運動量をもっている．一方，回転軸に沿って送り込まれる水は角運動量をもっていない．したがって，水に角運動量を与えて一定の割合で放出し続けるためには，角運動量保存則によって，パイプは水に対して力のモーメント (偶力) を加えなければならない．そうすると，パイプはその反作用によって逆向きの力のモーメントを受け，回転が減速しようとする．それに逆らって一定の角速度を保たせるためには，外からパイプに対して力のモーメントを加えていなければならないことになる．

力のモーメントの大きさを求めるには，単位時間あたりに水が獲得する角運動量を計算すればよい．パイプの腕の長さを R とすれば，パイプの出口で水は回転方向に $R\omega$ の速度成分をもっている．したがって単位質量あたり $R^2\omega$ の角運動量をもっている．単位時間あたりに質量 M の水が放出されるのであるから，単位時間あたりに $MR^2\omega$ だけの角運動量が水に与えられることになる．これがパイプに加えるべき力のモーメントである．

問　題

5.1　図7.7のように，腕の長さが R で先端が $135°$ に曲がっている軽いパイプから水を放出する．外からパイプに力のモーメントを加えていないとき，パイプはどんな角速度でまわるか．ただし，パイプの断面積は S で，単位時間あたりに Q という体積の水を送り込むとする．

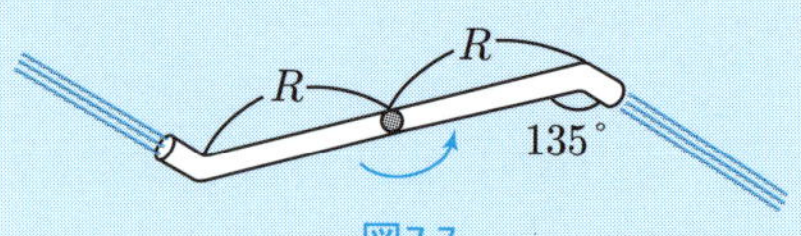

図7.7

5.2　図7.8のように，糸につけたおもりに糸と垂直な方向の初速を与えて，半径 a の細い棒にこの糸を巻きつけていく．おもりの角速度 $\omega=\omega(t)$ の満たすべき微分方程式を導け．ただし，重力の効果は考えないものとする．できたら，それを解け．

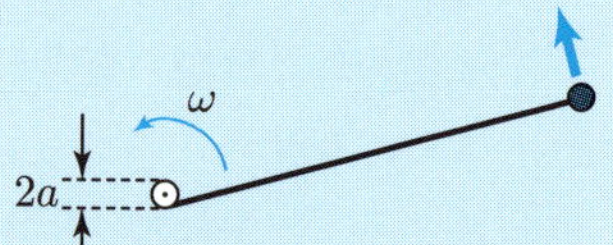

図7.8

問題解答

第1章の解答

1.1　例題 1 の (4) から，

$$v_r = \dot{r} = a, \quad v_\theta = r\dot{\theta} = at \cdot b = abt.$$

(4) の上に示した式から，

$$v_x = \dot{x} = a\cos\theta - rb\sin\theta = a\cos bt - abt\sin bt,$$
$$v_y = \dot{y} = a\sin\theta + rb\cos\theta = a\sin bt + abt\cos bt.$$

1.2　例題 1 の解法 2 にならって，$\boldsymbol{r} = r\boldsymbol{e}_r$ から $\boldsymbol{v} = \dot{r}\boldsymbol{e}_r + r\dot{\boldsymbol{e}}_r$．p.3 の表を使えば

$$\begin{aligned}\dot{\boldsymbol{e}}_r &= (\cos\theta\cos\varphi\cdot\boldsymbol{e}_x + \cos\theta\sin\varphi\cdot\boldsymbol{e}_y - \sin\theta\cdot\boldsymbol{e}_z)\dot{\theta} \\ &\quad + (-\sin\theta\sin\varphi\cdot\boldsymbol{e}_x + \sin\theta\cos\varphi\cdot\boldsymbol{e}_y)\dot{\varphi} \\ &= \dot{\theta}\boldsymbol{e}_\theta + \sin\theta\dot{\varphi}\cdot\boldsymbol{e}_\varphi.\end{aligned}$$

したがって

$$\boldsymbol{v} = \dot{r}\boldsymbol{e}_r + r\dot{\theta}\boldsymbol{e}_\theta + r\sin\theta\dot{\varphi}\cdot\boldsymbol{e}_\varphi.$$

これから

$$v_r = \dot{r}, \quad v_\theta = r\dot{\theta}, \quad v_\varphi = r\sin\theta\dot{\varphi}.$$

2.1　例題 2 の (4)，および指数関数の微分公式 $\dfrac{d}{dt}e^{at} = ae^{at}$ を用いると，

$$a_r = \ddot{r} - r\dot{\theta}^2 = a^2e^{at} - e^{at}b^2 = (a^2 - b^2)e^{at},$$
$$a_\theta = \frac{1}{r}\frac{d}{dt}(r^2\dot{\theta}) = e^{-at}\frac{d}{dt}(e^{2at}b) = 2abe^{at}.$$

2.2　問題 1.2 の結果から

$$\boldsymbol{a} = \ddot{r}\boldsymbol{e}_r + \dot{r}\dot{\boldsymbol{e}}_r + \frac{d}{dt}(r\dot{\theta})\boldsymbol{e}_\theta + r\dot{\theta}\dot{\boldsymbol{e}}_\theta + \frac{d}{dt}(r\sin\theta\dot{\varphi})\boldsymbol{e}_\varphi + r\sin\theta\dot{\varphi}\cdot\dot{\boldsymbol{e}}_\varphi.$$

$\dot{\boldsymbol{e}}_\theta$, $\dot{\boldsymbol{e}}_\varphi$ を $\boldsymbol{e}_r$, $\boldsymbol{e}_\theta$, $\boldsymbol{e}_\varphi$ で表わすために p.3 の表を使う ($\dot{\boldsymbol{e}}_r$ については問題 1.2 ですでに得られている)．$\dot{\boldsymbol{e}}_\theta$ については同様に

$$\dot{\boldsymbol{e}}_\theta = -\dot{\theta}\boldsymbol{e}_r + \cos\theta\dot{\varphi}\cdot\boldsymbol{e}_\varphi.$$

また

$$\dot{\boldsymbol{e}}_\varphi = -(\cos\varphi\cdot\boldsymbol{e}_x + \sin\varphi\cdot\boldsymbol{e}_y)\,\dot{\varphi}$$

となるが，p.3 の表から

1

$$\cos\varphi \cdot \boldsymbol{e}_x + \sin\varphi \cdot \boldsymbol{e}_y = \sin\theta \cdot \boldsymbol{e}_r + \cos\theta \cdot \boldsymbol{e}_\theta$$

であるから,

$$\dot{\boldsymbol{e}}_\varphi = -\sin\theta\dot{\varphi} \cdot \boldsymbol{e}_r - \cos\theta\dot{\varphi} \cdot \boldsymbol{e}_\theta.$$

$\boldsymbol{a}$ に上の結果を入れると

$$\begin{cases} a_r = \ddot{r} - r\dot{\theta}^2 - r\sin^2\theta\dot{\varphi}^2, \\ a_\theta = \dfrac{d}{dt}(r\dot{\theta}) + \dot{r}\dot{\theta} - r\sin\theta\cos\theta\dot{\varphi}^2, \\ a_\varphi = \dfrac{d}{dt}(r\sin\theta\dot{\varphi}) + \sin\theta\dot{r}\dot{\varphi} + r\cos\theta\dot{\theta}\dot{\varphi}. \end{cases}$$

3.1 例題 3 で $l = L/2$ とすると, $x = X/2$, $y = Y/2$ となる. これと例題 3 の (1) から,

$$x^2 + y^2 = \frac{X^2 + Y^2}{4} = \frac{L^2}{4}.$$

したがって, (x, y) は半径 $L/2$ の円弧上にある. 例題 1 の (3) から $v_\theta = -\dot{x}\sin\theta + \dot{y}\cos\theta$. これに例題 3 の (3), (4)

$$\dot{x} = \frac{\dot{X}}{2} = \frac{V}{2}, \quad \dot{y} = \frac{\dot{Y}}{2} = -\frac{X}{2Y}V$$

を代入し, 棒が y 軸に一致するとき, $\theta = 90^\circ (= \pi/2)$, $X = 0$ であることから, $v_\theta = -V/2$.

3.2 放物線上の一点の座標を (x, y) とすると, 仮定により

$$\frac{dx}{dt} = v = \text{const}$$

である. また,

$$\frac{dy}{dt} = \frac{dx^2}{dt} = 2x\frac{dx}{dt} = 2xv,$$

すなわち, 軸方向の速度は軸からの距離 x に比例する. 加速度は

$$\frac{d^2y}{dt^2} = 2v\frac{dx}{dt} = 2v^2 = \text{const}.$$

4.1 $v(t) = r\dot{\theta}$, $r = a = \text{const}$ であるから, $\dot{\theta} = v(t)/a$. 例題 4 の (2) を用いて,

$$a_r = \ddot{r} - r\dot{\theta}^2 = 0 - a\left(\frac{v(t)}{a}\right)^2 = -\frac{v(t)^2}{a},$$

$$a_\theta = \frac{1}{r}\frac{d}{dt}(r^2\dot{\theta}) = \frac{1}{a} \cdot a^2\frac{d}{dt}\dot{\theta} = a\frac{\dot{v}(t)}{a} = \dot{v}(t).$$

4.2 (i) 速度は

$$\boldsymbol{v} = \dot{\boldsymbol{r}} = \frac{d\boldsymbol{r}}{ds}\frac{ds}{dt}$$

と書ける. $d\boldsymbol{r}/ds = \boldsymbol{e}_t$ であるから,

$$\boldsymbol{v} = v\boldsymbol{e}_t, \quad v = \frac{ds}{dt}.$$

(ii) ヒント (ii)によって $\boldsymbol{e}_n$, $\boldsymbol{e}_t$ を, ρ を動径とする 2 次元極座標系における $\boldsymbol{e}_r$, $\boldsymbol{e}_\theta$ とみなす. そこで, 例題 1 の (9) により

$$\frac{d}{dt}\boldsymbol{e}_t = -\dot{\theta}\boldsymbol{e}_n.$$

$\dot{\theta}$ は動径 ρ が定方向となす角 θ の時間的変化率であり，右図から $\Delta s = \rho\Delta\theta$ であるから，

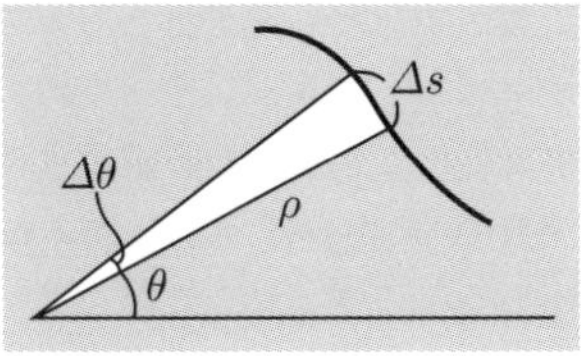

$$\dot{\theta} = \lim_{\Delta t\to 0}\frac{\Delta\theta}{\Delta t} = \lim_{\Delta t\to 0}\frac{1}{\rho}\frac{\Delta s}{\Delta t} = \frac{1}{\rho}\frac{ds}{dt} = \frac{v}{\rho}.$$

したがって

$$\frac{d}{dt}\boldsymbol{e}_t = -\frac{v}{\rho}\boldsymbol{e}_n.$$

(iii) 加速度 $\boldsymbol{a}$ は

$$\boldsymbol{a} = \frac{d}{dt}\boldsymbol{v} = \frac{dv}{dt}\boldsymbol{e}_t + v\frac{d\boldsymbol{e}_t}{dt} = \frac{dv}{dt}\boldsymbol{e}_t - \frac{v^2}{\rho}\boldsymbol{e}_n.$$

(iv) $\boldsymbol{v}$ と $\boldsymbol{a}$ が平行であるとすると，$\boldsymbol{a}$ は法線ベクトルの方向の成分をもっていない．したがって

$$\frac{v^2}{\rho} = 0.$$

$v \neq 0$ であるから $\rho = \infty$ でなければならない．これは C が直線であることを意味している．

第 2 章の解答

1.1 ボールの衝突後の運動方向を正にとる．バットがボールに与えた力積は，衝突によってボールが得た運動量に等しいから，

$$mv' - m(-v) = m(v' + v).$$

(運動の第 3 法則によれば，ボールはバットに $-m(v' + v)$ の力積を与えている．)

1.2 はじめ左の舟 A も右の舟 B も静止していて，A の人がボールをもっていたとしよう．空気や水の抵抗は無視できるものとして考える．

まず A の人が B の人に向かってボールを投げる．物体系 A・人・ボールについて考えると，投げる前は運動量が $\mathbf{0}$ であった．A が投げたボールは右向きの運動量をもつから，A・人・ボールに対する運動量保存則により，A・人は左向きの運動量を得て，舟 A は左向きに進む．

つぎに，右向きの運動量をもったボールを運動量が $\mathbf{0}$ であった B・人が受けとったときには，物体系 B・人・ボールに対する運動量保存則を使えば B・人・ボールは右向きの運動量をもつ．したがって舟 B は右向きに進む．

以下同じようにキャッチボールをくり返せば，2 そうの舟は互いに反対方向にますます離れて行くことになる．

2 人が静止した 1 そうの舟に乗っているばあいには，舟は左右に動くことをくり返すだけである．

1.3 問題 1.3 の図 2.7 では，水はスプーンを左向きに押しているように見えるのに，実はその逆であるというのが不思議に思われるかもしれない．しかし，この水が流れているという

こと，すなわち運動量をもっているということは重要である．水は点 A でスプーンに触れてからは，その表面にそって流れ，下端の点 B でスプーンから離れていく (下図参照)．

そこで，水流中の特定の水の塊に注目して，その運動を追ってみよう．この水の塊の運動量を点 A では $\boldsymbol{p}_{\mathrm{A}}$，点 B では $\boldsymbol{p}_{\mathrm{B}}$ とすれば，A から B まで移動した間の運動量の変化 $\Delta\boldsymbol{p}$ は $\boldsymbol{p}_{\mathrm{B}}-\boldsymbol{p}_{\mathrm{A}}$ に等しい．これはスプーンがこの水の塊に $\Delta\boldsymbol{p}$ に比例する力 (右から左へ向かう) を及ぼしているからである．それゆえ，作用・反作用の法則により，水の塊はそれと逆向きの力 (左から右へ向かう) をスプーンに及ぼしているのである．

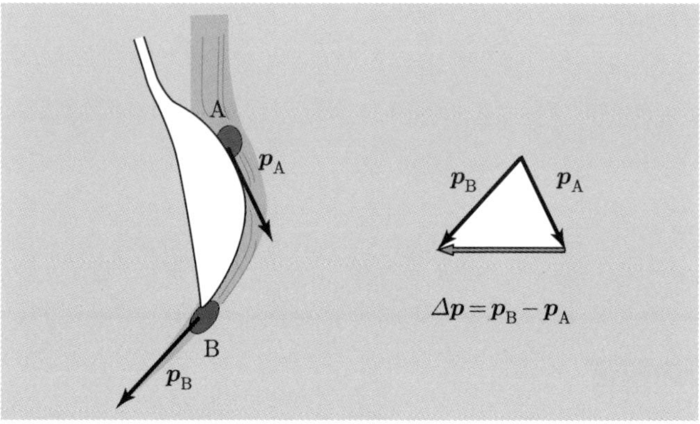

ところで，形の定まらない水の一部分を取り出して質点や剛体と同じように扱ってもよいのか，また水とスプーンの間の力の大きさや方向をどこの位置で考えているのか，などと，上の説明を粗雑だと感じられる読者もあろうかと思う．しかし，“物体の運動量の時間変化の速さがその物体に働いている力である” という力学の根本の法則をもとにして，適切な推論を行なえば，たとえ定量的に精密なことまではわからなくても，定性的には，水とスプーンの間の力のメカニズムについて正しく理解することができる．

1.4 翼にあたってくる空気の塊が，翼の前縁近くにあったときと後縁近くにきたときの運動量を $\boldsymbol{p}$, $\boldsymbol{p}'$ とすれば，図からわかるように，この空気の運動量変化

$$\Delta\boldsymbol{p}=\boldsymbol{p}'-\boldsymbol{p}$$

は鉛直下向きのベクトルになる (むしろ翼の形や傾きがそうなるようにしむけてある)．つまり空気は翼から下向きの力積を受けとっている．それゆえ第 3 法則によって，翼は空気の流れから鉛直上向きの力積を，したがって鉛直上向きの力 (揚力) を受けているのである．

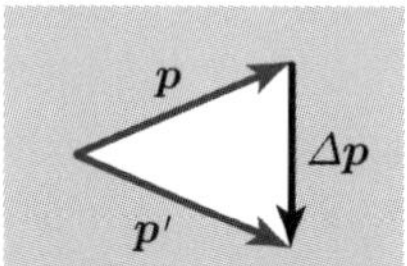

空気の運動量変化

ついでながら，飛行機の速度をこれよりも大きくしたらどうなるだろうか．運動量もその変化量も大きくなるから，翼に働く揚力も大きくなる．飛行機とは力学の基礎法則を何とうまく利用した乗物なのだろう．

2.1 運動量保存則により

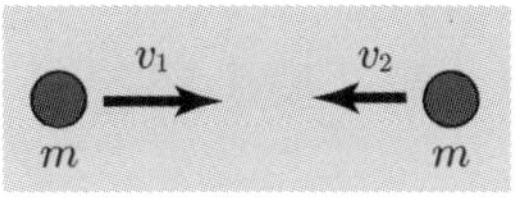

$$mv_1 - mv_2 = 2mv \quad \text{から} \quad v = \frac{v_1 - v_2}{2}.$$

$v_1 > v_2$ ならば $v > 0$，すなわち v_1 の向きに速さ v で進行する．

$v_1 < v_2$ ならば $v < 0$，すなわち v_2 の向きに速さ $|v|$ で進行する．

運動エネルギーの和については

$$K' - K = -\frac{m}{4}(v_1 + v_2)^2 < 0.$$

2.2 ボールを投げたあとのトロッコ・人の速さを V'，ボールの地表に対する速度を v' とする．運動量保存則により

$$MV + mV = MV' + m(V' - v).$$

これから $V' = V + \dfrac{m}{M+m}v$．また $v' = V' - v = V - \dfrac{M}{M+m}v$.

3.1 (i) 例題 2 の結果を用いれば $v_1 = v_0 + \left(1 - \dfrac{m_1}{m_0}\right)u$．同様にして

$$v_2 = v_1 + \left(1 - \frac{m_2}{m_1}\right)u = v_0 + 2u - \left(\frac{m_1}{m_0} + \frac{m_2}{m_1}\right)u.$$

(ii) 右辺を m_1 だけの関数と見て最大にすればよい．$u > 0$ であるから，それには和 $\dfrac{m_1}{m_0} + \dfrac{m_2}{m_1}$ を最小にすればよい．ところで積 $\dfrac{m_1}{m_0} \times \dfrac{m_2}{m_1} = \dfrac{m_2}{m_0}$ の値はすでに決まっているから，和 $\dfrac{m_1}{m_0} + \dfrac{m_2}{m_1}$ が最小になるのは $\dfrac{m_1}{m_0} = \dfrac{m_2}{m_1}$ のときである．したがって $m_1 = \sqrt{m_0 m_2}$ とすればよい．

4.1 鎖の加速度を a とすると，鎖全体に対する運動方程式から

$$Ma = F \qquad \therefore \quad a = \frac{F}{M}.$$

つぎに，他端から x までの部分に着目する．この部分の質量は Mx/l，加速度は a であるから，張力を S とすると

$$M\frac{x}{l}a = S.$$

両方の式から

$$S = \frac{F}{l}x.$$

5.1 上方を正にとり，浮力 (上方に働く) を F とすると，砂袋をすてる前は

$$M(-a) = F - Mg.$$

砂袋を質量 m だけすてたとすると

$$(M - m)A = F - (M - m)g.$$

これから F を消去して

$$m = \frac{A + a}{A + g}M.$$

第3章の解答

1.1 水平と角 θ をなす方向に初速 v_0 で投げたボールの，時刻 t での位置 (x, y) は

$$x = v_0 \cos\theta \cdot t, \quad y = v_0 \sin\theta \cdot t - \frac{1}{2}gt^2.$$

ボールの飛行時間を T とすると，$y = 0$ とおいて

$$T = \frac{2v_0 \sin\theta}{g}.$$

ボールの到達距離 L は

$$L = v_0 \cos\theta \cdot T.$$

$\sin^2\theta + \cos^2\theta = 1$ の関係を用いて T と L から θ を消去すると

$$v_0 = \sqrt{\frac{g^2T^2}{4} + \frac{L^2}{T^2}}.$$

T と L より v_0 を消去すると

$$\tan\theta = \frac{gT^2}{2L} \qquad \therefore \quad \theta = \tan^{-1}\frac{gT^2}{2L}.$$

1.2 前問と同じ文字を用いる．物体の位置 (x, y) と速度 (v_x, v_y) は

$$x = v_0 \cos\theta \cdot t, \quad y = v_0 \sin\theta \cdot t - \frac{1}{2}gt^2,$$

$$v_x = v_0 \cos\theta, \qquad v_y = v_0 \sin\theta - gt.$$

物体がいちばん高く上がるまでの時間 T とそのときの高さ h は $v_y = 0$ から

$$T = \frac{v_0 \sin\theta}{g}, \quad h = \frac{{v_0}^2 \sin^2\theta}{2g}.$$

到達距離 R は，x と T の式から

$$R = v_0 \cos\theta \cdot (2T) = \frac{{v_0}^2 \sin 2\theta}{g}.$$

初速 v_0 で投げたときの最大到達距離を L とすると，これは $\theta = \pi/4$ のときに達せられる：

$$L = \frac{{v_0}^2}{g}.$$

L を R と h を表わすために，まず h の表式から

$$h = \frac{{v_0}^2}{4g}(1 - \cos 2\theta) \qquad \therefore \quad \cos 2\theta = 1 - \frac{4gh}{{v_0}^2}.$$

R の表式から

$$\sin 2\theta = \frac{gR}{{v_0}^2}.$$

上の 2 式から

$$\sin^2 2\theta + \cos^2 2\theta = \left(\frac{gR}{{v_0}^2}\right)^2 + \left(1 - \frac{4gh}{{v_0}^2}\right)^2 = 1,$$

すなわち

$$v_0{}^2 = \frac{g}{8h}(R^2 + 16h^2).$$

したがって

$$L = \frac{1}{8h}(R^2 + 16h^2).$$

2.1 例題 2 の (5), (6) でテイラー級数展開

$$e^{-kt} = 1 - kt + \frac{1}{2}k^2t^2 + \cdots \quad (kt \ll 1)$$

を用いると,

$$v \fallingdotseq gt, \quad y \fallingdotseq \frac{1}{2}gt^2$$

となり，自由落下とみなすことができる．他方，$kt \gg 1$ では

$$v \fallingdotseq \frac{g}{k}, \quad y \fallingdotseq \frac{g}{k}t$$

と等速運動になる．これは重力と空気抵抗のつり合いによる．

2.2 水平方向に x 軸，鉛直上向きに y 軸をとると

$$m\frac{dv_x}{dt} = -mkv_x, \quad m\frac{dv_y}{dt} = -mg - mkv_y.$$

v_x に対しては

$$\frac{1}{v_x}\frac{dv_x}{dt} = -k \qquad \therefore \quad \log v_x = -kt + C.$$

$t = 0$ で $v_x = v_0\cos\theta$ であるから

$$v_x = v_0\cos\theta \cdot e^{-kt}.$$

同様に，v_y に対しては

$$\frac{1}{g + kv_y}\frac{dv_y}{dt} = -1 \qquad \therefore \quad \log(g + kv_y) = -kt + C.$$

$t = 0$ で $v_y = v_0\sin\theta$ であるから

$$v_y = -\frac{g}{k} + \frac{1}{k}(g + kv_0\sin\theta)e^{-kt}.$$

v_x と v_y を積分すれば，物体の位置 (x, y) が得られる．$t = 0$ で $x = y = 0$ として

$$x = \frac{v_0\cos\theta}{k}(1 - e^{-kt}),$$

$$y = -\frac{g}{k}t + \frac{1}{k^2}(g + kv_0\sin\theta)(1 - e^{-kt}).$$

物体が最高点に達するまでの時間を T とすると，$v_y = 0$ から

$$0 = -\frac{g}{k} + \frac{1}{k}(g + kv_0\sin\theta)e^{-kT} \qquad \therefore \quad T = \frac{1}{k}\log\frac{g + kv_0\sin\theta}{g}.$$

したがって，最高点の水平位置 R と高さ H は

$$R=\frac{{v_0}^2\sin\theta\cos\theta}{g+kv_0\sin\theta},\quad H=-\frac{g}{k^2}\log\frac{g+kv_0\sin\theta}{g}+\frac{v_0\sin\theta}{k}.$$

3.1 蒸発するばあいは，例題 3 で μ を $-\mu$ とすることにより，

$$v=g\frac{m_0t-\frac{1}{2}\mu t^2}{m_0-\mu t}.$$

蒸発のため，時刻

$$t_\mu=\frac{m_0}{\mu}$$

で雨滴は消滅するが，その直前の速度は

$$v=g\frac{t\left(t_\mu-\frac{1}{2}t\right)}{t_\mu-t}\fallingdotseq\frac{g}{2}\frac{{t_\mu}^2}{t_\mu-t}.$$

3.2 ヒント から

$$m\frac{dv}{dt}=\mu u_0-mg.$$

時刻 t での質量 m は $m=m_0-\mu t$ で与えられるから

$$\frac{dv}{dt}=\frac{\mu u_0}{m_0-\mu t}-g,$$
$$\therefore\quad v=-u_0\log(m_0-\mu t)-gt+C.$$

$t=0$ で $v=0$ であるから

$$v=-gt+u_0\log\frac{m_0}{m_0-\mu t}.$$

4.1 自然長を l とすると，つり合いの長さ l' は

$$mg\sin\theta=k(l'-l)$$

より決まり，

$$l'=l+\frac{mg}{k}\sin\theta.$$

l' からの伸びを x とすると，

$$m\frac{d^2x}{dt^2}=mg\sin\theta-k(l'+x-l)$$

から，

$$m\frac{d^2x}{dt^2}=-kx.$$

角振動数は水平面上や鉛直のばあいと同じである．

4.2 (i) つり合いの配置でのばねの長さを l_0 とすると

$$k(l-l_0)=m_1g\qquad\therefore\quad l_0=l-\frac{m_1g}{k}.$$

(ii) 物体 m_1 のつり合いの位置からのずれを x とすると

$$m_1\frac{d^2x}{dt^2}=f\sin\omega_0t-m_1g-k(l_0+x-l).$$

これに (i) で求めた l_0 を代入すると

$$m_1 \frac{d^2x}{dt^2} = f \sin \omega_0 t - kx.$$

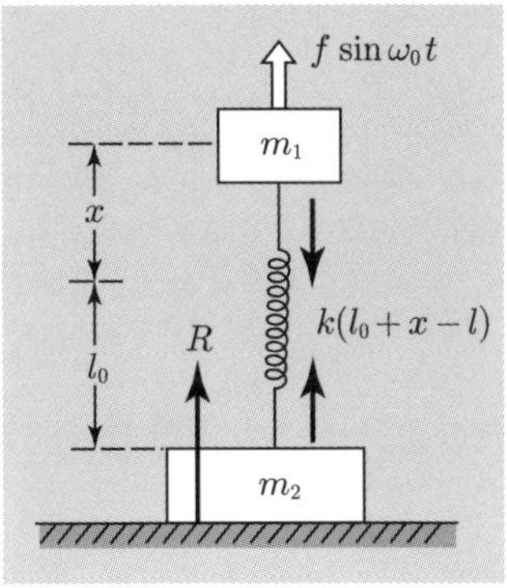

これの解を $x = A \sin \omega_0 t$ とおいてみると

$$-m_1 {\omega_0}^2 A = f - kA,$$

$$\therefore \quad A = \frac{f}{m_1(\omega^2 - {\omega_0}^2)}, \quad \omega^2 = \frac{k}{m_1}.$$

物体 m_2 に対しては

$$0 = R + k(l_0 + x - l) - m_2 g$$

$$\therefore \quad R = (m_1 + m_2)g - kx.$$

$x = A \sin \omega_0 t$ を代入すると

$$R = (m_1 + m_2)g - \frac{\omega^2 f}{\omega^2 - {\omega_0}^2} \sin \omega_0 t.$$

つねに $R \geqq 0$ であるためには

$$(m_1 + m_2)g \geqq \left| \frac{\omega^2 f}{\omega^2 - {\omega_0}^2} \right|.$$

5.1 おもりの運動方程式は

$$m \frac{d^2y}{dt^2} = -S \sin \theta_1 - S \sin \theta_2.$$

θ_1, θ_2 は小さいから

$$\sin \theta_1 \fallingdotseq \tan \theta_1 = \frac{y}{x}, \quad \sin \theta_2 \fallingdotseq \tan \theta_2 = \frac{y}{l - x}.$$

それゆえ

$$m \frac{d^2y}{dt^2} = -S \left(\frac{y}{x} + \frac{y}{l - x} \right) = -\frac{Sl}{x(l - x)} y.$$

したがって，角振動数 ω は

$$\omega = \sqrt{\frac{Sl}{mx(l - x)}}.$$

周期 T は

$$T = \frac{2\pi}{\omega} = 2\pi \sqrt{\frac{mx(l - x)}{Sl}}.$$

6.1 例題 6 と同じ座標軸をとり，電場の強さを E とすると

$$m \frac{d^2x}{dt^2} = 0, \quad m \frac{d^2y}{dt^2} = eE.$$

$t = 0$ で

$$\dot{x} = v_0 \sin \theta, \quad \dot{y} = v_0 \cos \theta, \quad x = y = 0$$

であるから

$$x = v_0 \sin \theta \cdot t, \quad y = \frac{eE}{2m} t^2 + v_0 \cos \theta \cdot t.$$

上式から t を消去して

$$y = \frac{eE}{2m{v_0}^2 \sin^2 \theta} x^2 + \frac{1}{\tan \theta} x.$$

7.1 油滴の電荷 q は e の整数倍になっているはずであるから，いろいろな油滴のもつ q の最大公約数をとれば e がわかる．

8.1 例題 8 と同じ文字を用いる．初期条件は $t = 0$ で

$$u = V_0 \sin \alpha, \quad v = V_0 \cos \alpha, \quad w = 0$$

3

である．例題 8 の 注意 2 の方法により

$$u + iw = V_0 \sin \alpha \cdot e^{i\omega t}, \quad \omega = \frac{qB}{m},$$
$$v = V_0 \cos \alpha.$$

$t = 0$ で $x = y = z = 0$ として上式を積分すれば

$$x + iz = -\frac{iV_0 \sin \alpha}{\omega}(e^{i\omega t} - 1),$$
$$y = V_0 \cos \alpha \cdot t.$$

第 1 式を実数部と虚数部に分けて書けば

$$x = \frac{V_0 \sin \alpha}{\omega} \sin \omega t,$$

$$z = \frac{V_0 \sin \alpha}{\omega}(1 - \cos \omega t).$$

上式から t を消去すると

$$x^2 + \left(z - \frac{V_0 \sin \alpha}{\omega}\right)^2 = \left(\frac{V_0 \sin \alpha}{\omega}\right)^2.$$

これと y の表式を合わせると，粒子の運動が，$V_0 \sin \alpha / |\omega|$ を半径とし，y 方向を軸とするらせん運動であることがわかる．旋回の周期 T は

$$T = \frac{2\pi}{|\omega|} = \frac{2\pi m}{|q|B}\ .$$

8.2 陰極に沿って x 軸，垂直に y 軸，B と反対向きに z 軸をとると

$$m\frac{du}{dt} = eBv,$$

$$m\frac{dv}{dt} = -eBu + eE,$$

$$m\frac{dw}{dt} = 0.$$

$t = 0$ で $w = 0$ であるから，第 3 式を積分すれば $w \equiv 0$ が得られる．つぎに，第 1 式と第 2 式を組み合わせた方程式

$$m\frac{d}{dt}(u + iv) = -ieB(u + iv) + ieE$$

を積分すれば

$$u+iv=\frac{E}{B}+Ce^{-i\omega t},\quad \omega=\frac{eB}{m}.$$

$t=0$ で $u=v=0$ であるから

$$u+iv=\frac{E}{B}(1-e^{-i\omega t}).$$

上式を，$t=0$ で $x=y=0$ として積分すれば

$$x+iy=\frac{E}{B}t+i\frac{E}{B\omega}(1-e^{-i\omega t}),$$

すなわち

$$x=\frac{E}{B}t-\frac{E}{B\omega}\sin\omega t,\quad y=\frac{E}{B\omega}(1-\cos\omega t).$$

電子が陽極に到達するためには，y の最大値が d より小さくないことが必要である．したがって

$$\frac{2E}{B\omega}=\frac{2mV_0}{eB^2d}\geqq d,$$

すなわち

$$B\leqq\frac{1}{d}\sqrt{\frac{2mV_0}{e}}.$$

9.1 仕事 W は

$$W=-\int_\infty^0 f\cos\theta dx=-k\int_\infty^0\frac{x}{(x^2+a^2)^{3/2}}dx=k\left[\frac{1}{\sqrt{x^2+a^2}}\right]_\infty^0=\frac{k}{a}.$$

10.1 (i) $\dfrac{\partial f_x}{\partial y}=ax,\quad \dfrac{\partial f_y}{\partial x}=0 \qquad \therefore\quad \dfrac{\partial f_x}{\partial y}\neq\dfrac{\partial f_y}{\partial x}$

であるから $\boldsymbol{f}$ は保存力ではない．

(ii) $\boldsymbol{f}$ のする仕事 W は一般に

$$W=\int(f_xdx+f_ydy)$$

と書ける．円弧 AC に沿うばあいは，$x=r\cos\theta$, $y=r\sin\theta$ とおいて

$$\begin{aligned}W_{\widehat{\mathrm{AC}}}&=\int_0^{\pi/2}(-ar^3\cos\theta\sin^2\theta+br^3\sin^2\theta\cos\theta)\,d\theta\\&=r^3(b-a)\int_0^{\pi/2}\cos\theta\sin^2\theta\,d\theta\\&=r^3(b-a)\int_0^1 t^2dt\quad(t=\sin\theta)\\&=\frac{1}{3}(b-a)r^3.\end{aligned}$$

弦 AC に沿うばあいは，$y=r-x$ とおいて

$$\begin{aligned} W_{\overline{\mathrm{AC}}} &= \int_r^0 \left[ax(r-x)-b(r-x)^2\right] dx \\ &= \left[a\left(\frac{r}{2}x^2-\frac{x^3}{3}\right)+\frac{b}{3}(r-x)^3\right]_r^0 \\ &= \frac{1}{3}\left(b-\frac{a}{2}\right)r^3. \end{aligned}$$

3

$W_{\overset{\frown}{\mathrm{AC}}} \neq W_{\overline{\mathrm{AC}}}$ である．これは (i) の結果を裏づけている．

11.1　質点の質量を m，座標を x，速度を v，運動エネルギーを K とすると

$$K=\frac{1}{2}mv^2, \quad v=\frac{dx}{dt}$$

である．したがって

$$\frac{dK}{dx}=mv\frac{dv}{dx}=mv\frac{dv}{dt}\Big/\frac{dx}{dt}=m\frac{dv}{dt},$$

すなわち，勾配 dK/dx は質点に働く力を表わす．

12.1　最下点までの距離を $L+y$ とする．この地点よりポテンシャルエネルギーを測ると，飛びおりる前のジャンパーのポテンシャルエネルギーは

$$mg(L+y).$$

これが最下点でのばねのポテンシャルエネルギー

$$\frac{1}{2}ky^2$$

に変換されるので，

$$mg(L+y)=\frac{1}{2}ky^2.$$

これを解くと

$$y=\frac{mg+\sqrt{m^2g^2+2kgmL}}{k}$$

となり，最下点 $L+y$ が得られる．

12.2　例題 12 と同様に考えると，張力 $T=T(\theta)$ は

$$T=\frac{mv^2}{l}+mg\cos\theta.$$

糸が鉛直になったときの張力を T_0 とすると，

$$T_0=T(0)=\frac{mv^2}{l}+mg.$$

一方，張力はおもりの運動方向に垂直であるから仕事をしないので，おもりの力学的エネルギーは保存され，$v^2=2gl$ となる．したがって

$$T_0=3mg.$$

13.1 例題 13 の (2) において，時間 t が小さいとしてテイラー級数展開を用いると，

$$x = a\left(1 + \frac{g}{2l}t^2 + \cdots\right) = a + \frac{1}{2}\frac{ag}{l}t^2 + \cdots.$$

これより初期は ag/l の重力による自由落下と同等となる．他方，$x = l$ となってからは重力の下での落下になる．

13.2 ヒント により

$$f = -\frac{dU}{dx} = -\frac{2ka}{1+a}x.$$

質点の運動方程式は

$$m\frac{d^2x}{dt^2} = -\frac{2ka}{1+a}x$$

となるから，角振動数は

$$\omega = \sqrt{\frac{2a}{1+a}}\,\omega_0, \quad \omega_0 = \sqrt{\frac{k}{m}}.$$

したがって，周期は

$$T = \frac{2\pi}{\omega} = \frac{2\pi}{\omega_0}\sqrt{\frac{1+a}{2a}}.$$

14.1 (i) 束縛力を外向きに R とすれば，例題 12 と同様に考えて

$$R = -m\frac{v^2}{a} + mg\cos\theta.$$

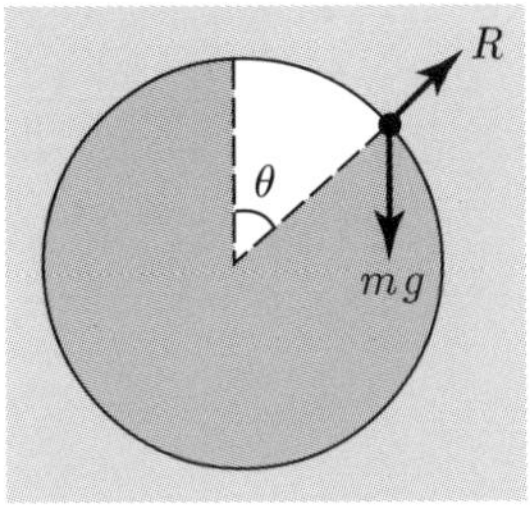

エネルギー保存則により

$$\frac{m}{2}{v_0}^2 + mga(1-\cos\theta) = \frac{m}{2}v^2,$$

$$\therefore \quad v^2 = {v_0}^2 + 2ga(1-\cos\theta).$$

したがって

$$R = -m\frac{{v_0}^2}{a} + mg(3\cos\theta - 2).$$

(ii) 球面上に物体をのせたばあいには $R \geqq 0$ でなければならない．$R = 0$ になったときが物体が球面を離れるときである．その位置を Θ とすると，

$$\Theta = \cos^{-1}\left(\frac{2}{3} + \frac{{v_0}^2}{3ga}\right).$$

もし ${v_0}^2 \geqq ga$ ならば，物体は頂上で離れる．

15.1 質量 m のロケットの発射時の速度を v_0 とすると，全エネルギーは

$$E = \frac{1}{2}m{v_0}^2 - G\frac{Mm}{a} = \frac{1}{2}m{v_0}^2 - mga.$$

ここで a は地球の半径，G は重力定数であり，例題 15 の (3) を用いた．地球の中心から距離 $r\ (> a)$ の地点でのロケットの速度を $v(r)$ とすると，

$$E = \frac{1}{2}mv(r)^2 - mg\frac{a^2}{r}.$$

上の 2 式より

$$v(r)^2 = {v_0}^2 - 2ga + 2g\frac{a^2}{r} \geqq 0.$$

地球の引力圏から脱出できるときは，$r \to \infty$ においても上式が成立するので，$a = 6370\,\text{km}$ より

$$v_0 \geqq \sqrt{2ga} \fallingdotseq 11\,\text{km}\cdot\text{s}^{-1}.$$

3

15.2 衛星が半径 a の円軌道を速度 v で運動するときには，向心加速度 v^2/a をもっている．したがって運動方程式は

$$m\frac{v^2}{a} = mg \qquad \therefore \quad v = \sqrt{ga}\ .$$

$a = 6370\,\text{km}$, $g = 9.8\,\text{m}\cdot\text{s}^{-2}$ とすると，必要な初速は $7.9\,\text{km}\cdot\text{s}^{-1}$ である．

16.1 2 球を A, B とすると，例題 16 により，A に働く万有引力は，B の中心に B の全質量が集中した質点によるものに等しく，これはまた 注意 により，その質点が A の中心に A の全質量が集中した質点から受ける万有引力に等しい．それゆえ，2 球の間の万有引力は各球の中心に全質量が集中したものに等しい．

16.2 (i) 棒の中心を座標原点としよう．質量 m の物体について考えると，点 P でのポテンシャル U_P は

$$\begin{aligned} U_\text{P} &= -G\int_{-l/2}^{l/2} \frac{m\sigma\,dx}{a + \dfrac{l}{2} - x} \\ &= -Gm\sigma\left[-\log\left(a + \frac{l}{2} - x\right)\right]_{-l/2}^{l/2} \\ &= Gm\sigma\log\frac{a}{a+l}\,. \end{aligned}$$

点 Q では

$$\begin{aligned} U_\text{Q} &= -G\int_{-l/2}^{l/2} \frac{m\sigma\,dx}{\sqrt{x^2+a^2}} \\ &= -Gm\sigma\Big[\log\left(x + \sqrt{x^2+a^2}\right)\Big]_{-l/2}^{l/2} \\ &= -Gm\sigma\log\frac{\sqrt{l^2+4a^2}+l}{\sqrt{l^2+4a^2}-l}\,. \end{aligned}$$

(ii) 点 P での力は

$$f_\text{P} = -\frac{\partial U_\text{P}}{\partial a} = -Gm\sigma\left(\frac{1}{a} - \frac{1}{a+l}\right) = -\frac{Gm\sigma l}{a(a+l)} = -\frac{GMm}{a(a+l)}\,.$$

ただし $M = \sigma l$ は棒の質量である．点 Q では

$$f_Q = -\frac{\partial U_Q}{\partial a} = Gm\sigma\left(\frac{1}{\sqrt{l^2+4a^2}+l}\frac{4a}{\sqrt{l^2+4a^2}} - \frac{1}{\sqrt{l^2+4a^2}-l}\frac{4a}{\sqrt{l^2+4a^2}}\right)$$
$$= -\frac{2Gm\sigma l}{a\sqrt{l^2+4a^2}} = -\frac{2GMm}{a\sqrt{l^2+4a^2}}.$$

17.1 面積速度 $(1/2)r^2\dot{\theta}$ より,

$$r = 1.5\times 10^{11}\,\mathrm{m},$$
$$\dot{\theta} = \frac{2\pi}{365\times 24\times 3600} = 2.0\times 10^{-7}\,\mathrm{s}^{-1}$$

を用いると,

$$\frac{1}{2}r^2\dot{\theta} = 2.3\times 10^{15}\,\mathrm{m}^2\cdot\mathrm{s}^{-1}.$$

17.2 球面をかすめる粒子の軸からの距離が遠方で ρ であったとする. ヒント により, この粒子よりも, 遠方で x 軸に近いところを走っていた粒子はすべて球に衝突する. したがって

$$\sigma = \pi\rho^2 = \pi\frac{R^2v^2}{{v_0}^2}. \quad (\because\ 角運動量保存則)$$

一方,

$$\frac{v^2}{{v_0}^2} = 1 - \frac{U(R)}{\frac{1}{2}m{v_0}^2} = 1 - \frac{U(R)}{K}$$

であるから

$$\sigma = \pi R^2\left(1 - \frac{U(R)}{K}\right).$$

18.1 与えられた式より

$$\boldsymbol{v}^2 = \dot{r}^2 + \frac{h^2}{r^2}.$$

これをエネルギー保存則に代入すると,

$$\frac{1}{2}m\left(\dot{r}^2 + \frac{h^2}{r^2}\right) + U(r) = E.$$

上式を時間 t で微分し,

$$\frac{d}{dt}U(r) = \frac{dU(r)}{dr}\dot{r} = -mf\dot{r}$$

を用いると,

$$\ddot{r} - \frac{h^2}{r^3} = f(r).$$

上式に例題 18 の (6) を代入すればよい.

18.2 $u = \dfrac{1}{r}$ とすれば, 軌道は

$$u = \frac{1}{a(1+\cos\theta)}$$

と書ける. これから

$$\frac{du}{d\theta}=\frac{\sin\theta}{a(1+\cos\theta)^2},\quad \frac{d^2u}{d\theta^2}=\frac{1+\cos\theta+\sin^2\theta}{a(1+\cos\theta)^3}.$$

したがって

$$\frac{d^2u}{d\theta^2}+u=\frac{3}{a(1+\cos\theta)^2}=3au^2.$$

例題 18 の方程式に代入して

$$f\left(\frac{1}{u}\right)=-h^2u^2\left(\frac{d^2u}{d\theta^2}+u\right)=-3h^2au^4,$$

$$\therefore\quad f(r)=-\frac{3h^2a}{r^4}.$$

19.1 垂直抗力と静止摩擦力の大きさをそれぞれ R, F とする．鉛直および水平方向の力のつり合いから

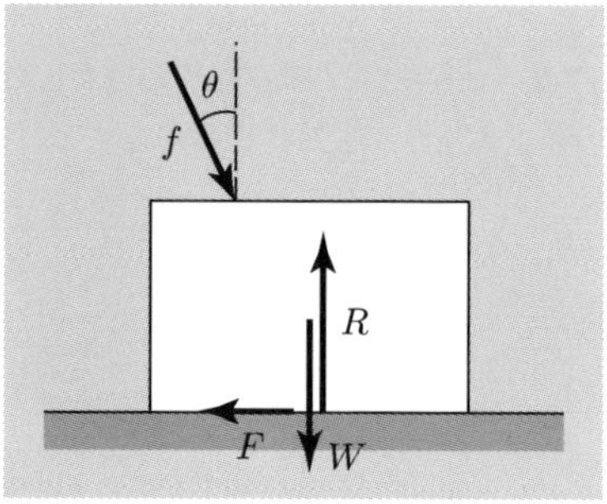

$$R=W+f\cos\theta,\quad F=f\sin\theta.$$

これと不等式

$$F\leqq\mu_s R\quad (\mu_s\ は静止摩擦係数)$$

とを組み合わせれば

$$f\sin\theta\leqq\mu_s(W+f\cos\theta),$$

すなわち

$$\sin\theta-\mu_s\cos\theta\leqq\mu_s\frac{W}{f}. \tag{1}$$

$f\to\infty$ の極限でもこの関係が成り立つためには $\sin\theta-\mu_s\cos\theta\leqq 0$，すなわち $\tan\theta\leqq\mu_s$ でなければならない．したがって，θ の上限 θ_{max} は

$$\theta_{max}=\tan^{-1}\mu_s$$

で与えられる．これは摩擦角に他ならない．物体がちょうどすべり出すときには (1) の等式が成り立つ．これから

$$\frac{f}{W}=\frac{\mu_s}{\sin\theta-\mu_s\cos\theta}.$$

20.1 物体の質量を m，物体と斜面の間の動摩擦係数を μ とする．

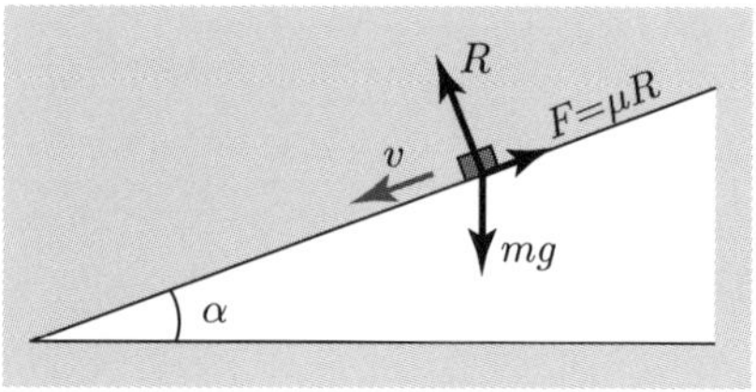

(i) 斜面に沿って下る速さを v とすれば

$$m\frac{dv}{dt}=mg(\sin\alpha-\mu\cos\alpha).$$

初期条件 $v(0)=V_0$ のもとにこの方程式を解けば

$$v=V_0+g(\sin\alpha-\mu\cos\alpha)t.$$

したがって，物体がいつまでもすべり続けるための条件は $\sin\alpha-\mu\cos\alpha\geqq 0$ である

$(\sin\alpha - \mu\cos\alpha < 0$ ならば有限時間内に $v = 0$ となる$)$．これを書き直せば

$$\mu \leqq \tan\alpha.$$

注意　斜面上に物体をおいたときにすべり出さないための条件は

$$\mu_s \leqq \tan\alpha$$

である．導いてみよ．

(ii)　l だけすべったときの物体の運動エネルギーの増加は，その間に物体に働いている力すなわち重力，垂直抗力，摩擦力がした仕事に等しい．垂直抗力は仕事をしないから，

$$\frac{1}{2}mv^2 - \frac{1}{2}mV_0{}^2 = (mg\sin\alpha - \mu mg\cos\alpha)l.$$

したがって

$$v = \sqrt{V_0{}^2 + 2gl(\sin\alpha - \mu\cos\alpha)}.$$

21.1　巻きつけずにただ水平に引くばあいは，$\Theta = \pi/2$ であるから

$$\left(\frac{F}{W}\right)_0 = e^{\mu_s\pi/2} \fallingdotseq e^{0.4712} \fallingdotseq 1.602.$$

必要な力は 1/4 巻きするごとに 1.602 倍になるから，1 回と 5 回のばあいは

$$\left(\frac{F}{W}\right)_1 = (1.602)^5 \fallingdotseq 10.6, \quad \left(\frac{F}{W}\right)_5 = (1.602)^{21} \fallingdotseq 2\times10^4.$$

21.2　ひもの張力を T とする．m_1 がまさにすべりおりようとしている状況での，斜面に沿う力のつり合いの条件は

$$m_1g\sin\theta_1 = T + \mu_1m_1g\cos\theta_1, \quad m_2g\sin\theta_2 = T - \mu_2m_2g\cos\theta_2.$$

T を消去すれば

$$m_1(\sin\theta_1 - \mu_1\cos\theta_1) = m_2(\sin\theta_2 + \mu_2\cos\theta_2).$$

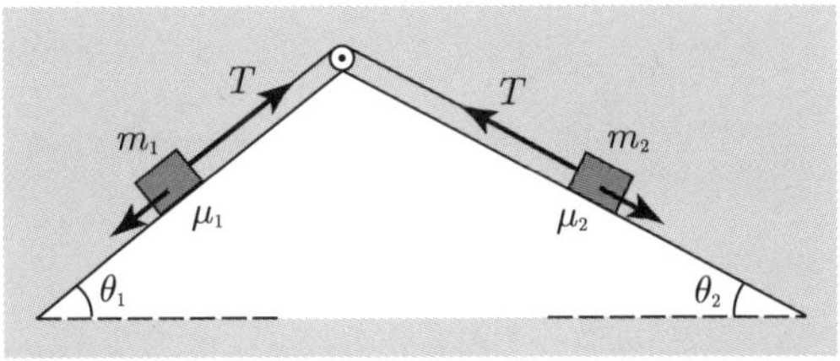

22.1　石の質量を m とする．エレベーターに固定した座標系では重力の他に鉛直下向きに $m\alpha$ の慣性力が働くから，石の速度を $\boldsymbol{v} = (u, v)$ と書くと，運動方程式は

$$m\frac{du}{dt} = 0, \quad m\frac{dv}{dt} = -mg - m\alpha = -mg\left(1 + \frac{\alpha}{g}\right).$$

すなわち，静止系で重力加速度が $(1 + \alpha/g)$ 倍になったときとまったく同じである．

22.2　物体の質量を m とする．鉛直上向きに y 軸をとり，台が物体に及ぼす力を R とすれば

$$m\frac{d^2y}{dt^2} = R - W.$$

台の運動は単振動で，$y = a\sin(2\pi t/T + \alpha)$ (a は定数) と表わされるから，これを上の運動方程式に代入し，$m = W/g$ とおけば

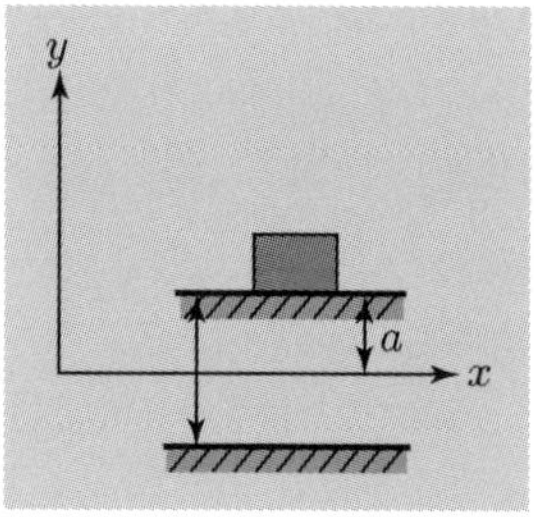

$$R = W\left\{1 - \left(\frac{2\pi}{T}\right)^2 \frac{a}{g}\sin\left(\frac{2\pi}{T}t + \alpha\right)\right\}.$$

台に対する物体の見かけの重さというのはこの R に他ならない．

もし $(2\pi/T)^2 a \leqq g$ ならば，見かけの重さの最大値と最小値は

$$W_{\max} = W\left\{1 + \left(\frac{2\pi}{T}\right)^2 \frac{a}{g}\right\} \quad (\text{最低点で}),$$

$$W_{\min} = W\left\{1 - \left(\frac{2\pi}{T}\right)^2 \frac{a}{g}\right\} \quad (\text{最高点で}).$$

一方，台の振動が激しく (周期 T が小さくて) $(2\pi/T)^2 a > g$ ならば，$W_{\max}$ は上の式で与えられるが，$W_{\min}$ は 0 に等しい．なぜなら，$R = 0$ になったところで物体は台から離れてしまうからである．ただし，物体を台の上に固定しておけば $W_{\min}$ もやはり上の式で与えられる．このときにはもちろん $W_{\min} < 0$ である．

23.1 $\boldsymbol{g}'$ の方向をもつ直線．

23.2 $\theta = \tan^{-1}\dfrac{\alpha}{g} = \tan^{-1}\dfrac{1}{9.8} \fallingdotseq 5.8°$.

24.1 平衡点 C の近くでの運動を調べるために $\theta = \theta_1 + \varphi$ ($|\varphi| \ll 1$) とおけば，$\cos\theta \fallingdotseq \cos\theta_1 - \varphi\sin\theta_1$，$\sin\theta \fallingdotseq \sin\theta_1$ であるから，例題 24 の (3) は近似的に

$$\frac{d^2\varphi}{dt^2} = -(\omega\sin\theta_1)^2\varphi$$

と書ける．したがって，C から少しはずれた位置からはじまる運動は周期が

$$\frac{2\pi}{\omega\sin\theta_1} = \frac{2\pi}{\omega\sqrt{1 - \left(\dfrac{g}{a\omega^2}\right)^2}}$$

の単振動で，C は安定な平衡点であることがわかる．

24.2 物体の質量を m，板の中心からの距離を a，板の回転角速度を ω，板と物体の間の静摩擦係数を μ_s とする．遠心力と静止摩擦力 f とがつり合っているためには

$$ma\omega^2 = f \leqq \mu_s mg.$$

したがって $\mu_s \geqq a\omega^2/g$ でなければならない．$\omega = 40\pi$/分，$a = 1.5\,\mathrm{m}$ を代入すれば，μ_s の値の下限 $a\omega^2/g$ は 0.67 である．

25.1 まず静止座標系で運動方程式を書く．軌道の中心 O からの動径方向の成分は

$$m\cdot l\sin\alpha\cdot\omega^2 = S\sin\alpha,$$

鉛直方向の成分は

$$0 = S\cos\alpha - mg.$$

これから，糸の張力は $S = mg/\cos\alpha$．はじめの式に入れれば，周期は

$$T = \frac{2\pi}{\omega} = 2\pi\sqrt{\frac{l\cos\alpha}{g}}\,.$$

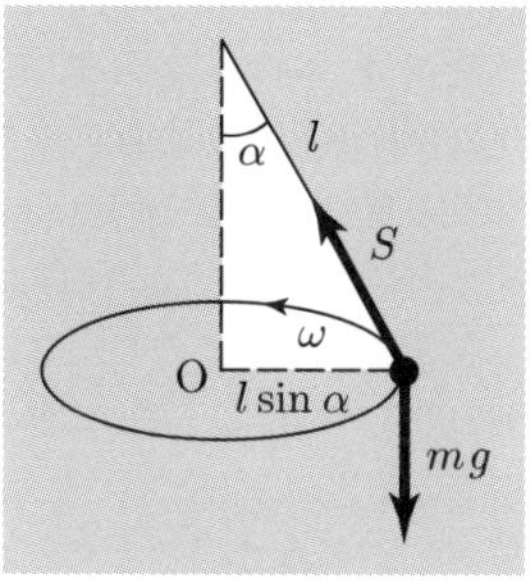

つぎに，O を通る鉛直軸のまわりに角速度 ω で回転する座標系から同じ現象を見たとする．おもりはこの系に対して静止しているから，コリオリの力は 0 で，遠心力だけが働く．力のつり合いの式は

$$0 = S\sin\alpha - ml\sin\alpha\cdot\omega^2, \quad 0 = S\cos\alpha - mg$$

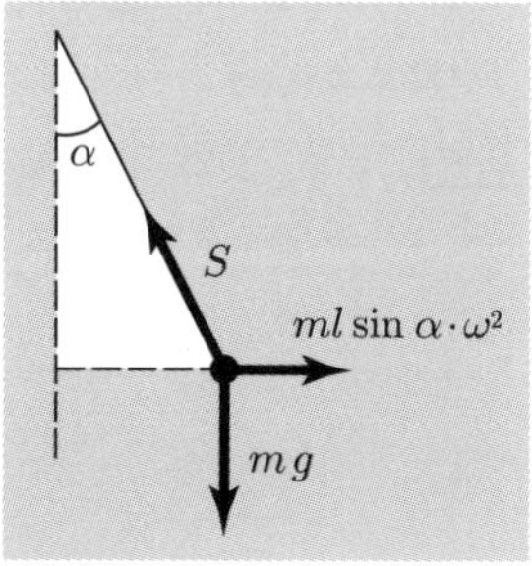

となる．当然のことながら，これは前とまったく同じ内容の式である．

25.2　一定の角速度 ω で回転する座標系での運動方程式は，要項の (9) により

$$m\boldsymbol{\alpha}' = \boldsymbol{F}' = \boldsymbol{F}_1 + q\boldsymbol{v}\times\boldsymbol{B} + m\boldsymbol{\omega}\times(\boldsymbol{r}\times\boldsymbol{\omega}) + 2m\boldsymbol{v}'\times\boldsymbol{\omega}.$$

ただし $\boldsymbol{F}_1$ は磁場がないときに静止系で働く力を表わす．

ここでとくに $\boldsymbol{\omega} = -q\boldsymbol{B}/2m$ とおくと，右辺は

$$\boldsymbol{F}_1 + q\left(\boldsymbol{v} - \boldsymbol{v}' + \frac{1}{2}\boldsymbol{r}\times\boldsymbol{\omega}\right)\times\boldsymbol{B}$$

となる．ここで，要項の (7) すなわち $\boldsymbol{v} = \boldsymbol{v}' + \boldsymbol{\omega}\times\boldsymbol{r}$ を代入すれば，第 2 項は

$$\frac{1}{2}q(\boldsymbol{\omega}\times\boldsymbol{r})\times\boldsymbol{B} = -\frac{q^2}{4m}(\boldsymbol{B}\times\boldsymbol{r})\times\boldsymbol{B}$$

と書けるから，運動方程式は

$$m\boldsymbol{\alpha}' = \boldsymbol{F}_1 - \frac{q^2}{4m}(\boldsymbol{B}\times\boldsymbol{r})\times\boldsymbol{B}$$

となる．磁場が弱くて $\boldsymbol{B}$ の 2 乗を省略することができるならば，これは

$$m\boldsymbol{\alpha}' = \boldsymbol{F}_1$$

と書くことができる．これは磁場がないばあいの静止系での運動方程式と同じ形をしている．

26.1　公転の加速度は

$$\left(\frac{2\pi}{1\,\text{年}}\right)^2 \times 1.5\times 10^8\,\text{km} \fallingdotseq 0.6\times 10^{-3}g.$$

地球のこの加速度は太陽の万有引力によるものである．いいかえれば，考えている座標系での地球の位置に現われる遠心力は太陽の万有引力とちょうどつり合っている．したがって，地球上の物体に働く力として問題になるのは，地球の万有引力と地球の自転による遠心力だけである．

26.2 円板は上から見て反時計まわりに回転しているとする (図 (a)).

物体は，円板にのっている人が投げたのだから，静止系で見れば中心よりも右にそれた方向に投げ出されたことになる．摩擦がないから，物体は図のように等速直線運動を行なう．

この運動は円板といっしょに回転する系ではどのように見えるだろうか．物体を点 A で投げた人は，わずかだけ時間がたつと，円板にのったままたとえば A_1 まで来る (図 (b))．このとき物体は，上述の直線と，AA_1 にほぼ垂直な直線との交点 B_1 に来ている．一方，AO の上の点 C ($OC = OB_1$ であるような点) はその間に C_1 までしか動いていないから，A_1 まで来ている人にとっては，物体は A_1O より右にずれた位置にいることになる．このような過程をつみかさねていくと考えれば，回転系では物体はまっすぐに進まずに右へ右へとそれていく (図 (c))．そこで回転系内の人は，進行方向に対して右向きの偏向力，すなわちコリオリの力が物体に働いていると考えなくてはならない．

注意　軌道が直線でなく右に曲っていくのは，コリオリの力だけによるものではなく，いったん曲り出してからは遠心力の効果も加わっており，上の説明はあくまでも定性的なものである．

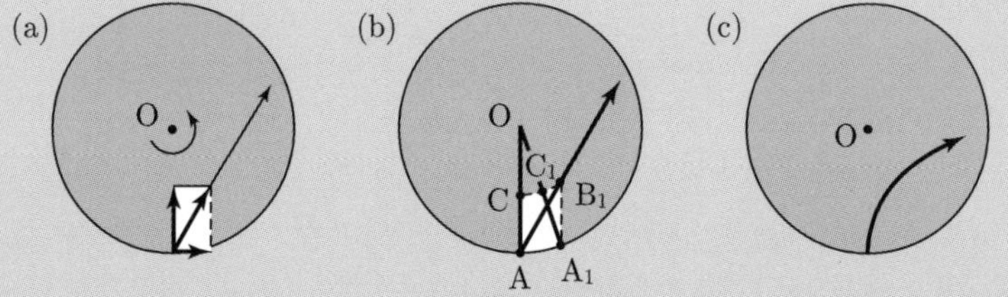

回転系での軌道

第 4 章の解答

1.1 杖を半円弧部分 A (質量 M_A) と直線部分 B (質量 M_B) とに分ける．A の重心 G_A の座標 (ξ_A, η_A) は (図 (a))

$$\xi_A = 0 \quad (\text{対称性による}),$$
$$\eta_A = \frac{1}{M_A}\int \sigma ds\eta \quad (\sigma \text{ は杖の線密度})$$
$$= \frac{1}{\sigma\pi a}\int_0^{\pi} \sigma\cdot a d\theta\cdot a\sin\theta = \frac{2}{\pi}a.$$

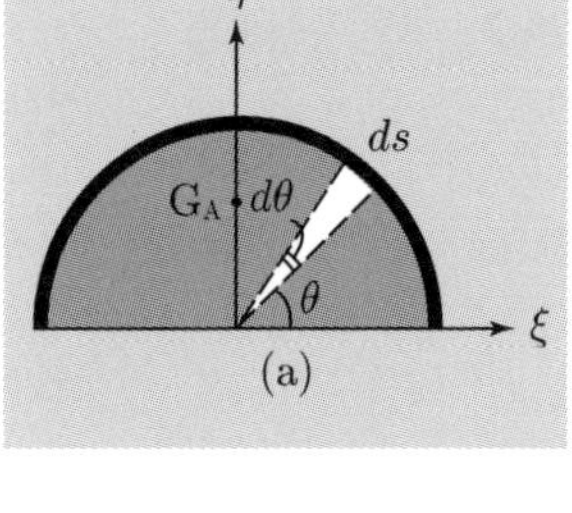

(a)

B の重心 G_B はその中点である．

x 軸と y 軸を図 (b) のようにとる．杖全体の重心の位置ベクトルを $\boldsymbol{R}$ とし，G_A, G_B の位置ベクトルを $\boldsymbol{r}_A, \boldsymbol{r}_B$ とすれば

$$(M_A + M_B)\boldsymbol{R} = M_A\boldsymbol{r}_A + M_B\boldsymbol{r}_B.$$

ところが $M_A = \sigma\pi a,\ M_B = \sigma b,$

$$\boldsymbol{r}_A = \left(a,\ \frac{2}{\pi}a + \frac{1}{2}b\right), \quad \boldsymbol{r}_B = (0,\ 0).$$

であるから

$$\boldsymbol{R} = \left(\frac{\pi a^2}{\pi a + b},\ \frac{a(4a + \pi b)}{2(\pi a + b)}\right).$$

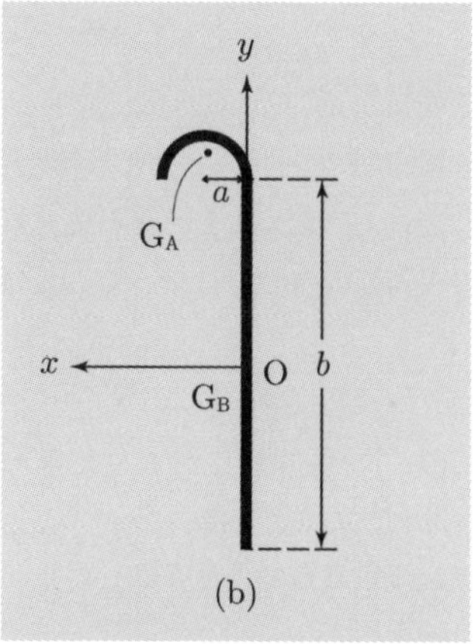

(b)

1.2　重心は半球の対称軸上にある．図のように，半球を y 軸に垂直な多数の薄い円板に分割する．各円板の重心はその中心にあるから，例題 1 の結果を使って

$$\begin{aligned} My_G &= \int_0^a \rho\pi(a^2 - y^2)dy \cdot y \\ &= \frac{1}{4}\rho\pi a^4 \quad (\rho \text{ は密度}). \end{aligned}$$

ところが $M = \rho \cdot \dfrac{2}{3}\pi a^3$ であるから，$y_G = \dfrac{3}{8}a.$

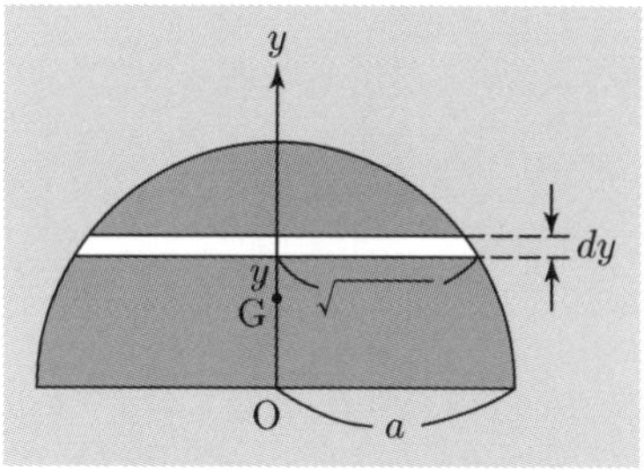

2.1　人の足と板との間には大きさ F の摩擦力が働くとする．人の斜面に沿って下向きの加速度を α とすれば，人の運動方程式は

$$m\alpha = mg\sin\theta + F.$$

板のつり合い条件は

$$0 = Mg\sin\theta - F.$$

これから F を消去すれば

$$\alpha = \left(1 + \frac{M}{m}\right)g\sin\theta.$$

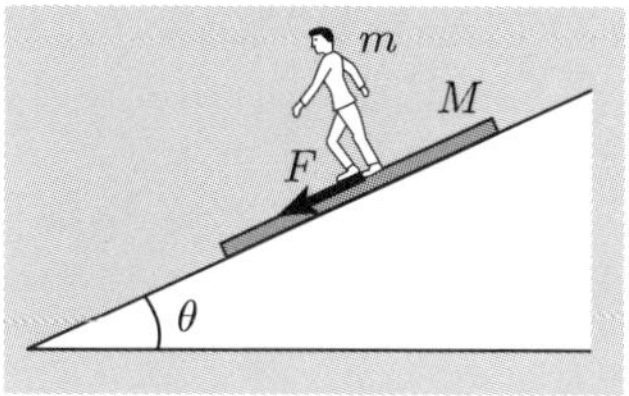

3.1　(i)　各人の質量を m (= 70 kg)，初速を v_0 (= 6.5 m・s^{-1})，綱の長さを l_0 (= 10 m) とする．

$$\text{各人の角運動量} = mv_0 \cdot \frac{l_0}{2} = 2275\,\text{kg}\cdot\text{m}^2\cdot\text{s}^{-1}.$$

(ii)　綱をたぐって間隔を l_1 (= 5 m) にしたときの速度を v_1 とする．綱をたぐる間，人が綱から受ける力の方向は綱に沿っているから，綱の中点に関する角運動は保存される．したがって

$$mv_0l_0 = mv_1l_1.$$

これから

$$v_1 = \frac{l_0}{l_1}v_0 = 2v_0 = 13\,\mathrm{m\cdot s^{-1}}.$$

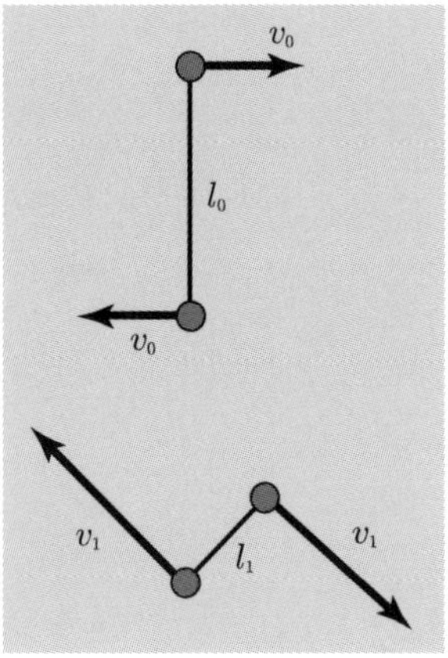

(iii) 切れるときの綱の張力を S とすれば，この力が人の円運動の向心力になっているのであるから

$$S = \frac{m{v_1}^2}{\frac{l_1}{2}} = 4.73\times 10^3\,\mathrm{N}\ (= 483\,\mathrm{kg}\,重).$$

(iv) 綱の長さが l のときの人の速さを v とすれば，$mvl = mv_0l_0$ から $v = \frac{l_0}{l}v_0$. したがって，綱が人に及ぼしている力の大きさは

$$f = \frac{mv^2}{\frac{l}{2}} = \frac{2m{l_0}^2{v_0}^2}{l^3}.$$

綱の長さが l_0 から l_1 に縮められる間に綱が 2 人にした仕事は

$$W = 2\int_{l_0/2}^{l_1/2} f\cdot\left\{-d\left(\frac{l}{2}\right)\right\} = -\int_{l_0}^{l_1} f dl = m{v_0}^2\left\{\left(\frac{l_0}{l_1}\right)^2 - 1\right\} = 8874\,\mathrm{J}.$$

一方，2 人の運動エネルギーの増加は

$$2\left(\frac{1}{2}m{v_1}^2 - \frac{1}{2}m{v_0}^2\right) = m({v_1}^2 - {v_0}^2) = m{v_0}^2\left\{\left(\frac{l_0}{l_1}\right)^2 - 1\right\}$$

で，これは確かに綱がした仕事に等しくなっている．

3.2 (i) ひもの張力を S とすれば，A の運動方程式は

$$\frac{mv^2}{a} = S,$$

B の運動方程式 (つり合いの式) は

$$0 = S - mg$$

である．これから $v^2 = ga$ の関係が得られる．

(ii) B を手でもってわずかだけ引き下げて止めておいたとする．このときの OA の長さを $a'\,(< a)$，A の速さを v' としよう．ひもの張力は O のまわりにモーメントをもたないから，A の角運動量は変わっていない．したがって $mv'a' = mva$，すなわち $v' = (a/a')v$ である．このときのひもの張力を S' とすると，

$$S' = \frac{mv'^2}{a'} = mg\left(\frac{a}{a'}\right)^3 > mg.$$

したがって，手をはなすと B は引き上げられる．

まったく同様にして，B をすこしもち上げたばあいには張力は mg より小さくなるから，手をはなすと B は下がる．

けっきょく，最初の状態をすこし乱したとしても，かならずもとへ戻る方向に変化が生ず

る．このようなばあいに，はじめの運動は**安定**であるというのである．

4.1 まず鉛直部分の一部 AB について運動方程式を立ててみる．この部分の質量を m，加速度を上向きに α，上下端での張力を $T_\mathrm{A}, T_\mathrm{B}$ とすれば

$$m\alpha = T_\mathrm{A} - T_\mathrm{B} - mg,$$

すなわち

$$T_\mathrm{A} = T_\mathrm{B} + m(\alpha + g).$$

したがって，糸が軽いときの極限，すなわち $m \to 0$ ならば (α が有限の大きさである限り) $T_\mathrm{A} = T_\mathrm{B}$ でなくてはならない．

つぎに，円柱に接している糸の一部の短い弧 $\widehat{\mathrm{AB}}$ について考える．糸と円柱との間には摩擦がないとしているから，この部分に働く力は，両端での張力 $T_\mathrm{A}, T_\mathrm{B}$，中心に働く垂直抗力 (の合力) R，重力 mg である．運動方程式の円周に沿う成分は，図 (b) から明らかなように

$$m\alpha = (T_\mathrm{A} - T_\mathrm{B})\cos\varepsilon - mg\cos\theta,$$

すなわち

$$T_\mathrm{A} = T_\mathrm{B} + m\frac{\alpha + g\cos\theta}{\cos\varepsilon}$$

であるから，前と同様 $m \to 0$ のとき $T_\mathrm{A} = T_\mathrm{B}$ である．

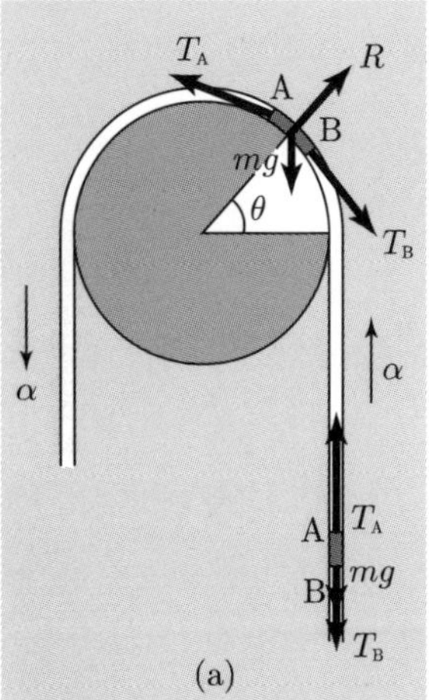

(a)

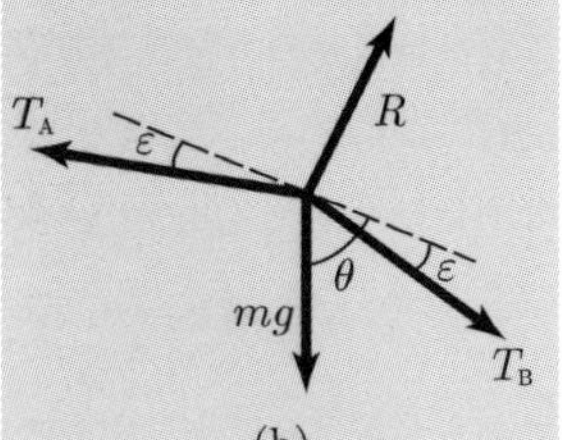

(b)

4.2 2 個のおもりと糸とを合わせた力学系を考えると，この系に働く外力は，おもりに働く重力の他には，円柱に接触している糸に働く抗力だけである．これは糸の運動に垂直に働くから仕事をしない．それゆえ，重力の位置エネルギーだけを考慮すればこの系の力学的エネルギーは保存される．いま，$t = 0$ における y_1, y_2 の値を y_{10}, y_{20} と書けば，$(m_1 \lesseqgtr m_2)$ のばあい

$$m_1 g y_{10} + m_2 g y_{20} = \frac{1}{2}m_1{v_1}^2 + \frac{1}{2}m_2{v_2}^2 + m_1 g(y_{10} \pm h) + m_2 g(y_{20} \mp h).$$

これから例題の (6) を得る．

4.3 輪とおもりの位置を図のように x, y で表わすと，微小振動では $|x/h| \ll 1$ なので

$$\begin{aligned} y &= \sqrt{h^2 + x^2} - h \\ &= h\left\{\left(1 + \frac{x^2}{h^2}\right)^{1/2} - 1\right\} \\ &= h\left(\frac{1}{2}\frac{x^2}{h^2} - \cdots\right) \fallingdotseq \frac{x^2}{2h}. \end{aligned} \qquad (1)$$

したがって，近似的に

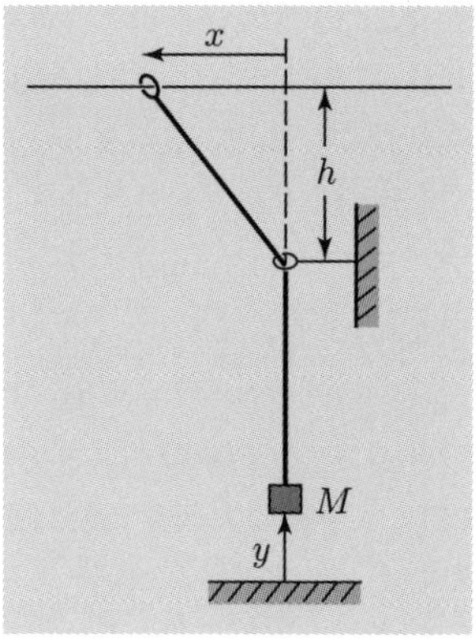

$$\dot{y} = \frac{x\dot{x}}{h} \qquad (2)$$

が成り立つ．摩擦力が働かないと仮定しているから，輪とおもりと糸を合わせた系の力学的エネルギーは保存される．すなわち

$$\frac{1}{2}m\dot{x}^2 + \frac{1}{2}M\dot{y}^2 + Mgy = E\ (= \text{const}).$$

これに (1), (2) を代入すれば

$$\frac{1}{2}\left(m + M\frac{x^2}{h^2}\right)\dot{x}^2 + \frac{Mg}{2h}x^2 = E$$

となるが，括弧内の第 2 項は第 1 項に対して省略できるから

$$\frac{1}{2}m\dot{x}^2 + \frac{Mg}{2h}x^2 = E.$$

両辺を t で微分すれば

$$m\ddot{x} + \frac{Mg}{h}x = 0.$$

これは単振動の方程式である．その周期は $T = 2\pi\sqrt{mh/Mg}$.

5.1 $\dfrac{\mu}{m_1} = \dfrac{m_2}{m_1 + m_2} < 1$. 同様に $\dfrac{\mu}{m_2} < 1$. すなわち換算質量はどちらの物体の質量よりも小さい．$m_1 = m_2 = m$ ならば $\mu = m/2$. $m_1 \ll m_2$ ならば

$$\mu = \frac{m_1 m_2}{m_1 + m_2} = \frac{m_1}{\dfrac{m_1}{m_2} + 1} \fallingdotseq m_1\left(1 - \frac{m_1}{m_2}\right)$$

であるから，μ は小さい方の質量にほぼ等しい．

5.2 地球 (m_1) と太陽 (m_2) の系については $m_1/m_2 = 1/(3.3 \times 10^5) \ll 1$ であるから，前問の結果により，換算質量は地球の質量とほとんど等しい．

地球と月 (m_3) の系については

$$\mu \fallingdotseq m_3\left(1 - \frac{m_3}{m_1}\right) = (1 - 1.2 \times 10^{-2})m_3$$

であるから，μ は月の質量より約 1% 小さい値になる．

5.3 物体 M から物体 m までの距離を x とすれば，m の運動方程式は

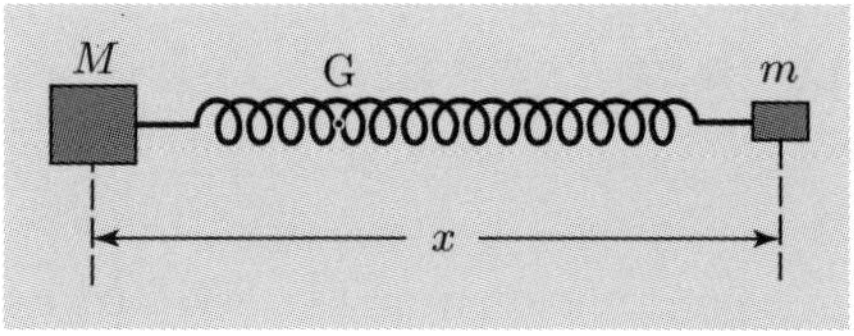

$$\mu\ddot{x} = -k(x - l_0), \quad \mu = \frac{Mm}{M + m}$$

である．$x - l_0 = \xi$ とおけば，これは

$$\mu\ddot{\xi} = -k\xi$$

と書けるから，ばねの l_0 からの伸び ξ は周期 $T = 2\pi\sqrt{\mu/k}$ の単振動的な変動を行なう．系の重心の位置 G は不変であるから，M と m が向かいあってこの周期で単振動をすることになる．

6.1 図 (a) と図 (b) とで物体 A が同じ位置にいるとき，A から見た B の運動を比べてみよ

う．まずどちらのばあいも，B は換算質量 $\mu = m/2$ の物体に見える．ところが，B に働く力は，図 (a) ではばね ③ からの力だけであるのに対して，図 (b) では ③ から同じ大きさの力と，②からその 2 倍の力 (② の縮みの量は ③ の伸びの量の 2 倍である) と，合わせて 3 倍の力を受ける．それゆえ振動数が $\sqrt{3}$ 倍となるのである．

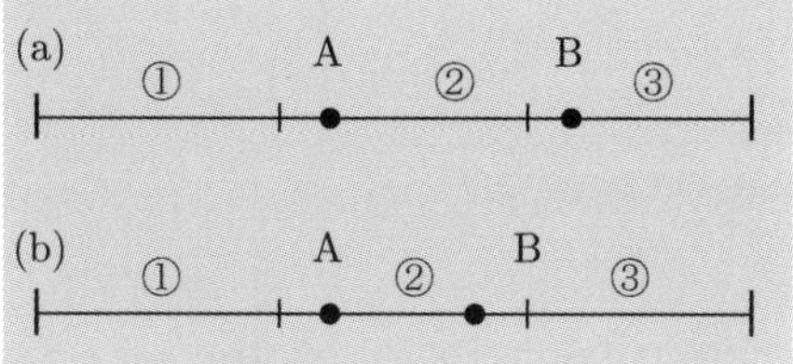

6.2 微小振動に限れば，どちらのおもりも水平な一定直線上を運動すると考えてよい．おもりの位置を図 (a) のように x_1, x_2 で表わせば，

$$m\ddot{x}_1 = k(x_2 - x_1) - mg\frac{x_1}{l},$$
$$m\ddot{x}_2 = -k(x_2 - x_1) - mg\frac{x_2}{l}$$

が成り立つ．単振動 $x_1 = A\cos(\omega t + \alpha)$, $x_2 = B\cos(\omega t + \alpha)$ を仮定して上式に代入し，整理すれば

$$\begin{cases} \{\omega^2 - (\gamma^2 + \kappa^2)\}A + \kappa^2 B = 0, \\ \kappa^2 A + \{\omega^2 - (\gamma^2 + \kappa^2)\}B = 0. \end{cases} \quad (1)$$

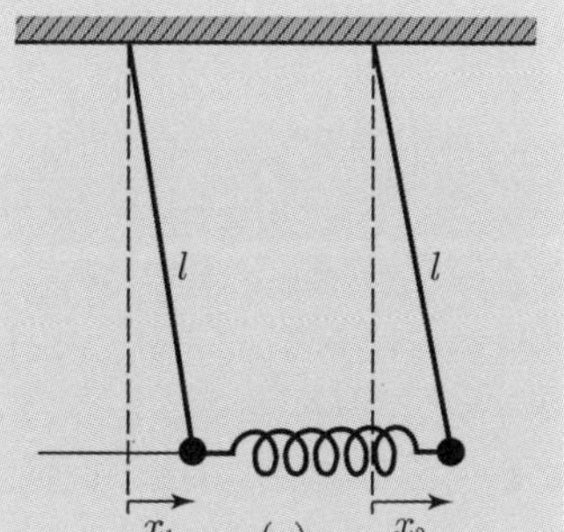

(a)

ただし $\gamma = \sqrt{g/l}$, $\kappa = \sqrt{k/m}$ である．A と B がともに 0 であるばあいを除けば，これから $\{\omega^2 - (\gamma^2 + \kappa^2)\}^2 - \kappa^4 = 0$, したがって $\omega = \gamma$, $\sqrt{\gamma^2 + 2\kappa^2}$ を得る．

$\omega = \gamma$ の基準振動については，(1) から $B = A$ である．これは両方のおもりがそろって振動するばあいで，ばねの効果はまったくなく，2 個の振り子がいわば独立に振動していると考えてよい (図 (b))．

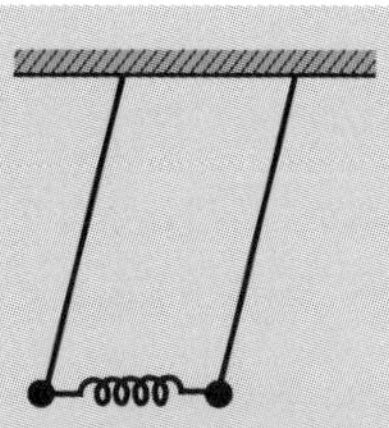
(b)

$\omega = \sqrt{\gamma^2 + 2\kappa^2}$ の基準振動については，$B = -A$ である．このばあいにはばねの効果が現われる (図 (c))．

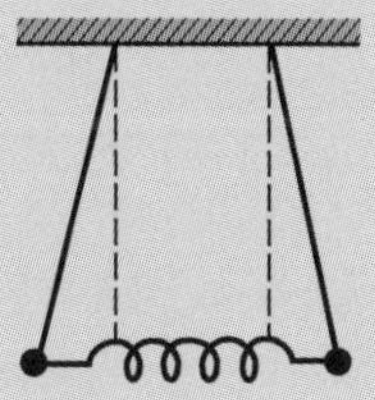
(c)

一般の運動は，この 2 つの基準振動の重ね合わせとしてつぎのように表わされる：

$$\begin{cases} x_1 = a\cos(\gamma t + \alpha) + b\cos\left(\sqrt{\gamma^2 + 2\kappa^2}\, t + \beta\right), \\ x_2 = a\cos(\gamma t + \alpha) - b\cos\left(\sqrt{\gamma^2 + 2\kappa^2}\, t + \beta\right). \end{cases}$$

とくに $x_1(0) = 2\varepsilon$, $x_2(0) = 0$, $\dot{x}_1(0) = 0$, $\dot{x}_2(0) = 0$ という初期条件のもとにおこる振動については，$a\cos\alpha = \varepsilon$, $b\cos\beta = \varepsilon$, $a\sin\alpha = 0$, $b\sin\beta = 0$ でなければならない．これから $\alpha = \beta = 0$, $a = b = \varepsilon$ となる．したがって，運動は

$$\begin{cases} x_1 = \varepsilon\left(\cos\gamma t + \cos\sqrt{\gamma^2+2\kappa^2}\,t\right), \\ x_2 = \varepsilon\left(\cos\gamma t - \cos\sqrt{\gamma^2+2\kappa^2}\,t\right). \end{cases}$$

6.3 物体の横変位を x_1, x_2 とする．糸の張力を S とすれば

$$\begin{cases} m\ddot{x}_1 = -S\dfrac{x_1}{l} + S\dfrac{x_2-x_1}{l}, \\ m\ddot{x}_2 = -S\dfrac{x_2-x_1}{l} - S\dfrac{x_2}{l}. \end{cases}$$

(微小振動を扱っているから $|x_1/l| \ll 1$, $|x_2/l| \ll 1$ である．たとえば $x_1/\sqrt{l^2+{x_1}^2} = (x_1/l)(1+{x_1}^2/l^2)^{-1/2} \fallingdotseq x_1/l$ と書くことができるから，左の物体がその左側のばねから受ける力の成分は

$$-S\frac{x_1}{\sqrt{l^2+{x_1}^2}} \fallingdotseq -S\frac{x_1}{l}$$

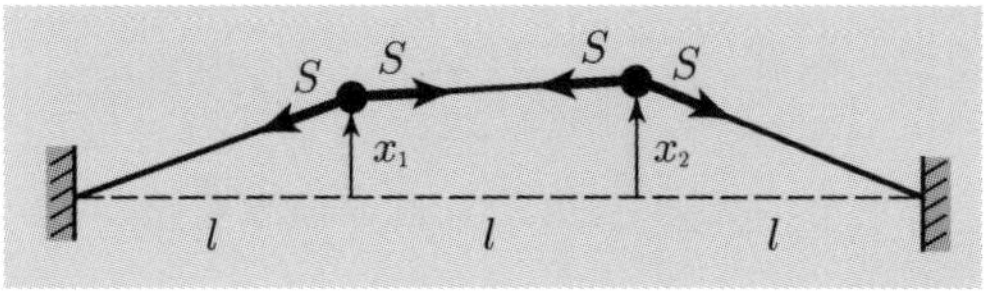

である.)　これを整理して $\sqrt{S/ml} = \kappa$ とおけば，例題の (1), (2) と同じ方程式が得られる．したがって，それからあとの議論は例題とまったく同じである．

6.4 系と初期条件の対称性から，すべてのおもりはそろって半径方向に伸び縮みする．図のように，おもりが半径方向に x 伸びているとき，自然長 $l_0 = 2r_0\sin\dfrac{\pi}{n}$ からのばねの伸びは $2x\sin\dfrac{\pi}{n}$ となり，ばね定数は長さに反比例するため $\dfrac{k_0}{l_0}$ であるので，1 個のおもりが 1 本のばねから受ける張力 T は $\dfrac{2k_0}{l_0}x\sin\dfrac{\pi}{n}$ である．したがって，張力の方向ともう 1 本のばねからの寄与を考えると，質量 M/n をもつ 1 つのおもりの運動方程式は

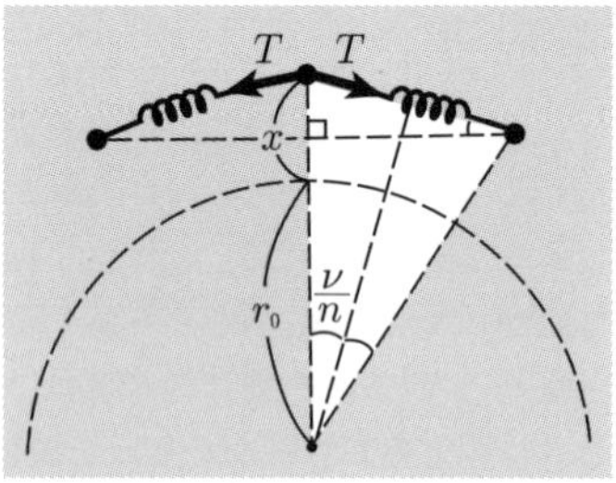

$$\frac{M}{n}\ddot{x} = -2\left(\sin\frac{\pi}{n}\right)T = -\left(\frac{4k_0}{l_0}\sin^2\frac{\pi}{n}\right)x = -\left(\frac{2k_0}{r_0}\sin\frac{\pi}{n}\right)x$$

となる．これは単振動を表わし，初期条件を考えると解は

$$x = r_1\cos(\omega_n t), \quad {\omega_n}^2 = \frac{2k_0}{Mr_0}n\sin\frac{\pi}{n}$$

で与えられる．角振動数 ω_n は n とともに増加し，$n\to\infty$ の極限では $\omega_\infty = \sqrt{\dfrac{2\pi k_0}{Mr_0}}$ となり，輪ゴムのような連続体の角振動数と一致する．

7.1 鎖すべてを 1 つの質点系と考えると，その重心の速度は $\dfrac{y}{l_0}v_0$ である．したがって，重心の運動方程式は

$$\frac{d}{dt}\left(\sigma l_0\frac{y}{l_0}v_0\right) = f - \sigma g y - \sigma(l_0-y)g + N$$

となる．ここで例題 7 の (1) の $\dfrac{d}{dt}(\sigma y v_0) = f - \sigma g y$ が成立するので，上式より

$$N = \sigma(l_0 - y)g = \sigma(l_0 - v_0 t)g$$

を得る．すなわち面の抗力 N は机上に残った鎖部分の重さに等しい．

7.2 **解法 1** 鎖の線密度を σ (= const.) とする．任意の時刻における鎖の上端の位置を，最初の位置から鉛直下向きに測って y，そのときの速度を下向きに v とする．机にかかる鎖の重さを W とすると，鎖は机から $-W$ の力を (下向きに) 受ける．鎖に働く重力は $\sigma l g$ に等しいから，鎖全体の運動量変化の式は

$$\frac{d}{dt}\{\sigma(l-y)v\} = -W + \sigma l g.$$

$dy/dt = v$, $dv/dt = g$, $v^2 = 2gy$ を代入すれば

$$W = 3\sigma g y.$$

とくに $y = l$ とすれば $W = 3\sigma g l$ である．すなわち，鎖が落ちきる瞬間には鎖の 3 倍の重さが机にかかることになる．

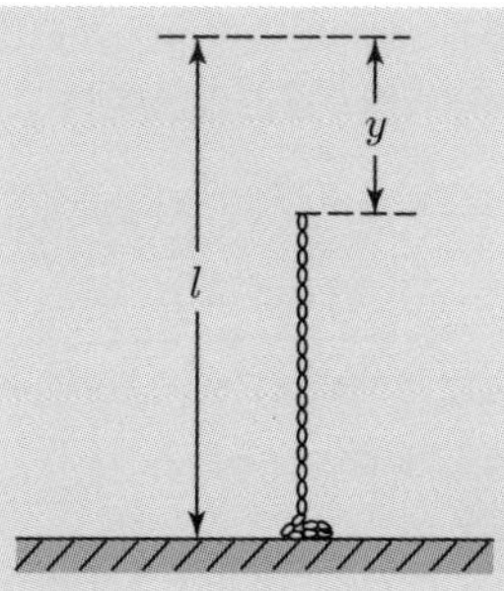

(a)

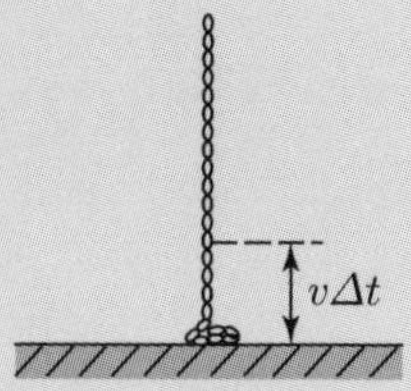

(b)

解法 2 鎖の運動している部分に着目して，つぎのように考えることもできる：

$v\Delta t$ の部分を考えると，この部分はいまもっている運動量 $\sigma(v\Delta t)v$ を微小時間 Δt の間に失うから，この部分の運動量の増加率は $-\sigma v^2$ に等しい．一方，この部分は机から $-(W - \sigma g y)$ だけの力を受けている (W は鎖全体が机に及ぼしている力であるから，机の上にのっている部分の重さ $\sigma g y$ をこれから引いたものが，長さ $v\Delta l$ の部分が机に及ぼしている力である)．したがって $-\sigma v^2 = -(W - \sigma g y)$．これに $v^2 = 2gy$ を代入すれば $W = 3\sigma g y$.

解法 3 鎖の重心の運動量の変化を調べて，机にかかる重さを求めることもできる．

重心の位置を y_G とすれば

$$\sigma l \ddot{y}_G = -W + \sigma l g \qquad (1)$$

である．ところが，重心の定義により

$$\begin{aligned} \sigma l y_G &= \sigma(l-y)\left(y + \frac{l-y}{2}\right) + \sigma y l \\ &= \frac{\sigma}{2}(l^2 + 2ly - y^2). \end{aligned}$$

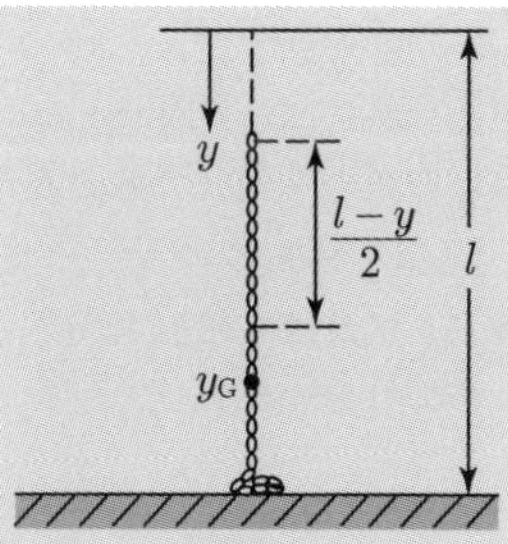

(c)

両辺を t で 2 回微分し，$dy/dt = v$, $d^2y/dt^2 = g$, $v^2 = 2gy$ を代入すれば，

$$\sigma l \ddot{y}_G = \sigma(lg - 3gy).$$

これと (1) とから $W = 3\sigma g y$ を得る．

第5章の解答

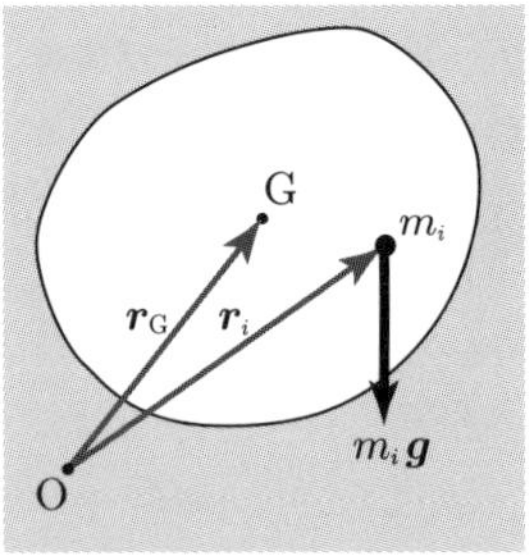

1.1 剛体を微小部分に分割したとき，i 番目の部分の質量を m_i，基点 O からの位置ベクトルを $\boldsymbol{r}_i$ とする．この剛体に働く重力の，点 O に関する合モーメントは

$$\begin{aligned}\boldsymbol{N} &= \sum \boldsymbol{r}_i \times m_i\boldsymbol{g} = \left(\sum m_i\boldsymbol{r}_i\right) \times \boldsymbol{g} = M\boldsymbol{r}_{\rm G} \times \boldsymbol{g} \\ &= \boldsymbol{r}_{\rm G} \times M\boldsymbol{g}.\end{aligned}$$

($\boldsymbol{g}$ は単位質量に働く重力，$\boldsymbol{r}_{\rm G}$ は重心の位置ベクトルを表わす.) すなわち，$\boldsymbol{N}$ は G に働くただ 1 つの力 $M\boldsymbol{g}$ によるモーメントに等しい.

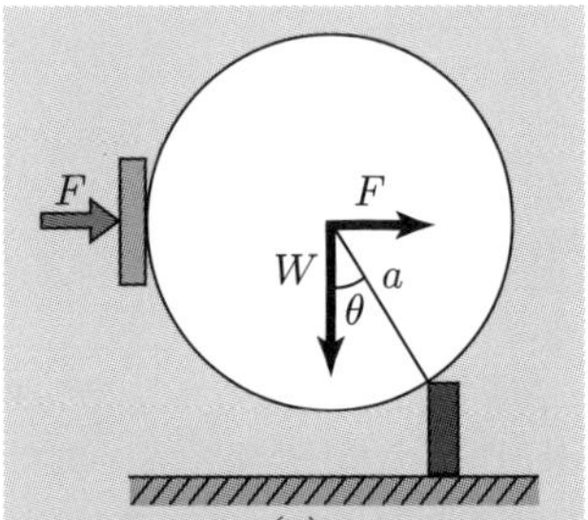

(a)

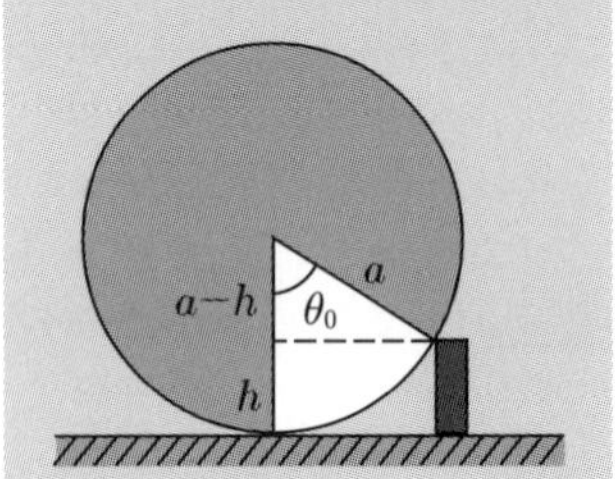

(b)

1.2 必要な力の大きさを F とする．図 (a) のような位置での，杭と円柱の接触点を通る水平軸のまわりの力のモーメントの考察から

$$Fa\cos\theta \geqq Wa\sin\theta,$$

すなわち

$$\frac{F}{W} \geqq \tan\theta.$$

上式の右辺の値が最大になるのは θ が最大のとき，すなわち図 (b) の位置 $(\theta = \theta_0)$ である．このとき

$$\begin{aligned}\frac{F}{W} &= \tan\theta_0 \\ &= \frac{\sqrt{a^2 - (a-h)^2}}{a-h} \\ &= \frac{\sqrt{(2a-h)h}}{a-h}.\end{aligned}$$

1.3 脚の位置を A_1, A_2, A_3 とする．円卓面 (半径 a) の中心を原点として図 (a) のように座標軸をとる．矢印は鉛直方向の力を便宜上水平面内に示したものである．

円卓の重さを W とし，重さ w の物体を (x, y) の位置においたとしよう．このとき，床が脚 A_1 に及ぼす鉛直上向きの力の大きさを R_1 とすると，直線 A_2A_3 に関する力のモーメントのつり合い条件は

$$R_1 \cdot \frac{3}{2}a - W \cdot \frac{a}{2} - w\left(\frac{a}{2} + x\right) = 0,$$

すなわち

$$R_1 = \frac{a}{3}\left(W + w + 2w\frac{x}{a}\right).$$

他の脚に働く力 R_2, R_3 も同等にして求められる (座標軸をその都度適当にとり直せば，R_1 と同じ形の式で表わされる).

円卓がひっくり返らないための必要十分条件は $R_1 \geqq 0$, $R_2 \geqq 0$, $R_3 \geqq 0$ である．$R_1 \geqq 0$ から

$$x \geqq -\left(\frac{1}{2}a + \frac{1}{2}\frac{W}{w}a\right).$$

すなわち，斜線部①に物体をのせてはならない．同様に②，③の部分にものせてはならない．それ以外の位置は安全である．とくに $W > w$ ならば物体はどこにおいてもかまわない．

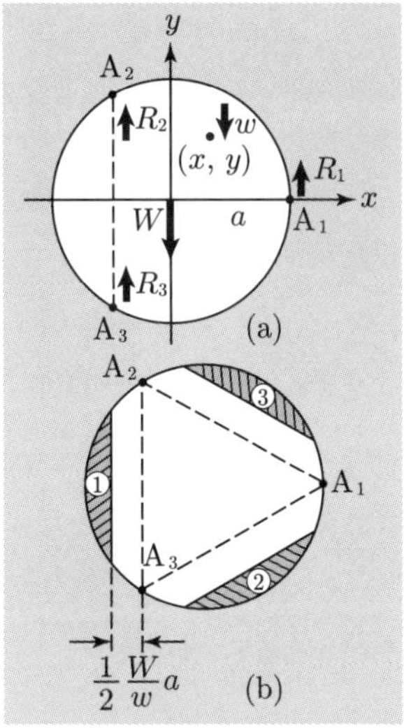

2.1 まず 2 本の棒を合わせた系を考える．力のつり合い条件は

$$X_1 + X_2 = 0, \qquad (1)$$

$$Y_1 + Y_2 - W_1 - W_2 = 0 \qquad (2)$$

A を通る水平軸に関する力のモーメントのつり合い条件は

$$X_2 h - W_1 \cdot \frac{l_1}{2}\sin\alpha - W_2 \cdot \frac{l_2}{2}\sin\beta = 0. \qquad (3)$$

ところが $l_1 \sin\alpha = l_2 \sin\beta$ であるから，(3) と (1) により

$$X_2 = -X_1 = \frac{l_1 \sin\alpha}{2h}(W_1 + W_2). \qquad (4)$$

Y_1 を求めるために，棒 AC のつり合いを考えよう．C に関する力のモーメントのつり合い条件は

$$W_1 \cdot \frac{l_1}{2}\sin\alpha - (X_1 \cos\alpha + Y_1 \sin\alpha)l_1 = 0. \qquad (5)$$

(4) を (5) に入れ，

$$l_1 \cos\alpha + l_2 \cos\beta = h$$

の関係を使えば

$$Y_1 = W_1 - \frac{W_1 l_2 \cos\beta - W_2 l_1 \cos\alpha}{2h}.$$

(2) により

$$Y_2 = W_2 + \frac{W_1 l_2 \cos\beta - W_2 l_1 \cos\alpha}{2h}.$$

C における抗力は，棒 AC に働く力のつり合い条件から求められる．すなわち

$$X_3 = -X_1, \quad Y_3 = W_1 - Y_1.$$

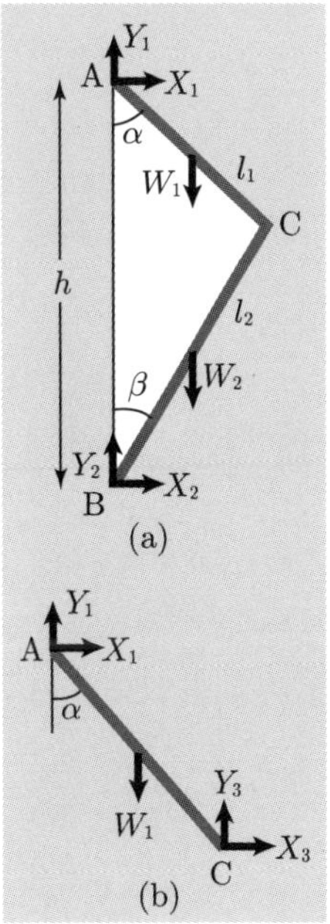

2.2 2個の球を合わせた系に対する，水平方向の力のつり合い条件は

$$T\sin\theta_1 - T\sin\theta_2 = 0,$$

すなわち

$$\theta_1 = \theta_2\ (\equiv \theta).$$

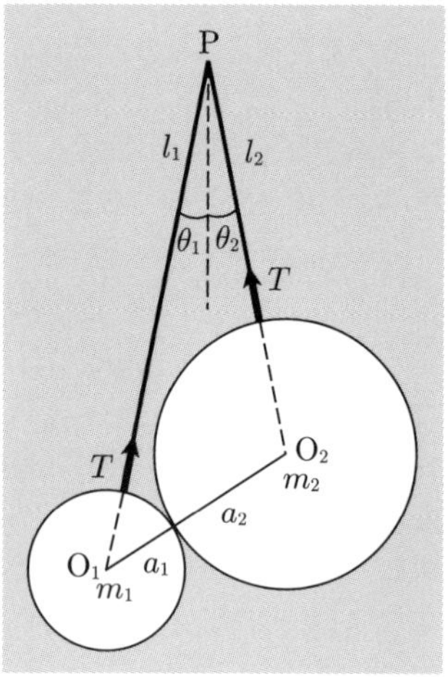

鉛直方向のつり合いは

$$2T\cos\theta - (m_1+m_2)g = 0. \qquad (1)$$

つぎに，Pのまわりの力のモーメントのつり合い条件は

$$m_1g(l_1+a_1)\sin\theta - m_2g(l_2+a_2)\sin\theta = 0.$$

これから

$$m_1(l_1+a_1) = m_2(l_2+a_2). \qquad (2)$$

糸の全長は l であるから

$$l = l_1 + l_2 \qquad (3)$$

$\triangle PO_1O_2$ の辺の長さの間にはつぎの関係がある：

$$(a_1+a_2)^2 = (l_1+a_1)^2 + (l_2+a_2)^2 - 2(l_1+a_1)(l_2+a_2)\cos 2\theta. \qquad (4)$$

上記 (1), (2), (3), (4) から θ, T, l_1, l_2 が決まる．まず (2) と (3) から

$$l_1 = \frac{m_2(l+a_2) - m_1a_1}{m_1+m_2},$$

$$l_2 = \frac{m_1(l+a_1) - m_2a_2}{m_1+m_2}.$$

これを (4) に入れ，$\cos 2\theta = 2\cos^2\theta - 1$ の関係を使えば

$$\cos\theta = \frac{m_1+m_2}{2\sqrt{m_1m_2}}\frac{\sqrt{l(l+2a_1+2a_2)}}{l+a_1+a_2}.$$

この $\cos\theta$ の値を使えば，(1) から

$$T = \frac{m_1+m_2}{2\cos\theta}g.$$

3.1 $\boldsymbol{r}_i = \boldsymbol{r}_G + \boldsymbol{r}'_i$ を運動エネルギーの表式 (5.2 節の要項の (8)) に入れれば，

$$K = \sum\frac{1}{2}m_i\left(\frac{d\boldsymbol{r}_G}{dt} + \frac{d\boldsymbol{r}'_i}{dt}\right)\cdot\left(\frac{d\boldsymbol{r}_G}{dt} + \frac{d\boldsymbol{r}'_i}{dt}\right)$$

$$= \sum\frac{1}{2}m_i\left(\frac{d\boldsymbol{r}_G}{dt}\right)\cdot\left(\frac{d\boldsymbol{r}_G}{dt}\right) + \sum m_i\left(\frac{d\boldsymbol{r}_G}{dt}\right)\cdot\left(\frac{d\boldsymbol{r}'_i}{dt}\right) + \sum\frac{1}{2}m_i\left(\frac{d\boldsymbol{r}'_i}{dt}\right)\cdot\left(\frac{d\boldsymbol{r}'_i}{dt}\right).$$

ところが，この式の右辺は

$$第1項 = \frac{1}{2}\left(\sum m_i\right)\left(\frac{d\boldsymbol{r}_{\rm G}}{dt}\right)^2 = K_{\rm G},$$

$$第2項 = \frac{d\boldsymbol{r}_{\rm G}}{dt}\cdot\sum\frac{d}{dt}(m\boldsymbol{r}'_i) = 0,$$

$$第3項 = K'.$$

したがって $K = K_{\rm G} + K'$.

3.2 直線 ℓ を軸とする剛体の回転角速度を ω とする．角運動量ベクトル $\boldsymbol{L}$ は ℓ の方向をもち，その大きさは

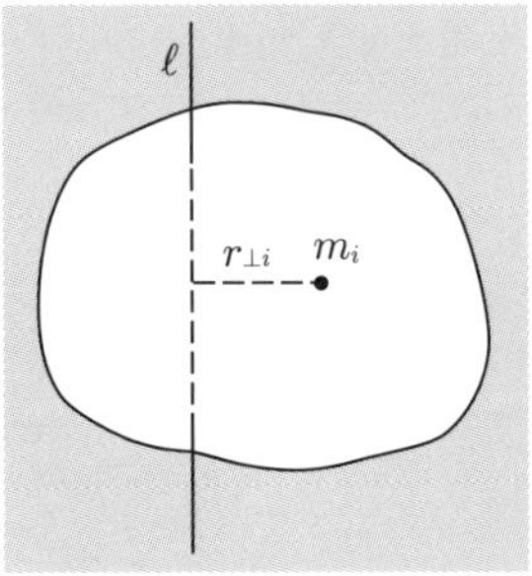

$$\begin{aligned} L &= \sum r_{\perp i}\cdot m_i r_{\perp i}\omega \\ &= \left(\sum m_i r_{\perp i}^2\right)\omega \\ &= I\omega \end{aligned}$$

と書くことができる．回転運動の方程式

$$\frac{d\boldsymbol{L}}{dt} = \boldsymbol{N}$$

に代入すれば，これは ℓ の方向の成分だけをもち，

$$\frac{dL}{dt} = I\frac{d\omega}{dt} = N$$

と表わされる．この式から，I は角速度の変化しにくさ，すなわち回転運動における慣性の大きさを表わす量であることがわかる．

4.1 こまが図の向きに自転しながら歳差運動を行なっているとしよう．床がなめらかであるとすると，こまには水平方向の力が働かないから，重心 G の位置は不変である．鉛直方向の力のつり合いにより，軸の下端にはこまの重さ W に等しい大きさの鉛直上向きの力が働いている．この力は G を通る水平な軸 (図で紙面に垂直に裏側へ向く直線) のまわりに $N = Wl\sin\theta$ というモーメントをもっているから，回転運動の方程式 $d\boldsymbol{L}/dt = \boldsymbol{N}$ により $\boldsymbol{L}$ の向きは紙面の裏側の方へ変化していく ($\boldsymbol{N}\perp\boldsymbol{L}$ であるから，$\dfrac{d\boldsymbol{L}^2}{dt} = 2\boldsymbol{L}\cdot\dfrac{d\boldsymbol{L}}{dt} = 2\boldsymbol{L}\cdot\boldsymbol{N} = 0$ より $\boldsymbol{L}$ は向きが変化するだけで大きさは変わらない．歳差運動があまり激しくなければ，こまの角運動量の向きは自転軸の方向とほぼ同じであると考えてよい)．このようにして，自転軸を鉛直方向と一定の角に保ったまま，こまは向きを変えていく．

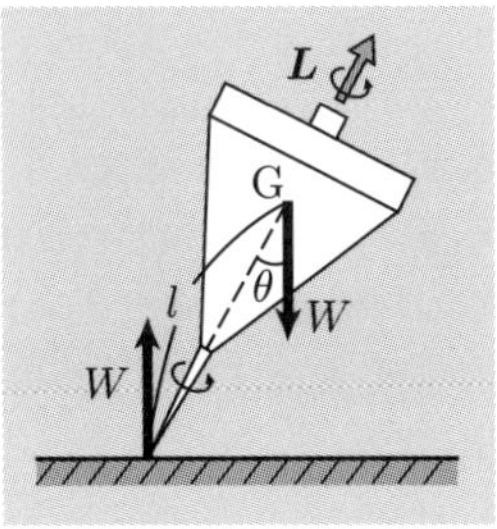

抗力のモーメント，したがって角運動量の変化率は $\sin\theta$ に比例するから，軸の傾きを大きくしたときほど $\boldsymbol{L}$ の向きの変わりかたがはやく，歳差運動は激しくおこる．

5.1 剛体の各微小部分の座標を (x_i, y_i, z_i) とすれば，物体が薄いことから $z_i = 0$ とおくことができる．したがって，慣性モーメントの定義により

$$I_z = \sum m_i({x_i}^2 + {y_i}^2) = \sum m_i {x_i}^2 + \sum m_i {y_i}^2 = I_x + I_y.$$

5.2 氷とスケートの間の摩擦はきわめて小さいから，スケーターに働く外力の，回転軸に関するモーメントは 0 と考えてよい．それゆえ，スケーターの角運動量 L は保存される．

一方，スケーターの回転角速度を ω，回転軸に関する慣性モーメントを I とすれば $L = I\omega$ の関係があるから (問題 3.2 の解答参照), I が大きい (小さい) ときには ω は小さい (大きい)．ところが，I の定義 $I = \sum m_i {r_{\perp i}}^2$ からわかるように，腕を伸ばしたときの方が縮めたときよりも腕の部分の $r_{\perp i}$ の値が大きいから，I の値が大きい．したがって，腕を伸ばすと回転はおそくなり，縮めるとはやくなる．

6.1 (i) 棒の線密度を σ (= const.) とすれば，$\sigma l = M$ である．慣性モーメントの定義により

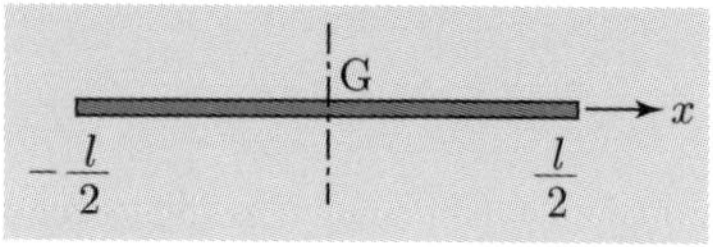

$$I_G = \int_{-l/2}^{l/2} \sigma x^2 dx = \frac{1}{12}\sigma l^3 = \frac{1}{12}Ml^2.$$

(ii) $I = \int_0^l \sigma x^2 dx = \dfrac{1}{3}Ml^2.$

注意 この結果は例題 5 の (3) を使って導くこともできる：

$$I = I_G + M\left(\frac{l}{2}\right)^2 = \left(\frac{1}{12} + \frac{1}{4}\right)Ml^2 = \frac{1}{3}Ml^2.$$

6.2 1 つの直径を選んでそれを z 軸とする．球を z 軸に垂直な薄い円板に分割したとすると，求める慣性モーメントはこれらの円板の慣性モーメントの総和である．

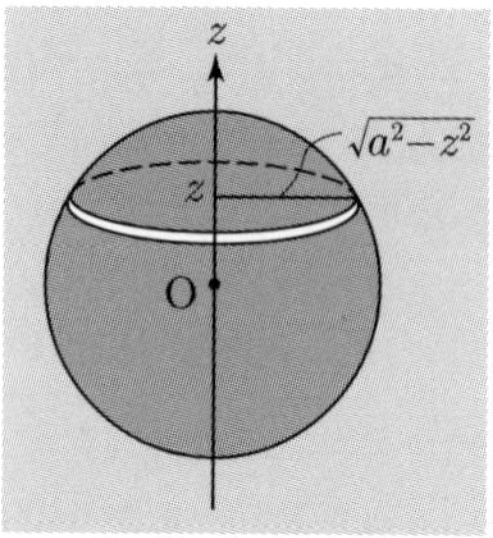

密度 ρ とすれば，z の位置にある厚さ dz の円板の質量は $\pi\rho(a^2 - z^2)dz$ であるから，例題 6 の (i) により

$$\begin{aligned} I &= \int_{-a}^{a} \frac{1}{2}\pi\rho(a^2 - z^2)dz \cdot (a^2 - z^2) \\ &= \frac{1}{2}\pi\rho \int_{-a}^{a} (a^2 - z^2)^2 dz \\ &= \frac{8}{15}\pi\rho a^5 = \frac{2}{5}Ma^2 \quad \left(M = \rho\frac{4}{3}\pi a^3\right). \end{aligned}$$

7.1 例題と同様にエネルギー保存則を使えばよい．重心が軸の真下にきたときを位置エネルギーの基準に選ぶと，重心が軸の真上にあるときの位置エネルギーは Mgl である．このときの運動エネルギーが $(1/2)I{\omega_0}^2$ なのだから，重心が真下にきたときの角速度を ω とすると

$$\frac{1}{2}I\omega^2 - \frac{1}{2}I{\omega_0}^2 = Mgl.$$

これに $I = (1/3)Ml^2$ を入れれば，

$$\omega = \sqrt{\frac{2Mgl}{I} + {\omega_0}^2} = \sqrt{\frac{6g}{l} + {\omega_0}^2}\,.$$

7.2　最初に滑車に角速度 ω を与えたということは，同時におもりにも上向きの速度 ωa を与えたということである．したがって，この系の最初の運動エネルギーは

$$K = \frac{1}{2}I\omega^2 + \frac{1}{2}m(\omega a)^2.$$

おもりが上昇して止まったときには，この運動エネルギーがすべておもりの位置エネルギーの増加分になる．おもりが上がった距離を h とすると，エネルギー保存則により

$$mgh = \frac{1}{2}I\omega^2 + \frac{1}{2}m(\omega a)^2 \qquad \therefore\quad h = \frac{1}{2}\left(\frac{I}{m} + a^2\right)\frac{\omega^2}{g}.$$

8.1　円板の質量を M とする．まず，回転軸のまわりの振り子の慣性モーメントを求める．円板の中心のまわりの慣性モーメントは $(1/2)Ma^2$ であるから，5.2 節の例題 5 によって，振り子の慣性モーメントは

$$I = Mh^2 + \frac{1}{2}Ma^2.$$

振れの角を θ とすると，振り子が受ける力のモーメント N は，5.3 節の要項の (5) で与えられる．微小振動であるから $\sin\theta \fallingdotseq \theta$ とすれば，運動方程式は

$$\left(Mh^2 + \frac{1}{2}Ma^2\right)\ddot{\theta} = -Mgh\theta \qquad \therefore\quad \ddot{\theta} = -\frac{gh}{h^2 + \frac{1}{2}a^2}\theta.$$

周期 T は

$$T = 2\pi\sqrt{\frac{h^2 + \frac{1}{2}a^2}{gh}} = 2\pi\sqrt{\frac{h}{g} + \frac{a^2}{2gh}}\,.$$

T が最小になるのは $h/g = a^2/(2gh)$ のとき，すなわち $h = a/\sqrt{2}$ のときである．

8.2　ばねと滑車との間のひもに働く張力を T_1 とする．これはばねの復元力に等しい．滑車とおもりとの間のひもに働く張力を T_2 とする．おもりの位置を x で表わす．x は上向きを正とし，つり合いの位置を $x = 0$ に選ぶ．つり合いの位置では，ばねは mg/k だけ伸びている．おもりの運動方程式は，

$$m\ddot{x} = T_2 - mg.$$

滑車の慣性モーメントは $(1/2)Ma^2$ であるから，滑車の回転角を θ (反時計まわりを正とする) とすれば，滑車の回転の運動方程式は

$$\frac{1}{2}Ma^2\ddot{\theta} = T_1 a - T_2 a.$$

ところで，滑車とひもの間にはすべりがないから，θ と x の間には $a\theta = x$ の関係がある．また，おもりがつり合いの位置から x だけ上がると，ばねの伸びは $mg/k - x$ になるから，復

元力は

$$T_1 = k\left(\frac{mg}{k} - x\right)$$

となる．以上の式から T_1, T_2, θ を消去すれば，x に対する方程式が得られる：

$$\frac{1}{2}Ma^2 \cdot \frac{\ddot{x}}{a} = a(mg - kx) - a(m\ddot{x} + mg) = -akx - am\ddot{x},$$

$$\therefore \quad \left(\frac{1}{2}M + m\right)\ddot{x} = -kx.$$

したがって，周期は

$$2\pi\sqrt{\frac{\frac{1}{2}M + m}{k}}.$$

9.1 歯をかみ合わせたとき，左右の歯車が歯のところで受ける撃力は，作用・反作用の法則によって大きさが等しく逆向きである．また，この撃力は歯車の周の接線方向を向いている．撃力の大きさを P とすると，撃力のモーメントは (各歯車の中心軸に関して) それぞれ $-Pa_1$, $-Pa_2$ である．ただし，撃力のモーメントも反時計まわりをを正とする．かみ合ったあとは，歯車の円周が速さ v でまわるとする．

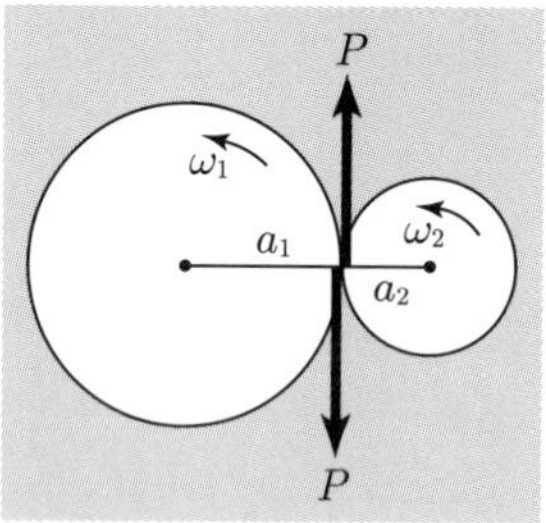

歯車はそれぞれ角速度 v/a_1, $-v/a_2$ でまわる．一方の歯車の角速度は ω_1 から v/a_1 に，他方は ω_2 から $-v/a_2$ に変わったのであるから，

$$I_1\frac{v}{a_1} - I_1\omega_1 = -Pa_1,$$

$$-I_2\frac{v}{a_2} - I_2\omega_2 = -Pa_2.$$

これから P を消去すると v が求められる：

$$I_1\left(\frac{v}{a_1{}^2} - \frac{\omega_1}{a_1}\right) - I_2\left(-\frac{v}{a_2{}^2} - \frac{\omega_2}{a_2}\right) = 0 \qquad \therefore \quad v = \frac{\dfrac{I_1}{a_1}\omega_1 - \dfrac{I_2}{a_2}\omega_2}{\dfrac{I_1}{a_1{}^2} + \dfrac{I_2}{a_2{}^2}}.$$

この v を $a_1, -a_2$ で割れば，角速度が得られる．

運動エネルギーの増加は，

$$\Delta K = \frac{1}{2}I_1\left(\frac{v}{a_1}\right)^2 + \frac{1}{2}I_2\left(\frac{v}{a_2}\right)^2 - \frac{1}{2}I_1\omega_1{}^2 - \frac{1}{2}I_2\omega_2{}^2.$$

これを具体的に計算するには，上で求めた v を直接代入してもよいが，つぎの変換によって例題の中の (2) と同じ形にすると簡単である：

$$J_1 = \frac{I_1}{a_1{}^2}, \quad J_2 = \frac{I_2}{a_2{}^2}, \quad v_1 = \omega_1 a_1, \quad v_2 = -\omega_2 a_2.$$

そうすると

$$v = \frac{v_1 J_1 + v_2 J_2}{J_1 + J_2}, \quad \Delta K = \frac{1}{2}(J_1 + J_2)v^2 - \frac{1}{2}J_1 {v_1}^2 - \frac{1}{2}J_2 {v_2}^2.$$

$$\therefore \quad \Delta K = -\frac{J_1 J_2 (v_1 - v_2)^2}{2(J_1 + J_2)}.$$

これは負であるから，エネルギー損失がおこる．

10.1　砥石の慣性モーメント I と砥石が受ける力のモーメント N が一定のときは，5.3 節の要項の (3) の解は $\omega = \omega_0 - (N/I)t$ である ($t = 0$ で $\omega = \omega_0$)．止まるまでの時間は $t_0 = \omega_0 I/N$ である．MKS 単位系を使うと，この問題では $\omega_0 = 300\,\pi$，砥石の慣性モーメントは

$$I = \frac{1}{2}Ma^2 = \frac{1}{2} \times 10 \times (0.1)^2 = 0.05$$

である．また，力のモーメントは，摩擦力に半径をかけて

$$N = 0.3 \times 30 \times 9.8 \times 0.1 = 8.8.$$

$$\therefore \quad t_0 = \frac{\omega_0 I}{N} = \frac{300\pi \times 0.05}{8.8} = 5.4\,(\mathrm{s}).$$

10.2　風力計の回転角速度を ω とすると，碗の速さは ωa，碗が受ける空気抵抗は $-k\omega a$ である．4 つの碗が受ける力のモーメントの総和は $-4(k\omega a)a = -4k\omega a^2$ であるから，回転の運動方程式は

$$I\dot{\omega} = -4k\omega a^2 = -K\omega, \quad K = 4ka^2.$$

この方程式を

$$I\frac{d\omega}{\omega} = -K\,dt$$

と変形して積分すると，

$$I \log \omega = -Kt + C \quad (C = \mathrm{const}).$$

$t = 0$ での角速度が ω_0 であることから $C = I \log \omega_0$ である．したがって

$$\omega = \omega_0 \exp\left(-\frac{K}{I}t\right).$$

この式によれば，$\omega = 0$ となるには無限大の時間がかかるが，$t \fallingdotseq 5I/K$ ですでに $\omega/\omega_0 \fallingdotseq 0.007$ 程度まで小さくなる (実際には，回転軸に働く摩擦力のために有限時間内に静止する)．止まるまでの回転数 n は

$$n = \frac{1}{2\pi}\int_0^\infty \omega\,dt = \frac{1}{2\pi}\frac{\omega_0 I}{K} = \frac{\omega_0 I}{8\pi k a^2}.$$

注意　碗の速度 v が大きいときの空気抵抗は v^2 に比例するが，速度が小さくなってくると v に比例するようになる．

11.1　棒の微小振動の一般解は，振幅と位相を未定定数として含んでいる．振動をおこすための撃力と時間の原点とを指定すれば，これらの定数を決めることができる．

まず一般解を求めよう．棒の一端のまわりの慣性モーメントは $(1/3)Ml^2$ である．棒が θ だけ傾いたとき受ける重力のモーメントは $(-Mgl/2)\sin\theta$ であるが，微小振動を考えている

から $-(1/2)Mgl\theta$ としてよい．運動方程式は

$$\frac{1}{3}Ml^2\ddot{\theta} = -\frac{1}{2}Mgl\theta \qquad \therefore \quad \ddot{\theta} = -\frac{3}{2}\frac{g}{l}\theta.$$

一般解は

$$\theta = \theta_0 \sin\left(\sqrt{\frac{3g}{2l}}\,t + \delta\right).$$

撃力を受けた瞬間は棒は軸の真下にあったから，$t = 0$ のとき $\theta = 0$ である．これから $\delta = 0$ となる．上の解から，$t = 0$ での角速度 ω_0 は

$$\omega_0 = (\dot{\theta})_{t=0} = \theta_0\sqrt{\frac{3g}{2l}}.$$

$t = 0$ での角運動量は，これに慣性モーメントをかけたものである．これが撃力の力積モーメントに等しいから，

$$\frac{1}{3}Ml^2\theta_0\sqrt{\frac{3g}{2l}} = \frac{1}{2}Pl.$$

これから θ_0 が決まる：

$$\theta_0 = \frac{3}{2}\frac{P}{Ml}\sqrt{\frac{2l}{3g}} = \frac{P}{M}\sqrt{\frac{3}{2gl}}.$$

こうして $\theta = \theta(t)$ の形が完全にわかった．

11.2 衝突後に円板が角速度 ω で回転をはじめたとする．物体が衝突した円板上の点の速さは ωa である．衝突後の物体の速さを (飛んできた方向に) v' とする．反発係数が 0.5 であるから，

$$\frac{\omega a - v'}{v} = \frac{1}{2}.$$

ω と v' の両方を決めるためには，さらに角運動量保存則を使わなければならない．飛んできた物体の角運動量は mva，衝突後のこの物体の角運動量は $mv'a$ である．一方，直径のまわりの円板の慣性モーメントは $(1/4)Ma^2$ であるから，円板の角運動量は $(1/4)Ma^2\omega$ である．そこで角運動量保存則はつぎのように書ける：

$$mva = mv'a + \frac{1}{4}Ma^2\omega.$$

(i) これらの式から

$$v' = \frac{m - \dfrac{M}{8}}{m + \dfrac{M}{4}}v, \qquad \omega = \frac{3}{2a}\cdot\frac{mv}{m + \dfrac{M}{4}}.$$

(ii) 円板が受けた撃力の力積を P とすると，これは飛んできた物体の運動量変化に等しいから，

$$P = mv - mv' = \frac{3}{8}\frac{mM}{m + \dfrac{M}{4}}v.$$

12.1 球の半径を a，質量を M とする．球または球殻の直径に関する慣性モーメントを I と

すれば，例題 12 の (1) はそのまま成り立ち，(2) は

$$I\ddot{\theta} = aF$$

となる．この式と，(1), (3) から F と θ を消去すると，

$$\left(M + \frac{I}{a^2}\right)\ddot{x} = Mg\sin\alpha \qquad \therefore \quad \ddot{x} = \frac{g\sin\alpha}{1 + \dfrac{I}{Ma^2}}.$$

それゆえ，加速度が大きいか小さいかは，慣性モーメント I が小さいか大きいかによる．ところが，I の定義から明らかなように，半径と質量がそれぞれ等しければ，中身のつまった球の方が球殻よりも慣性モーメントは小さい (球の内部の質量を全部表面におしやって，各質量の軸からの距離を大きくしたものが球殻である)．したがって，球の方が球殻よりも速くころがっていく．

慣性モーメントは，一様な球が $(2/5)Ma^2$，一様な球殻が $(2/3)Ma^2$ (計算してみよ) であるから，加速度の比は $(1 + 2/3)/(1 + 2/5) = 25/21 = 1.19$ である．

12.2 球の回転角を θ としよう．じゅうたんの上で球が最初に接していた点は，加速度 α で動くから，時間 t のあとには $(1/2)\alpha t^2$ だけ移動している．ところで，球は慣性をもっているから，じゅうたんを引張ってもじゅうたんの速さではついていかないで，じゅうたんから見て，引張るのと逆方向にころがっていく．じゅうたんの上をころがった距離は $a\theta$ である．したがって，床から見た球の重心の位置は $x = \dfrac{1}{2}\alpha t^2 - a\theta$ で与えられる ($t = 0$ で $x = 0$ とする)．これから $\ddot{x} = \alpha - a\ddot{\theta}$ となる．

球がじゅうたんから受ける摩擦力を F としよう．これはじゅうたんを引く方向を向いている．重心の運動および球の回転運動の方程式は，それぞれ

$$M\ddot{x} = F, \quad I\ddot{\theta} = aF$$

となる．ただし I は球の慣性モーメントである．以上の 3 式から F と $\ddot{\theta}$ を消去すれば

$$\ddot{x} = \frac{I}{Ma^2 + I}\alpha.$$

中身のつまった一様な球ならば，$I = (2/5)Ma^2$ であるから，$\ddot{x} = (2/7)\alpha$ となる．したがって球の重心の位置と時間の関係は

$$x = \frac{1}{7}\alpha t^2$$

で与えられる．

13.1 例題 13 と同様に M, a, I, θ, T などを定義する．ヨーヨーに巻きつけた糸を $t = 0$ から引き上げるとする．その時刻から糸が移動した距離を z とすると，$z = a\theta$ の関係がある ($t = 0$ で $\theta = 0$ とする)．ヨーヨーの重心は動かないのであるから，重心の運動方程式は

$$0 = Mg - T.$$

回転の運動方程式は

$$I\ddot{\theta} = aT.$$

5

これらの式から T と θ を消去すると，糸を引き上げる加速度が求められる：

$$I\ddot{\theta} = Mga \qquad \therefore \quad \ddot{z} = a\ddot{\theta} = \frac{Mga^2}{I}.$$

つぎに，エネルギー保存則を使って同じ結果を導いてみよう．重心の運動エネルギーは 0 のままであるが，回転のエネルギーは増加していく．この増加は糸の張力によってなされる仕事に等しい．張力 T は重力 Mg に等しく，距離 z だけ引き上げたのであるから，

$$\text{糸がした仕事} = Mgz = \frac{1}{2}I\dot{\theta}^2.$$

これから $\dot{\theta} = \dot{z}/a$ の関係を使って θ を消去すると

$$\dot{z}^2 = \frac{2Mga^2}{I}z.$$

両辺を t で微分すれば $\ddot{z} = Mga^2/I$ を得る．

13.2 円柱の半径を a，質量を M，斜面の傾きの角を α とする．すべりがないとして，円柱の運動方程式をたててみよう．斜面上方に向かって測った円柱の重心の位置座標を x，円柱の回転角を θ，円柱が斜面から受ける静止摩擦力を F とすると，

5

$$x = a\theta, \quad M\ddot{x} = T + F - Mg\sin\alpha,$$
$$\frac{1}{2}Ma^2\ddot{\theta} = -aF + aT.$$

ただし，θ は時計まわりを正，F は斜面上向きを正としておく．

これらの式から x と θ を消去すると

$$T + F - Mg\sin\alpha = 2(-F + T) \qquad \therefore \quad F = \frac{1}{3}(T + Mg\sin\alpha).$$

斜面の垂直抗力は $Mg\cos\alpha$ であるから，円柱がすべらないための条件は $F \leqq \mu_{\mathrm{s}}Mg\cos\alpha$ である．これから，T が満たすべき条件は

$$T \leqq Mg(3\mu_{\mathrm{s}}\cos\alpha - \sin\alpha).$$

ただし，$T \geqq 0$ であるから，$3\mu_{\mathrm{s}}\cos\alpha < \sin\alpha$ のときにはこの条件は決して満たされない．つまり，斜面の傾きがある値より大きくなると，円柱はどうしてもすべるようになる．

14.1 撃力を受けた点が棒の中点でなければ，棒は回転しながら飛んでいく．棒の重心の速度を V，角速度を Ω，撃力の力積を P とする．棒の長さは $2l$ であるから，重心のまわりの棒の慣性モーメント $(1/3)Ml^2$ である．したがって

$$P = MV, \quad Ph = \frac{1}{3}Ml^2\Omega.$$

中心を原点として棒に沿う座標 x を導入し，撃力を受けた点の座標を $x = h$ とする．棒上の点 x の速度を v とすると，撃力を受けた直後はこの速度は棒に垂直であって，

$$v = V + \Omega x = \frac{P}{M} + \frac{3Ph}{Ml^2}x$$

である．したがって，これが 0 になる点の座標は $x = -l^2/3h$ である．つまり，速度が 0 の

点は棒の中心に対して撃力を受けた点の反対側にある．$l^2/3h > l$，つまり $h < l/3$ のばあいには，速度が 0 になる点は棒の上には存在しない．

14.2 球の半径を a，質量を M，慣性モーメントを I とし，球と床の間の動摩擦係数を μ とする．また，球の重心の水平位置を x，球の回転角を θ で表わす．便宜上，x 軸を図のように右向きにとり，回転の向きは時計まわりを正と決めておく．

球を床においた直後から，球には運動摩擦力 μMg が働く．この力は，球の重心に加速度を与え，球の回転を減速させる．重心の運動と回転運動の方程式は

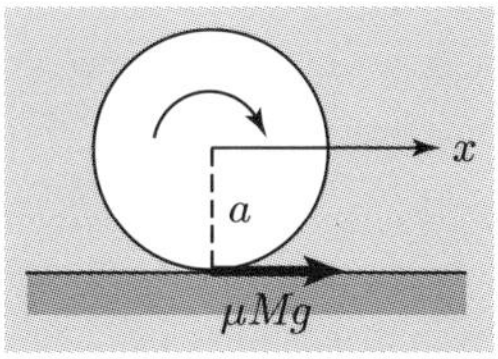

$$M\ddot{x} = \mu Mg, \quad I\ddot{\theta} = -\mu Mga.$$

$t = 0$ で $\dot{x} = 0$, $\dot{\theta} = \omega_0$ という条件を使って 1 回積分すると，

$$\dot{x} = \mu gt, \quad \dot{\theta} = -\frac{\mu Mga}{I}t + \omega_0 = -\frac{5\mu g}{2a}t + \omega_0.$$

球の接地点の速度 v は $\dot{x} - a\dot{\theta}$ であるから，上の $\dot{x}$ と $\dot{\theta}$ を代入すれば

$$v = \frac{7}{2}\mu gt - a\omega_0.$$

すべりが止まるのは $v = 0$ になった瞬間である．その時刻を t_0 とすると

$$t_0 = \frac{2a\omega_0}{7\mu g}.$$

$\dot{x}$ の式を積分して t_0 の値を代入すると，そのときまでの移動距離 d が出る：

$$d = \frac{1}{2}\mu g{t_0}^2 = \frac{2a^2{\omega_0}^2}{49\mu g}.$$

6

第 6 章の解答

1.1 この質点は力を受けていないので，$U = 0$ としてよい．
一般座標 q_i は (x, y, z) であり，$\dot{q}_i = (\dot{x}, \dot{y}, \dot{z})$．以上から

$$L = \frac{1}{2}m(\dot{x}^2 + \dot{y}^2 + \dot{z}^2),$$

$$(p_x, p_y, p_z) = \left(\frac{\partial L}{\partial \dot{x}}, \frac{\partial L}{\partial \dot{y}}, \frac{\partial L}{\partial \dot{z}}\right) = (m\dot{x}, m\dot{y}, m\dot{z}),$$

$$H = p_x\dot{x} + p_y\dot{y} + p_z\dot{z} - L = \frac{1}{2}m(\dot{x}^2 + \dot{y}^2 + \dot{z}^2) = \frac{1}{2m}({p_x}^2 + {p_y}^2 + {p_z}^2)$$

ラグランジュ方程式は，

$$\frac{d}{dt}\left(\frac{\partial L}{\partial \dot{x}}\right) - \frac{\partial L}{\partial x} = \frac{d}{dt}(m\dot{x}) = m\ddot{x} = 0,$$

同様にして，

$$m\ddot{y} = 0, \quad m\ddot{z} = 0.$$

正準方程式は，

$$\dot{x} = \frac{\partial H}{\partial p_x} = \frac{1}{m}p_x, \quad \text{同様にして} \quad \dot{y} = \frac{1}{m}p_y, \ \dot{z} = \frac{1}{m}p_z,$$

$$\dot{p}_x = -\frac{\partial H}{\partial x} = 0, \quad \text{同様にして} \quad \dot{p}_y = 0, \ \dot{p}_z = 0.$$

これらの結果が運動方程式である．いずれも，力を受けない質点の運動方程式 $\ddot{x} = \ddot{y} = \ddot{z} = 0$ に一致する．

1.2 2 つの質点の重心は，外力がなければ等速直線運動をする．したがって重心を原点とする慣性座標系で議論してもよい．一方の質点の位置を例題 1 (iii) と同様に極座標 (r, φ) で表わす．もう一方の質点の位置は $(r, \varphi + \pi)$ である．ばねの自然長を $2l$ とすると，位置エネルギーは $U = (1/2)k(2r - 2l)^2 = 2k(r - l)^2$ であるから，ラグランジュ関数とラグランジュの方程式は

$$L = K - U = 2 \cdot \frac{m}{2}(\dot{r}^2 + r^2\dot{\varphi}^2) - 2k(r - l)^2,$$

$$\frac{d}{dt}\left(\frac{\partial L}{\partial \dot{r}}\right) - \frac{\partial L}{\partial r} = \frac{d}{dt}(2m\dot{r}) - 2mr\dot{\varphi}^2 + 4k(r - l) = 0,$$

$$\frac{d}{dt}\left(\frac{\partial L}{\partial \dot{\varphi}}\right) - \frac{\partial L}{\partial \varphi} = \frac{d}{dt}(2mr^2\dot{\varphi}) = 0.$$

つぎに，r と φ に共役な運動量は

$$p_r = \frac{\partial L}{\partial \dot{r}} = 2m\dot{r}, \quad p_\varphi = \frac{\partial L}{\partial \dot{\varphi}} = 2mr^2\dot{\varphi}$$

であるから，ハミルトン関数と正準方程式は

$$H = p_r\dot{r} + p_\varphi\dot{\varphi} - L = \frac{1}{4m}\left({p_r}^2 + \frac{{p_\varphi}^2}{r^2}\right) + 2k(r - l)^2,$$

$$\frac{dr}{dt} = \frac{\partial H}{\partial p_r} = \frac{p_r}{2m}, \quad \frac{d\varphi}{dt} = \frac{\partial H}{\partial p_\varphi} = \frac{p_\varphi}{2mr^2},$$

$$\frac{dp_r}{dt} = -\frac{\partial H}{\partial r} = \frac{{p_\varphi}^2}{2mr^3} - 4k(r - l), \quad \frac{dp_\varphi}{dt} = -\frac{\partial H}{\partial \varphi} = 0.$$

注意 2 質点間の距離 $2r$ を R と書いて，R を独立変数に選ぶこともできる．そのときは，換算質量 $\mu = m/2$ を導入すると，

$$L = \frac{1}{2}\mu(\dot{R}^2 + R^2\dot{\varphi}^2) - \frac{1}{2}k(R - 2l)^2.$$

これは，一端を固定した長さ $2l$ のばねの先にとりつけた質量 μ の物体のラグランジュ関数と同じである．

1.3 質点の位置を，直線の回転の中心からの距離 r で表わす．これは自由度が 1 の運動であるが，運動エネルギーは動径方向と角方向の両方を考慮しなければならない．位置エネル

ギーはない．したがって

$$L = K = \frac{m}{2}(\dot{r}^2 + r^2\omega^2),$$

$$\frac{d}{dt}\left(\frac{\partial L}{\partial \dot{r}}\right) - \frac{\partial L}{\partial r} = \frac{d}{dt}(m\dot{r}) - mr\omega^2 = 0.$$

r に共役な運動量は

$$p_r = \frac{\partial L}{\partial \dot{r}} = m\dot{r}$$

であるから，

$$H = p_r\dot{r} - L = m\dot{r}^2 - \frac{m}{2}(\dot{r}^2 + r^2\omega^2) = \frac{{p_r}^2}{2m} - \frac{m}{2}r^2\omega^2,$$

$$\frac{dr}{dt} = \frac{\partial H}{\partial p_r} = \frac{p_r}{m}, \quad \frac{dp_r}{dt} = -\frac{\partial H}{\partial r} = mr\omega^2.$$

注意　H は保存量であるが，全エネルギー $E = \frac{{p_r}^2}{2m} + \frac{m}{2}r^2\omega^2$ とは異なることに注意されたい．この運動では，直線を一定の角速度でまわすために束縛力が仕事をするからである (要項の束縛運動の項参照).

2.1　例題 2 と同じように x, y を定義する．どちらの滑車の回転角も時計まわりを正と決めると，それらは x/a, y/a である．2 つの滑車の運動エネルギーと下の滑車の位置エネルギー $-Mgx$ をも考慮すれば，この力学系のラグランジュ関数は

$$L = \frac{m}{2}(5\dot{x}^2 - 2\dot{x}\dot{y} + 3\dot{y}^2) - mg(-x + y)$$
$$+ \frac{1}{2}\left(\frac{1}{2}Ma^2\right)\left\{\left(\frac{\dot{x}}{a}\right)^2 + \left(\frac{\dot{y}}{a}\right)^2\right\} + \frac{1}{2}M\dot{x}^2 + Mgx.$$

ラグランジュの方程式は

$$\frac{d}{dt}\left(\frac{\partial L}{\partial \dot{x}}\right) - \frac{\partial L}{\partial x} = \left(5m + \frac{3}{2}M\right)\ddot{x} - m\ddot{y} - (m + M)g = 0,$$

$$\frac{d}{dt}\left(\frac{\partial L}{\partial \dot{y}}\right) - \frac{\partial L}{\partial y} = -m\ddot{x} + \left(3m + \frac{1}{2}M\right)\ddot{y} + mg = 0.$$

$\ddot{y}$ を消去すると

$$\left\{\left(5m + \frac{3}{2}M\right)\left(3m + \frac{1}{2}M\right) - m^2\right\}\ddot{x} - (m + M)\left(3m + \frac{1}{2}M\right)g + m^2 g = 0,$$

$$\therefore \quad x = \frac{4 + 7\dfrac{M}{m} + \dfrac{M^2}{m^2}}{56 + 28\dfrac{M}{m} + 3\dfrac{M^2}{m^2}}\,gt^2.$$

$\ddot{x}$ を消去することにより，同様にして

$$y = -\frac{8 + \dfrac{M}{m}}{56 + 28\dfrac{M}{m} + 3\dfrac{M^2}{m^2}}\,gt^2.$$

6

2.2 一般座標として，たとえば右のおもりの下降距離を x とする．左のおもりの鉛直方向の上昇距離は $x\cos\alpha$ となるから，ラグランジュ関数は

$$\begin{aligned}L = K - U &= \frac{1}{2}m\dot{x}^2 + mgx + \frac{1}{2}m\dot{x}^2 - mgx\cos\alpha \\ &= m\dot{x}^2 + mgx(1-\cos\alpha),\end{aligned}$$

ラグランジュ方程式は

$$\frac{d}{dt}\left(\frac{\partial L}{\partial \dot{x}}\right) - \frac{\partial L}{\partial x} = 2m\ddot{x} - mg(1-\cos\alpha) = 0,$$

$$\therefore \quad x = \frac{1}{4}g(1-\cos\alpha)t^2.$$

ただし，$t=0$ で $x=0$, $\dot{x}=0$ と仮定した．

3.1 系のラグランジュ関数は，左右のばねののびがそれぞれ x_1, $x_2 - x_1$ であるから，

$$L = \frac{1}{2}m(\dot{x}_1{}^2 + \dot{x}_2{}^2) - \frac{1}{2}k\{x_1{}^2 + (x_2 - x_1)^2\}.$$

これから

$$\frac{d}{dt}\left(\frac{\partial L}{\partial \dot{x}_1}\right) - \frac{\partial L}{\partial x_1} = m\ddot{x}_1 + kx_1 + k(x_2 - x_1) = 0,$$

$$\frac{d}{dt}\left(\frac{\partial L}{\partial \dot{x}_2}\right) - \frac{\partial L}{\partial x_2} = m\ddot{x}_2 + k(x_2 - x_1) = 0.$$

これらが，それぞれの質点の運動方程式である．ハミルトン関数を用いても同じ結果になる(読者にまかせよう)．

3.2 簡単のために，分子の重心は静止していて，分子は回転していないとする．このときには運動の自由度は 1 である．一般座標として θ をとろう．中心および両側の原子の上向の移動を，それぞれ X, x で表わす．X と x はつねに符号が逆である．微小振動であるから横方向の運動はほとんどない．したがって，結合の腕の長さを l とすると

$$\theta = \frac{2(X-x)}{l}$$

としてよい．また，重心が移動しないことから

$$2m\dot{x} + M\dot{X} = 0.$$

この 2 式から $\dot{x}$ と $\dot{X}$ を $\dot{\theta}$ で表わすことができる：

$$\dot{X} = \frac{ml}{M+2m}\dot{\theta}, \quad \dot{x} = -\frac{Ml}{2(M+2m)}\dot{\theta}.$$

ラグランジュ関数は

$$\begin{aligned}L = K - U &= 2\left(\frac{1}{2}m\dot{x}^2\right) + \frac{1}{2}M\dot{X}^2 - \frac{1}{2}\kappa\theta^2 \\ &= \frac{Mml^2}{4(M+2m)}\dot{\theta}^2 - \frac{1}{2}\kappa\theta^2.\end{aligned}$$

ラグランジュの方程式を作ると，運動方程式が得られる：

$$\frac{d}{dt}\left(\frac{\partial L}{\partial \dot{\theta}}\right) - \frac{\partial L}{\partial \theta} = \frac{Mml^2}{2(M+2m)}\ddot{\theta} + \kappa\theta = 0.$$

これは単振動の方程式である．角振動数は

$$\omega = \sqrt{\frac{2\kappa(M+2m)}{Mml^2}}.$$

第 7 章の解答

1.1 2 個の亜鈴 A, B を合わせた系の重心といっしょに運動する座標系で見ると，A と B はそれぞれ速度 $V/2$ で近づき，重心で衝突する．対称性によって，亜鈴 A だけについて調べればよい．

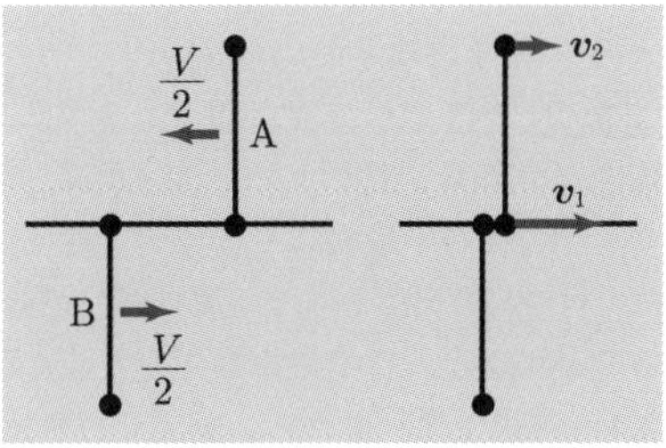

衝突の際に亜鈴 B の球は亜鈴 A の球に運動方向の撃力 P を及ぼすものとする．亜鈴 A を剛体と考え，その重心の衝突直後の速度を $\boldsymbol{v}$，重心のまわりの角速度を ω とし，衝突された球 1 の速度を $\boldsymbol{v}_1$，他の球 2 の速度を $\boldsymbol{v}_2$ とすれば，$\boldsymbol{v}$, $\boldsymbol{v}_1$, $\boldsymbol{v}_2$ は運動方向に平行で，それらの運動方向の成分の間には

$$v_1 = v + \frac{l}{2}\omega, \quad v_2 = v - \frac{l}{2}\omega \tag{1}$$

の関係がある．亜鈴 A の衝突直前の速度は $-V/2$ であるから，運動量の増加が撃力に等しいという関係により

$$2m\left(v + \frac{V}{2}\right) = P. \tag{2}$$

また，球 1 のまわりの角運動量保存則から

$$-mv_2 \cdot l = m \cdot \frac{V}{2} \cdot l \qquad \therefore \quad v_2 = -\frac{V}{2} \tag{3}$$

一方，弾性衝突を仮定しているから，A と B を合わせた系の運動エネルギーは保存される．しかも対称性によって，運動エネルギーは各亜鈴ごとに保存される：

$$\frac{1}{2}m{v_1}^2 + \frac{1}{2}m{v_2}^2 = 2 \cdot \frac{1}{2}m\left(\frac{V}{2}\right)^2,$$

$$\therefore \quad {v_1}^2 + {v_2}^2 = \frac{1}{2}V^2. \tag{4}$$

(3) と (4) から $v_1 = V/2$ が得られる ($v_1 = -V/2$ も (4) も満足するが，これは衝突直前の速度を表わすのですてる)．v_1 と v_2 の値を (1) に代入すれば，A の重心の速度 v と回転の角速

度 ω がそれぞれ

$$v = 0, \quad \omega = \frac{V}{l}$$

のように決まる．

こうして，各亜鈴がもっていた並進運動のエネルギーは，衝突によってそっくり回転運動のエネルギーに変わる．したがって，亜鈴の重心の運動を見るかぎり，この衝突における反発係数は

$$e = \frac{0}{V} = 0$$

である．

注意 1 この問題を解くのに運動量保存則は見かけ上使われていない．しかし，亜鈴 A と B が，衝突前も衝突後も対称的に動くという仮定 (すなわち，全運動量が衝突前後で **0** である) は，実は，運動量保存則を適用した結果なのである．上の (2) は，v が決定したあとで撃力の大きさ P を決めるのに役立つ．

注意 2 衝突後，各亜鈴はそれぞれの重心のまわりに回転しはじめるが，半回転するとまた衝突がおこる．球が十分小さければ，前とちょうど逆の過程がおこって各亜鈴の回転はとまり，その代わり最初にもっていた速度をふたたび得て互いに離れていく．すなわち，各亜鈴は，近づいたときにちょっとの間，並進運動が止まるが，その後また前と同じように進み続けることになる．この過程も含めて考えると，反発係数は 1 としてよい．

2.1 運動量保存則から，弾丸を打ち込んだあとの全系の速度 v を求める．

$$0.01\,(\mathrm{kg}) \times 20\,(\mathrm{m \cdot s^{-1}}) = 1.0\,(\mathrm{kg}) \times v,$$

これから $v = 0.20\,\mathrm{m \cdot s^{-1}}$.

運動エネルギーの差は

$$\frac{1}{2} \cdot 0.01 \cdot 20^2 - \frac{1}{2} \cdot 1 \cdot (0.20)^2 = 2 - 0.02 = 1.98\,(\mathrm{J}).$$

これが摩擦による仕事に等しい．もぐる距離を $l\,(\mathrm{m})$ とすると，$20l = 1.98$ から，$l = 0.099\,\mathrm{m}$. 答えは，9.9 cm.

2.2 板は微小振動しかしないのであるから，弾丸が貫通する間，板はほぼ静止したままでいると考えてよい．板と弾丸の間の摩擦力は 20 N，弾丸が貫通する時間は $0.010\,(\mathrm{m})/100\,(\mathrm{m \cdot s^{-1}}) = 1.0 \times 10^{-4}\,(\mathrm{s})$ であるから，その間に板が受ける力積は $20 \times 10^{-4}\,(\mathrm{N \cdot s})$ である．板は固定軸をもっているから弾丸だけでなく軸からも力積を受ける．したがって運動量保存則は使いにくい．そこで軸のまわりの角運動量保存則を使うことにする．着力点と軸との距離は 50 cm だから，軸のまわりの力積のモーメントは

$$20 \times 10^{-4}\,(\mathrm{N \cdot s}) \times 0.50\,(\mathrm{m}) = 1.0 \times 10^{-3}\,(\mathrm{N \cdot m \cdot s})$$

である．したがって，貫通した直後に板はこれだけの角運動量をもっている．

板の振れの角を $\theta = \theta(t)$ とすると，板が受ける重力のモーメントは

$$-4.0\,(\mathrm{kg}) \times 0.50\,(\mathrm{m}) \times 9.8\,(\mathrm{m \cdot s^{-2}}) \times \sin\theta = -19.6\sin\theta \fallingdotseq -19.6\,\theta\,(\mathrm{N \cdot m}).$$

板の慣性モーメントは

7

$$\frac{1}{3}\cdot 4.0\,(\mathrm{kg})\times 1.0^2\,(\mathrm{m}^2)=\frac{4.0}{3}\,(\mathrm{kg}\cdot\mathrm{m}^2)$$

だから，振動の運動方程式は

$$\frac{4.0}{3}\ddot{\theta}=-19.6\,\theta.$$

これから，微小振動の角振動数 ω は

$$\omega=\sqrt{19.6\times\frac{3}{4.0}}=\sqrt{14.7}\fallingdotseq 3.8\,(\mathrm{s}^{-1}).$$

そこで，振幅を θ_0 とすると，$t=0$ には振れの角はほとんど 0 だから

$$\theta=\theta_0\sin\omega t \qquad \therefore\quad \dot{\theta}=\omega\theta_0\cos\omega t.$$

$t=0$ での角運動量は $1.0\times10^{-3}\,(\mathrm{N\cdot m\cdot s})$ だから

$$(I\dot{\theta})_{t=0}=I\omega\theta_0=\frac{4.0}{3}\times 3.8\theta_0=1.0\times10^{-3}\,(\mathrm{N\cdot m\cdot s}).$$

これから振幅が求められる：

$$\theta_0\fallingdotseq 2.0\times10^{-4}\,(\text{ラジアン}).$$

3.1　(7) を (2) に代入すると

$$\text{左辺}=-ma\omega^2\cos(\lambda i+\omega t),$$
$$\text{右辺}=2ka\,(\cos\lambda-1)\,\cos(\lambda i+\omega t).$$

これから，例題 3 の解答と同様にして，(6) が成り立つとき左辺と右辺が等しくなり，(2) が満たされる．

重ね合せの解のばあいは，

$$\begin{aligned}x_i &= a\cos(\lambda i-\omega t)+a\cos(\lambda i+\omega t)\\ &= 2a\cos\lambda i\cdot\cos\omega t.\end{aligned}$$

これを (2) に代入すると，

$$\begin{aligned}\text{左辺}&=-2ma\omega^2\cos\lambda i\cdot\cos\omega t\\ \text{右辺}&=-2ka\{\cos\lambda(i+1)-2\cos\lambda i+\cos\lambda(i-1)\}\cos\omega t\\ &=-4ka(\cos\lambda-1)\cos\lambda i\cdot\cos\omega t\end{aligned}$$

やはり，(6) が成り立つとき (2) が満たされる．

(7) の解において，t を $t+\lambda/\omega$ に変え，i を $i-1$ にすると，位相は

$$\lambda(i-1)+\omega\left(t+\frac{\lambda}{\omega}\right)=\lambda i+\omega t$$

となる．この位相は時刻 t における物体 i の位相と同じであるから，この解は i が減少する方向，すなわち左へ伝わる波を表わす．重ね合せの解は，i については $\cos\lambda i$ という変化をし，時間的にはどの位置についても $\cos\omega t$ にしたがって振動する．すなわち，重ね合せの解は，右にも左にも伝わらない定在波を表わす．

3.2 物体を $1 \to 2 \to 3$ の順にたどる向きを，各 x_i を測るときの正の向きと定めよう．物体 1 は，2 との間のばねからは $k(x_2 - x_1)$，3 との間のばねからは $-k(x_1 - x_3)$，合わせて $k(x_2 + x_3 - 2x_1)$ の力を受ける．他の物体についても同様であるから，つぎの運動方程式が得られる：

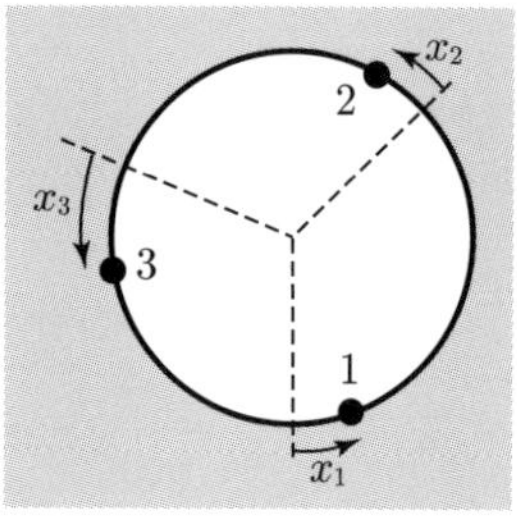

$$\begin{cases} m\ddot{x}_1 = k(x_2 + x_3 - 2x_1), & (1) \\ m\ddot{x}_2 = k(x_3 + x_1 - 2x_2), & (2) \\ m\ddot{x}_3 = k(x_1 + x_2 - 2x_3), & (3) \end{cases}$$

これらの方程式を辺々加えると

$$m\frac{d^2}{dt^2}(x_1 + x_2 + x_3) = 0$$

となるから，積分すれば

$$x_1 + x_2 + x_3 = A + Bt \quad (A, B \text{ は定数}) \tag{4}$$

が得られる．(4) と (1) から $x_2 + x_3$ を消去すれば

$$\ddot{x}_1 + 3\kappa^2 x_1 = \kappa^2(A + Bt), \quad \kappa^2 = \frac{k}{m}.$$

x_2, x_3 についてもまったく同じ形の方程式が得られる．これを解けば

$$x_i = a_i \cos\left(\sqrt{3}\,\kappa t\right) + b_i \sin\left(\sqrt{3}\,\kappa t\right) + \frac{1}{3}(A + Bt) \quad (i = 1, 2, 3). \tag{5}$$

ここで a_i, b_i は定数である．

(4) によって，a_i, b_i はつぎの関数を満たさなくてはならない：

$$a_1 + a_2 + a_3 = 0, \quad b_1 + b_2 + b_3 = 0. \tag{6}$$

また，$t = 0$ のとき $x_i = x_{i0}, \dot{x}_i = v_{i0}$ とすれば，

$$a_i + \frac{1}{3}A = x_{i0}, \quad \sqrt{3}\,\kappa b_i + \frac{1}{3}B = v_{i0} \quad (i = 1, 2, 3) \tag{7}$$

の関係がある．(6) と (7) の 8 個の式から 8 個の定数 a_i, b_i, A, B が決まる．けっきょく，輪に沿って $B/3$ という一定の速度でまわる回転座標系で見ると，各物体は角振動数 $\sqrt{3k/m}$ の単振動を行なう．

4.1 脚にかかる荷重を左から f_1, f_2, f_3 とする．簡単のために，脚は両端と中央についているものとし，机の質量を M とする．上下方向の力のつり合い，中心を通る水平軸のまわりの力のモーメントのつり合いは

$$f_1 + f_2 + f_3 = Mg, \quad f_1 = f_3.$$

これ以外の独立な条件はないので，f_1, f_2, f_3 は決定できない．

もし脚をばね定数 k のばねでおきかえ，それぞれのばねの縮みを x_1, x_2, x_3 とすると，上の条件の代わりにつぎの式が得られる：

$$k(x_1 + x_2 + x_3) = Mg, \quad kx_1 = kx_3.$$

机が傾いても机の面は剛体のままであると仮定すると，つぎの条件が追加される：

$$x_2 = \frac{1}{2}(x_1 + x_3).$$

以上から，

$$kx_1 = kx_2 = kx_3 = \frac{1}{3}Mg$$

が得られ，荷重は一意的に決まる．

4.2 球が弾性体であると仮定して，衝突の過程を分析してみよう．球には慣性があるから，衝突しても運動量が瞬間的に大きく変わることはなくて，まず接触した個所がへこむ．へこんだことによって生じた復元力が，動いていた球を減速させて止め，衝突された方の球を加速して動き出させる．動き出した球は，隣りのいままで接触していた球を押す．ところが上と同じ理由によって，こんどは真中の球が止まり，先頭の球が動き出す．けっきょく，片側から球を衝突させると，反対側の球 1 個だけが動き出すのである．

このように現象を見ていくと，重要な点は，衝突してきた球の運動量が一挙に全部の球に伝わるのではなく，球に弾性と慣性があることによって時間のおくれを伴って順々に伝えられるということである．端にいる先頭の球は，もう伝えるべき相手がいないので，獲得した運動量をそのまま保持するのである．

5.1 パイプの各出口では単位時間に $Q/2$ の体積の水が出ている．パイプの断面積は S だから，そこでの水の速さは $Q/2S$ である．パイプの口は $135°$ に曲がっているから，パイプの口から見たとき，水は回転方向に

$$\frac{\frac{Q}{2S}}{\sqrt{2}} = \frac{Q}{2\sqrt{2}\,S}$$

の大きさの速度成分をもっている．ところで，外から力のモーメントを加えていないのであるから，出ていく水は角運動量をもたず，したがって回転方向の速度成分をもっていないはずである．そのためには，パイプの口がこの速さで逆向きに動くことによって水の回転方向の速度成分を打消していなければならない．脚の長さが R であるから，パイプは角速度

$$\frac{Q}{2\sqrt{2}\,SR}$$

でまわることになる (これがスプリンクラーのノズルが回転する原理である．ただし，ノズルが回転しても，そこから出た水は回転せず，半径方向に飛ぶ)．

5.2 糸の直線部分の長さを $l = l(t)$ とする．おもりが角速度 ω でまわるとすると，短い時間 Δt の間には長さ $a\omega\Delta t$ の部分が棒に巻きつくから，l の増加 Δl は

$$\Delta l = -a\omega\Delta t.$$

両辺を Δt で割って $\Delta t \to 0$ の極限をとれば $\dot{l} = -a\omega$ となる．

つぎに，おもりが棒の中心軸に対してもつ角運動量の変化を考えてみる．おもりの質量を m とすると，それには遠心力の大きさ $ml\omega^2$ に等しい大きさの糸の張力が働いている (ただ

し，直線部分の糸の長さは，おもりと棒の中心の間の距離に等しいと仮定した．この仮定は，棒が十分細いとき正しい)．ところで，棒は細いながらも a という半径をもっているから，おもりに働く張力は糸が巻きつくのと逆向きに $ml\omega^2 a$ のモーメントをもつ．これがおもりの角運動量の時間的変化率に等しくなくてはならないから，

$$\frac{d}{dt}(ml^2\omega) = -ml\omega^2 a \qquad \therefore \quad 2\dot{l}\omega + l\dot{\omega} = -\omega^2 a.$$

これに，上で求めた $\dot{l}$ を代入すると

$$l = \frac{a\omega^2}{\dot{\omega}}$$

となる．この式を t で 1 回微分して上式の $\dot{l}$ に代入すれば，ω に対する微分方程式

$$3\dot{\omega}^2 = \omega\ddot{\omega}$$

が得られる．

これを解くために，両辺を $\omega\dot{\omega}$ で割ると，$3\dot{\omega}/\omega = \ddot{\omega}/\dot{\omega}$ となって，両辺とも積分できる形になる．合成関数の微分の公式を対数関数に応用すると，

$$\frac{d}{dt}\log\omega = \frac{d}{d\omega}\log\omega \cdot \frac{d\omega}{dt} = \frac{\dot{\omega}}{\omega},$$
$$\frac{d}{dt}\log\dot{\omega} = \frac{d}{d\dot{\omega}}\log\dot{\omega} \cdot \frac{d\dot{\omega}}{dt} = \frac{\ddot{\omega}}{\dot{\omega}}.$$

これらから，$\dot{\omega}/\omega$, $\ddot{\omega}/\dot{\omega}$ の積分が $\log\omega +$ 定数，$\log\dot{\omega} +$ 定数であることがわかる．こうして両辺を積分し，積分定数を右辺にまとめると $3\log\omega = \log\dot{\omega} + C$ (定数)，すなわち，

$$\dot{\omega} = C_1\omega^3 \quad (C_1 = e^{-C}).$$

7

両辺を ω^3 で割ってもう 1 回積分すると，

$$-\frac{1}{2}\omega^{-2} = C_1(t - t_0) \qquad (t_0\text{は定数}),$$
$$\therefore \quad \omega = \frac{D}{\sqrt{t_0 - t}} \qquad \left(D = \frac{1}{\sqrt{2C_1}}\right).$$

この解からわかるように，$t = t_0$ で ω は無限大になる．このことは，t が t_0 に近づくと糸が短くなって急激に巻きつくことを意味する．また，$t = t_0$ になる直前におもりが棒に衝突して，巻きつく運動は止まってしまう．

索　　引

た 行

な 行

は 行

ま 行

や 行

ら 行

著者略歴

今井　功（いまい　いさお）

1936年　東京大学理学部物理学科卒業
1959年　学士院恩賜賞受賞
1979年　文化功労者
1988年　文化勲章受章
2004年　逝去
　　　　東京大学名誉教授
　　　　工学院大学名誉教授
　　　　理学博士

主要著書

「流体力学」(岩波書店，1970)
「流体力学 (前編)」(裳華房，1973)
「等角写像とその応用」(岩波書店，1979)
「バークレー物理学コース　力学」(監訳)(丸善，1975)
「応用超関数論 I, II」(サイエンス社，1981)
「複素解析と流体力学」(日本評論社，1989)
「電磁気学を考える」(サイエンス社，1990)
「古典物理の数理」(岩波書店，2003)
「新感覚物理入門」(岩波書店，2003)

高見穎郎（たかみ　ひでお）

1952年　東京大学理学部物理学科卒業
2019年　逝去
　　　　東京大学名誉教授　理学博士

主要著書

「フーリエ解析と超関数」(訳) (ダイヤモンド社，1975)
「複素関数の微積分」(講談社，1987)
「工科系の数学 6 関数論」(訳) (サイエンス社，1999)

高木隆司（たかき　りゅうじ）

1969年　東京大学理学部大学院修了
2022年　瑞宝中賞受賞
現　在　東京農工大学名誉教授
　　　　理学博士

主要著書

「かたちの事典」(監修) (丸善，2003)
「理科系の論文作法」(丸善，2003)
「理科をアートしよう」(岩波書店，2006)
「理科と数学が好きになる楽しい数理実験」(講談社，2008)
「かたち・機能のデザイン事典」(監修) (丸善，2011)
「自然がつくるかたち大図鑑」(監修) (PHP 研究所，2013)
「美しい幾何学」(監訳) (丸善，2015)
「科学絵本・茶碗の湯」(窮理社，2019)

吉澤　徴（よしざわ　あきら）

1970年　東京大学理学部大学院修了
2018年　逝去
　　　　東京大学名誉教授　理学博士

主要著書

「Hydrodynamic and Magnetohydrodynamic Turbulent Flows」(Kluwer, 1998)
「流体力学」(東京大学出版会，2001)

下村　裕（しもむら　ゆたか）

1989年　東京大学理学系研究科修了
現　在　慶應義塾大学法学部教授
　　　　理学博士

主要著書

「ケンブリッジの卵」(慶應義塾大学出版会，2007)
「卵が飛ぶまで考える」(日本経済新聞出版社，2013)
「力学」(共立出版，2021)

セミナー ライブラリ 物理学＝2
演習 力 学 [新訂版]

1981年1月15日©	初版発行
2006年4月25日	初版第31刷発行
2006年9月10日©	新訂版発行
2024年3月10日	新訂第21刷発行

著 者	今井 功	発行者	森平敏孝
	高見穎郎	印刷者	篠倉奈緒美
	高木隆司	製本者	小西惠介
	吉澤 徴		
	下村 裕		

発行所 **株式会社 サイエンス社**

〒151–0051 東京都渋谷区千駄ヶ谷1丁目3番25号
営業 ☎ (03) 5474–8500 (代) 振替 00170–7–2387
編集 ☎ (03) 5474–8600 (代)
FAX ☎ (03) 5474–8900

印刷 (株) ディグ 製本 ブックアート

ISBN4–7819–1138–2
PRINTED IN JAPAN

サイエンス社のホームページのご案内
http://www.saiensu.co.jp
ご意見・ご要望は
rikei@saiensu.co.jp まで．

3　質点の力学

- 2 次元極座標系の運動方程式：

$$m\left\{\frac{d^2r}{dt^2}-r\left(\frac{d\theta}{dt}\right)^2\right\}=f_r,\quad m\frac{1}{r}\frac{d}{dt}\left(r^2\frac{d\theta}{dt}\right)=f_\theta$$

- 微小時間 Δt における運動量変化の方程式：

$$\boldsymbol{p}(t+\Delta t)-\boldsymbol{p}(t)=\boldsymbol{f}(t)\Delta t$$

- 単振動の方程式：$m\ddot{x}=-kx,\quad x=C\sin(\omega t+\alpha),\quad \omega=\sqrt{\dfrac{k}{m}}$
- 電場 $\boldsymbol{E}$，磁束密度 $\boldsymbol{B}$ 中の電荷 q の運動方程式：$m\dfrac{d\boldsymbol{v}}{dt}=q(\boldsymbol{E}+\boldsymbol{v}\times\boldsymbol{B})$
- 力学的エネルギー保存則

  $K+U=E\ (=\mathrm{const.})$

  運動エネルギー：$K=\dfrac{1}{2}mv^2$,　U ：ポテンシャル・エネルギー

  E：全エネルギー
- 質量 M の質点が距離 r の質量 m の質点に及ぼす万有引力

$$\boldsymbol{f}=-G\frac{Mm}{r^2}\frac{\boldsymbol{r}}{r}\quad (G：万有引力定数)$$

- 位置ベクトル $\boldsymbol{r}$，運動量 $\boldsymbol{p}$ をもつ質量 m の角運動量：$\boldsymbol{l}=\boldsymbol{r}\times\boldsymbol{p}$
- 慣性系に対して一定でない並進速度 $\boldsymbol{v}_0$ をもつ座標系の方程式

$$m\frac{d^2\boldsymbol{r}'}{dt^2}=\boldsymbol{F}-m\boldsymbol{\alpha},\quad \boldsymbol{\alpha}=\frac{d\boldsymbol{v}_0}{dt}\quad (\boldsymbol{F}：慣性系で働いている力)$$

- 慣性系と原点を共有し，角速度ベクトル $\boldsymbol{\omega}$ で回転している座標系の方程式

$$m\boldsymbol{\alpha}'=\boldsymbol{F}'=\boldsymbol{F}+m\boldsymbol{\omega}\times(\boldsymbol{r}\times\boldsymbol{\omega})+2m\boldsymbol{v}'\times\boldsymbol{\omega}+m\boldsymbol{r}\times\frac{d\boldsymbol{\omega}}{dt}$$

  遠心力：$m\boldsymbol{\omega}\times(\boldsymbol{r}\times\boldsymbol{\omega})$,　コリオリの力：$2m\boldsymbol{v}'\times\boldsymbol{\omega}$

4　質点系の力学

- 重心：$M\boldsymbol{r}_{\mathrm{G}}=\sum m_i\boldsymbol{r}_i\quad (M=\sum m_i)$
- 質点系の (全) 運動量：

$$\boldsymbol{P}=\sum\boldsymbol{p}_i=\sum m_i\frac{d\boldsymbol{r}_i}{dt}=\frac{d}{dt}\left(\sum m_i\boldsymbol{r}_i\right)=\frac{d}{dt}(M\boldsymbol{r}_{\mathrm{G}})=M\frac{d\boldsymbol{r}_{\mathrm{G}}}{dt}$$

- 質点系の (全) 角運動量：$\boldsymbol{L}=\sum\boldsymbol{l}_i=\sum\boldsymbol{r}_i\times\boldsymbol{p}_i$
- 質点系の運動方程式：$\dfrac{d\boldsymbol{P}}{dt}=M\dfrac{d^2\boldsymbol{r}_{\mathrm{G}}}{dt^2}=\sum\boldsymbol{F}_i,\quad \dfrac{d\boldsymbol{L}}{dt}=\sum\boldsymbol{r}_i\times\boldsymbol{F}_i$

  ($\boldsymbol{F}_i$ は質点 i にはたらく外力)
- 2 物体の換算質量：$\mu=\dfrac{m_1m_2}{m_1+m_2}$